Meßgeräte und Schaltungen für

Wechselstrom-Leistungsmessungen

Von

Werner Skirl

Oberingenieur

Zweite
umgearbeitete und erweiterte Auflage

Mit 41 Tafeln, 31 ganzseitigen Schaltbildern
und zahlreichen Textbildern

Berlin
Verlag von Julius Springer
1923

Reprint of the original edition

ISBN-13: 978-3-642-90418-9 e-ISBN-13: 978-3-642-92275-6
DOI: 10.1007/ 978-3-642-92275-6

Vorwort zur ersten Auflage.

Das vorliegende Buch ist für den ausführenden Ingenieur geschrieben, es wird aber auch dem Studierenden beim Einarbeiten in die Meßkunde gute Dienste leisten. Die Behandlungsweise der einzelnen Meßschaltungen ist unmittelbar auf die Anforderungen der Praxis zugeschnitten. Der ausführende Ingenieur will nicht ausführliche theoretische Abhandlungen lesen und sich die besonderen Meßschaltungen aus allgemeinen Gesichtspunkten heraus selbst entwickeln, sondern er wünscht, alles, was er zur Ausführung der Messung und Auswertung der Meßergebnisse wissen muß, in möglichst kurzer und klarer Weise fertig vorzufinden. Aus diesem Grunde sind neben den einzelnen Meßschaltungen stets alle erforderlichen Formeln und sonstigen Hinweise angegeben.

Bei der Besprechung der verschiedenen Meßmethoden ist den Meßschaltungen für Hochspannung mit Strom- und Spannungswandlern ein besonders breiter Raum gewährt, da über diese indirekten Messungen in der Literatur wenig Material vorhanden ist und hierbei so viele neue Gesichtspunkte hinzukommen, daß eine ausführliche Behandlung gerechtfertigt ist. Die Vorteile, die sich aus der Benutzung von Stromwandlern bei Hochspannungsmessungen ergeben, ließen es wünschenswert erscheinen, die Stromwandler auch bei Niederspannungsmessungen allgemein zu verwenden. Dies führte zu den halb indirekten Messungen, bei denen die Stromwandler in ähnlicher Weise wie die Nebenschlüsse bei Gleichstrom-Instrumenten lediglich als Meßbereichwähler dienen. Gerade diese letztgenannte Methode ist noch recht wenig bekannt, verdiente aber in der Praxis allgemein angewandt zu werden. Besonderes Interesse wird auch der Abschnitt über Wechselstrom-Eichschaltungen finden.

Im ersten Teile des Buches sind auch die für die Leistungsmessungen erforderlichen Meßgeräte beschrieben. Hierbei war ebenfalls der Gesichtspunkt maßgebend, daß den ausführenden Ingenieur das Innere der Meßinstrumente nur insoweit interessiert, als sich hieraus für die sachgemäße Benutzung der Meßinstrumente besondere Vorschriften ergeben. Als Anhang ist dem Buch noch ein Abschnitt über Präzisions-Instrumente für Gleichstrom beigefügt. Dieser wird sehr vielen Lesern willkommen sein, da bei den Messungen an Wechselstrom-Maschinen auch Gleichstrommessungen vorzunehmen sind und die Gleichstrominstrumente zur Kontrolle und Nacheichung der Wechselstrominstrumente benutzt werden. Da das vorliegende Buch aus einer Reihe von technischen Anweisungen entstanden ist, die der Verfasser für die Firma Siemens & Halske geschrieben hat, sind in dem Buch nur Erzeugnisse dieser Firma beschrieben. Hierin kann jedoch kaum ein wesentlicher Nachteil erblickt werden, da der Stoff so behandelt ist, daß er, abgesehen von konstruktiven Besonderheiten der einzelnen Instrumente, allgemeine Gültigkeit hat. Das Buch ist aus der Praxis entstanden und für die Praxis bestimmt, es möge daher auch seinen Weg in die Praxis finden.

Charlottenburg, Januar 1920.

Werner Skirl.

Vorwort zur zweiten Auflage.

Bei der Besprechung der ersten Auflage des Buches ist vielfach darauf hingewiesen worden, daß außer den Meßgeräten der Siemens & Halske A.-G. auch Instrumente anderen Ursprungs beschrieben werden sollten. Es war mir jedoch nicht möglich, diesem Wunsche zu entsprechen, da dies mit dem Plane des Buches nicht vereinbar war. Gerade darin liegt ein wesentlicher Vorteil des Buches, daß das ganze Gebiet der Leistungsmessungen an einer einheitlich durchgebildeten Reihe von Meßgeräten besprochen wird. Nur auf diese Weise war es möglich, überall festliegende Zahlen anstatt allgemeiner Angaben zu bringen und auf diese Zahlen bei der Weiterentwicklung aufzubauen. Daß hierbei die Siemens-Meßgeräte gewählt wurden, ist nach der im Vorwort der ersten Auflage beschriebenen Entstehung des Buches wohl selbstverständlich, um so mehr, als der Verfasser an der einheitlichen Durchbildung dieser Meßgeräte persönlich beteiligt war. Da die beschriebenen Apparate jedoch nur als Beispiele für den im übrigen allgemein behandelten Stoff dienen und die Fabrikate anderer Firmen sich von den beschriebenen nicht prinzipiell, sondern nur in konstruktiven Einzelheiten unterscheiden, ist der durch diese Behandlungsweise entstehende Nachteil nicht so groß, daß er den Vorteil der einheitlichen Behandlung aufwiegen könnte.

Bei der Bearbeitung der zweiten Auflage sind so viele neue Gesichtspunkte hinzugekommen, daß eine vollkommene Umarbeitung des Stoffes erforderlich war. Zunächst sind die das Buch einleitenden allgemeinen Betrachtungen über die mit Zeigerinstrumenten erreichbare Meßgenauigkeit durch Berücksichtigung der neuen vom Verbande Deutscher Elektrotechniker aufgestellten Regeln erweitert worden. Dann wurde eine Reihe inzwischen neu entstandener elektrodynamischer Meßgeräte mit aufgenommen. Dies führte zu einer neuen, auf allgemeiner Grundlage aufgebauten Besprechung der einzelnen Meßwerke. Ferner wurde der Abschnitt über die Meßfehler der Stromwandler umgearbeitet und durch eine neue Entwicklung der bei Drehstrom auftretenden Fehler erweitert. Der zweite Teil des Buches ist durch einen einleitenden Abschnitt über Scheinleistung, Wirkleistung und Blindleistung, sowie durch einen weiteren Abschnitt über Leistungsmessung bei sehr großen Phasenverschiebungen ergänzt worden. Ferner sind sämtliche Schaltbilder für indirekte Messungen umgezeichnet worden. Die Erdleitung ist durchweg zwischen die Primär- und Sekundärwickelung der Meßwandler gelegt, so daß nunmehr eine sehr übersichtliche Trennung der Niederspannungs-Meßeinrichtung von den Hochspannungsleitungen erreicht ist. Auch die Wechselstrom-Eichschaltungen wurden neu bearbeitet. Um trotz der Erweiterungen eine Vergrößerung des Buchumfanges zu vermeiden, sind eine Reihe von Wiederholungen durch Zusammenfassung gleichartiger Abschnitte beseitigt worden.

Auch das äußere Gewand des Buches hat sich wesentlich verändert. An Stelle der bisherigen Autotypien sind durchweg Schwarz-weiß-Zeichnungen verwendet. Die wichtigsten Kernpunkte sind in selbständigen Bildtafeln mit ausführlichen erläuternden Unterschriften zusammengefaßt, so daß sie gewissermaßen als Wegweiser durch das Buch dienen. Besonders interessieren dürften hierbei die vom Verfasser entworfenen Bilder der Meßwerke.

Charlottenburg, Januar 1923.

Werner Skirl.

Inhaltsverzeichnis.

Erster Teil.

Meßgeräte.

Seite

A. Allgemeine Betrachtungen über die mit Zeigerinstrumenten erreichbare Meßgenauigkeit:

a. Mechanische Fehler 1
b. Skalenfehler 3
c. Anzeigefehler 4
d. Beeinflussungsfehler 6
e. Korrektionstabellen 7

B. Tragbare Laboratoriums-Instrumente:

1. Allgemeines 9
a. Eisenloses elektrodynamisches Meßwerk 11
b. Charakteristische Eigenschaften des Meßwerks 12
c. Aufstellung der Meßgeräte 13
2. Präzisions-Leistungsmesser 15
a. Innere Schaltung der Feldspule 15
b. Innere Schaltung des Spannungskreises 18
c. Eigenverbrauch des Instruments 23
d. Berechnung der Instrumentkonstante 24
e. Berechnung der Widerstandskonstante 25
f. Schaltregeln für Präzisions-Leistungsmesser 26
g. Äußere Schaltung des Instruments 27
3. Präzisions-Strommesser 31
a. Innere Schaltung 31
b. Eigenverbrauch 34
4. Präzisions-Spannungsmesser 35
a. Innere Schaltung 35
b. Eigenverbrauch 38
c. Reihenschaltung von Spannungsmesser und Leistungsmesser 39

C. Tragbare Prüffeld-Instrumente:

1. Allgemeines 41
a. Anwendungsgebiet 41
b. Aufbau und besondere Eigenschaften des Meßwerks . . . 41
2. Präzisions-Leistungsmesser 43
a. Innere Schaltung 43
b. Eigenverbrauch 45
c. Äußere Schaltung 45

Seite
3. Präzisions-Strom- und Spannungsmesser 47
a. Innere Schaltung und Eigenverbrauch der Strommesser . . 47
b. Innere Schaltung und Eigenverbrauch der Spannungsmesser 48

D. Tragbare Betriebs-Instrumente:

1. Allgemeines 49
2. Betriebs-Leistungsmesser mit eisengeschlossenem elektrodynamischen Meßwerk 51
a. Aufbau des Meßwerks 51
b. Charakteristische Eigenschaften 53
c. Eigenverbrauch 54
d. Innere Schaltung 54
e. Äußere Schaltung 57
f. Verwendung des Drehstrom-Leistungsmessers für Einphasenstrom 59
3. Betriebs-Leistungsmesser mit Drehfeld-Meßwerk 63
a. Aufbau des Meßwerks 63
b. Charakteristische Eigenschaften 64
4. Strom- und Spannungsmesser mit Dreheisen-Meßwerk 65
a. Aufbau und Eigenschaften des Meßwerkes 65
b. Strommesser 68
c. Spannungsmesser 69
5. Strom- und Spannungsmesser mit Hitzdraht-Meßwerk 70
a. Aufbau und Eigenschaften des Meßwerkes 70
b. Strommesser 73
c. Spannungsmesser 75
6. Leistungsfaktormesser mit Kreuzspul-Meßwerk 76
a. Eisenloses Kreuzspul-Meßwerk 76
b. Eisengeschlossenes Kreuzspul-Meßwerk 79
c. Charakteristische Eigenschaften 80
d. Eigenverbrauch 80
e. Innere Schaltung 81
f. Äußere Schaltung 83
7. Zungenfrequenzmesser 84
8. Drehfeldrichtungsanzeiger 87

E. Präzisions-Meßwandler:

1. Allgemeines 91
a. Anwendungsgebiet der Meßwandler 91
b. Allgemeine Schaltregeln für Meßwandler 92
c. Berechnung der Meßkonstanten 97
d. Polung der Wickelungen 99
2. Präzisions-Stromwandler 100
a. Innerer Aufbau und Isolation 100
b. Innere Schaltung 101
c. Eigenverbrauch und zulässige Belastung 101

Seite

d. Meßfehler der Stromwandler 104
e. Korrektion der Fehler 109
3. Präzisions-Spannungswandler 111
a. Innerer Aufbau der Isolation 111
b. Innere Schaltung 111
c. Eigenverbrauch und zulässige Belastung 114
d. Meßfehler der Spannungswandler 117

F. Schalter für Leistungsmessungen:
a. Stromumschalter 118
b. Stromabschalter 120

Zweiter Teil.

Meßschaltungen.

A. Allgemeines über Wechselstrom-Leistungsmessungen:
a. Scheinleistung, Wirkleistung und Blindleistung 121
b. Direkte Leistungsmessungen 123
c. Halbindirekte Leistungsmessungen 123
d. Indirekte Leistungsmessungen 124

B. Einphasenstrom-Leistungsmessungen:
1. Direkte Messungen 125
a. Leistungsformel 125
b. Meßschaltungen 125
c. Eigenverbrauch der Meßschaltung 127
d. Rechnungsbeispiel 129
2. Halbindirekte Messungen 130
a. Leistungsformel 130
b. Meßschaltungen 130
c. Eigenverbrauch der Meßschaltung 133
d. Rechnungsbeispiel 134
3. Indirekte Messungen 136
a. Leistungsformel 136
b. Meßschaltungen 137
c. Eigenverbrauch der Meßschaltung 137
d. Rechnungsbeispiel 140

C. Drehstrom-Leistungsmessungen:
1. Zwei-Leistungsmesser-Methode 143
a. Entwickelung der Leistungsformel 143
b. Bestimmung des mittleren Leistungsfaktors 147
c. Meßschaltungen 151
d. Messung des dritten Stromes und der dritten Spannung . . 160
2. Drei-Leistungsmesser-Methode 163
a. Entwickelung der Leistungsformel 163
b. Bestimmung des mittleren Leistungsfaktors 166
c. Meßschaltungen 166

Seite

3. Drehstrom-Leistungsmesser mit zwei mechanisch gekuppelten Meßwerken 175
   a. Entwicklung der Leistungsformel 175
   b. Instrument-Konstante 179
   c. Meßschaltungen 179
4. Ein-Leistungsmesser-Methoden 184
   a. Leistungsformel für die Nullpunkt-Methode 184
   b. Meßschaltungen für die Nullpunkt-Methode 186
   c. Leistungsformel für die Spannungsumschalter-Methode . . 191
   d. Meßschaltungen für die Spannungsumschalter-Methode . . 192

D. Leistungsmessungen bei sehr großen Phasenverschiebungen:

   a. Vergrößerung des Zeigerausschlages durch Überlastung . . 196
   b. Spezial-Leistungsmesser für große Phasenverschiebungen. . 197
   c. Messungen mit dem Spezial-Leistungsmesser 201

E. Zweiphasenstrom-Leistungsmessungen 203

F. Wechselstrom-Eichschaltungen:

   a. Allgemeine technische Gesichtspunkte 204
   b. Regelung des Stromes 205
   c. Regelung der Spannung 209
   d. Regelung der Phasenverschiebung 213
   e. Drehstrom-Eichschaltung mit dreiphasigem Eichstromkreis 215
   f. Drehstrom-Eichschaltung mit einphasigem Eichstromkreis . 219
   g. Anschluß der verschiedenen Zählertypen 223

Anhang.

Präzisions-Drehspul-Instrumente für Gleichstrom:

1. Aufbau und Eigenschaften des Meßwerks 227
2. Einohm-Instrument. 229
   a. Innere Schaltung 229
   b. Äußere Schaltung 231
3. Zehnohm-Instrument. 232
   a. Innere Schaltung und Temperaturkompensation 232
   b. Äußere Schaltung für Strommessungen 234
   c. Äußere Schaltung für Spannungsmessungen 238
   d. Äußere Schaltung für Isolationsmessungen 238

Definitionen 242

Verzeichnis der Tafeln 246

Verzeichnis der vollständigen Meßschaltungen 247

Erster Teil.

Meßgeräte.

A. Allgemeine Betrachtungen über die mit Zeigerinstrumenten erreichbare Meßgenauigkeit.

Die mit einem Zeigerinstrument erreichbare Meßgenauigkeit hängt nicht nur von den elektrischen, sondern in sehr hohem Grade auch von den mechanischen Eigenschaften des Meßwerkes ab. Da im allgemeinen die Bedingungen für die elektrische und die mechanische Güte einander widersprechen, kann die Verbesserung der elektrischen Eigenschaften nur auf Kosten der mechanischen Eigenschaften erfolgen und umgekehrt. Man wird daher bei der Ausführung eines Instrumentes stets ein Kompromiß schließen müssen, das verschieden ausfallen wird, je nachdem, ob ein Instrument mit hoher Meßgenauigkeit, oder ein solches mit geringerer Meßgenauigkeit gefordert wird. Die elektrische Güte eines Instruments ist von vornherein durch die Type des Instruments festgelegt. Sie hängt im wesentlichen von der inneren Schaltung und ihren elektrischen Widerständen ab und ist im allgemeinen unveränderlich, solange das Instrument nicht beschädigt ist. Die mechanischen Eigenschaften des Instruments ändern sich dagegen im Gebrauch dauernd. Sie hängen nicht nur von der Art des Instruments, sondern auch wesentlich von der Behandlung durch den Benutzer ab.

a. Mechanische Fehler.

Die Sicherheit der Einstellung eines beweglichen Meßorgans hängt in erster Linie von dem Quotienten

$$\frac{\text{Drehmoment}}{\text{Gewicht}}$$

ab. Je größer das Drehmoment und je kleiner das Gewicht ist, desto sicherer wird sich das Meßorgan unter sonst gleichen Verhältnissen einstellen. Die Größe des Drehmoments hängt von den elektrischen Daten des Instruments, also von der zur Verfügung stehenden Energie ab. Es wird bei einem Präzisionsinstrument, das nur einen kleinen Eigenverbrauch aufweisen soll, wesentlich kleiner sein dürfen, als bei einem Betriebsinstrument, bei dem eine größere Energiemenge zur Verfügung steht. Das Gewicht des Meßorgans hängt im wesentlichen von der Art des Meßwerks und seiner Ausführung ab. Man wird das Gewicht so klein wählen, wie es die mechanische Festigkeit des Meßorgans zuläßt, um auf diese Weise bei der für das Meßwerk zur Verfügung stehenden Energie die größtmögliche Einstellsicherheit zu erreichen. Der Wert des Quotienten Drehmoment durch Gewicht, den man allgemein als den mechanischen Gütefaktor des Meßwerks bezeichnet, liegt bei Präzisionsinstrumenten zwischen 0,05 und etwa 0,15, bei Schalttafelinstrumenten etwas höher, etwa bei 0,2 bis 0,4. Da in dem Gütefaktor die übrigen mechanischen Verhältnisse des Meßwerks nicht berücksichtigt sind, kann der Gütefaktor nur bei vollkommen gleichartig gebauten Instrumenten für die mechanische Güte des Instruments maßgebend sein. Bei der Beurteilung verschieden gebauter Instrumente muß stets noch die Art und Ausführung der Lagerung berücksichtigt werden.

Die Art der Lagerung der Achse des Meßorgans ist für die Reibungsverhältnisse von einschneidender Bedeutung. Bei senkrechter Lagerung der Achse ergibt sich die kleinste Lagerreibung, daher führt man die Präzisionsinstrumente fast ausschließlich mit senkrechter Achse aus. Bei wagerechter Achse lassen sich ähnlich günstige Reibungsverhältnisse nicht erzielen, daher kann eine wagerechte Achse nur für weniger genaue Betriebsinstrumente in Frage kommen. Die Lagerung selbst wird meistenteils so ausgeführt, daß an dem beweglichen Organ polierte Stahlspitzen angebracht sind, die in geschliffenen Edelsteinen laufen. Die Lagerspitzen und Lagersteine müssen mit denkbar größter Vorsicht bearbeitet werden, da selbst geringe, nur unter dem Vergrößerungsglas wahrnehmbare Beschädigungen der Spitzen oder Steine sehr leicht eine unzulässige Vergrößerung der Reibungsfehler zur Folge haben. Die Beseitigung derartiger, etwa durch derbe Stöße auf dem Transport oder grobe Behandlung verursachten Reibungsfehler ist in den meisten Fällen recht kostspielig, da außer den eigentlichen Instandsetzungskosten für die Erneuerung der Spitzen und Steine noch erhebliche Kosten für die erforderliche Neuabgleichung des Meßwerks entstehen. Die Größe der Reibungsfehler an einem fertigen Instrument mißt man durch den Skalenbogen in Millimetern, um die der Zeigerausschlag infolge der Reibung von dem richtigen Wert des Ausschlags abweicht. Sagt man z. B., ein Instrument hat 1 mm Reibung, so heißt dies, der Zigerausschlag weicht infolge der Reibung um 1 mm vom richtigen Wert ab. Bei Präzisionsinstrumenten ist eine Reibung von etwa 0,05 mm, bei Betriebsinstrumenten von 0,25 mm noch zulässig. Man kann sich bei Niederspannungsmessungen von dem Reibungsfehler unabhängig machen, indem man beim Ablesen leicht auf das Instrument klopft.

Außer den Reibungsfehlern sind bei der Beurteilung eines Instrumentes noch die etwaigen Fehler der mechanischen Auswägung zu berücksichtigen. Das bewegliche Organ eines Meßinstruments muß derart ausgewogen sein, daß sein Schwerpunkt auf die Achse fällt. Der auf Null stehende Zeiger muß dann in allen Lagen des Instruments auf Null stehen bleiben. Bei den Präzisionsinstrumenten mit senkrechter Achse sind etwaige kleine Auswägungsfehler belanglos, sofern die Achse genau senkrecht steht, also das Instrument auf einer wagerechten Tischfläche aufgestellt ist. Bei etwaiger Neigung des Instruments dagegen können durch die Auswägungsfehler recht wohl Meßfehler verursacht werden, zumal da hierbei die Auswägung noch durch einseitiges Durchhängen der Federn gestört werden kann. Um Meßfehler zu vermeiden, empfiehlt es sich daher, Präzisionsinstrumente nur in annähernd wagerechter Lage zu benutzen. Bei den Betriebsinstrumenten mit geringerer Meßgenauigkeit sind kleine Auswägungsfehler von geringerer Bedeutung, zumal da die hierdurch entstehenden Meßfehler durch die Nulleinstellvorrichtung praktisch behoben werden können.

b. Skalenfehler.

Außer den vorher genannten mechanischen Fehlern des Meßwerkes sind noch die etwaigen Skalenfehler zu berücksichtigen. Zunächst entstehen durch die Ungenauigkeit der zur Eichung benutzten Normalinstrumente, sowie durch fehlerhaftes Ablesen schon bei der Eichung des Instruments kleine Fehler, die durch sorgfältige Arbeit und genaue Kontrolle der Normalinstrumente wohl sehr herabgesetzt, aber niemals ganz vermieden werden können. Bei der Eichung wird die Skala an 10 bis 15 Punkten durch direktes Vergleichen mit dem Normalinstrument empirisch aufgenommen. Die weitere Unterteilung der Skala erfolgt willkürlich; meist wird das zwischen zwei aufgenommenen Punkten liegende Intervall proportional unterteilt. Schon bei der Aufzeichnung der bei der Eichung aufgenommenen Punkte können Zeichenfehler entstehen. Weiterhin sind aber auch bei der Unterteilung der zwischen diesen Punkten liegenden Zwischenräume Zeichenfehler nicht zu vermeiden. Hierzu kommt noch, daß die proportionale Unterteilung der zwischen zwei aufgenommenen Punkten liegenden Abschnitte gar nicht in jedem Falle dem Skalencharakter entspricht.

Die erreichbare Ablesegenauigkeit eines Instruments hängt einmal von der Art der Teilung der Skala, zum andern aber von der Ausführung des Zeigers ab. Am günstigsten ist eine gleichmäßig geteilte Skala, da man hierbei mit großer Sicherheit die zwischen den einzelnen Teilstrichen liegenden Werte abschätzen kann. Bei Präzisionsinstrumenten unterteilt man die Skala so, daß die Breite eines Skalenteiles nicht mehr als etwa 1 bis 1,5 mm beträgt. Der Zeiger wird hierbei als Schneidenzeiger ausgeführt. Zur Vermeidung der durch Parallaxe entstehenden Fehler erhält die Skala eine Spiegelunterlage. Man liest dann so ab, daß das Spiegelbild des Zeigers vom Zeiger verdeckt wird. Bei einer derartig ausgeführten Skala kann ein geübter Beobachter mit ziemlicher Sicherheit noch Zehntel eines Skalenteiles ablesen oder schätzen. Es ist wohl selbstverständlich, daß es zwecklos wäre, die auf diese Weise erzielte Ablesegenauigkeit größer zu machen als die durch Reibungs- und Auswägungsverhältnisse bedingte Einstellgenauigkeit des Zeigers. Es wäre daher widersinnig, etwa ein Betriebsinstrument mit horizontaler Achse und Fahnenzeiger durch einen Skalenspiegel verbessern zu wollen.

c. Anzeigefehler.

Die gesamte, durch die mechanischen Fehler und die Skalenfehler verursachte Abweichung der Instrumentangabe vom wahren Wert der zu messenden Größe bezeichnet man als Anzeigefehler des Instruments. Der Anzeigefehler wird in Prozenten des Endwertes des Meßbereiches angegeben. Er ist positiv, wenn der vom Instrument angezeigte Wert größer ist, als der wahre Wert der zu messenden Größe, er ist negativ, wenn der angezeigte Wert kleiner ist. Beträgt z. B. der Anzeigefehler eines Präzisionsinstruments $\pm$ 0,2% des Endwertes des Meßbereichs, so entspricht dies unter Voraussetzung einer 100-teiligen Skala einer Fehlergrenze von ± 0,2 Teilstrichen, die über den ganzen Meßbereich konstant ist. Die zulässige Größe der Anzeigefehler wird durch die vom Verband deutscher Elektrotechniker aufgestellten Regeln für Meßgeräte bestimmt. Hiernach dürfen folgende Anzeigefehler nicht überschritten werden:

Art des Meßgerätes	Anzeigefehler in % des Endwertes des Meßbereiches		
	Klasse E	Klasse F	Klasse G
Präzisionsinstrumente:			
Strom- und Spannungsmesser für Gleichstrom, mit eingebauten Meßwiderständen	0,2	0,3	—
Spannungsmesser für Gleichstrom mit austauschbaren Vorwiderständen . .	0,3	0,4	—
Strommesser für Gleichstrom mit austauschbaren Nebenwiderständen . .	0,4	0,5	—
Leistungsmesser und Spannungsmesser für Wechselstrom mit eingebauten Vorwiderständen	0,3	0,5	—
Leistungsmesser und Spannungsmesser für Wechselstrom mit austauschbaren Vorwiderständen . . .	0,4	0,6	—
Strommesser für Wechselstrom mit eingebauten Nebenwiderständen . .	0,4	0,6	—
Strommesser für Wechselstrom mit austauschbaren Nebenwiderständen .	0,6	0,8	—
Betriebsinstrumente:			
Strom-, Spannungs- und Leistungsmesser für Gleich- und Wechselstrom	—	—	1,5
Zungenfrequenzmesser	—	—	1,0
Leistungsfaktormesser	—	—	2 Winkelgrade

• Der zulässige Anzeigefehler der Klassen E und F vergrößert sich bei Spannungen über 250 Volt um 0,1%. Sämtliche angegebenen Werte gelten für eine Raumtemperatur von 20° C und setzen voraus, daß keine Beeinflussungen durch fremde Magnetfelder vorliegen.

Die in den Abschnitten I B und I C beschriebenen Laboratoriums- und Prüffeld-Instrumente gehören bezüglich ihrer Meßgenauigkeit zu der Klasse E, während die tragbaren Betriebsinstrumente in die Klasse G zu rechnen sind.

Bei der Fehlerberechnung einer Messung müssen die Anzeigefehler in Prozente des Sollwertes umgerechnet werden. Beträgt der Anzeigefehler, wie vorher angenommen, ± 0,2% des Endwertes des Meßbereichs, so ist der Fehler in Prozenten des Sollwertes bei vollem Zeigerausschlag 0,2%, beim halben Ausschlag 0,4% und bei 10 Teilstrichen sogar 2%. Die Fehler in Prozenten des Sollwertes werden demnach um so größer, je kleiner der Zeigerausschlag wird. Man muß daher bei der Ausführung einer Messung stets darauf achten, daß man durch passende Wahl des Meßbereichs einen genügend großen Zeigerausschlag erhält. Die physikalisch-technische Reichsanstalt schreibt vor, daß für genaue Messungen stets nur die letzten zwei Drittel der Skala benutzt werden sollen.

d. Beeinflussungsfehler.

Die Angaben der Meßinstrumente können durch die Temperatur und durch fremde magnetische Felder beeinflußt werden. Die Beeinflussungen durch die Temperatur können zweierlei Art sein; einesteils ändert sich die Raumtemperatur, andernteils aber ändert sich die Temperatur im Innern des Instruments infolge der Stromwärme. Durch diese Temperaturänderungen ändern sich die elektrischen Leitungswiderstände im Instrument und die mechanischen Gegenkräfte der Instrumentfedern. Bei Gleichstrominstrumenten ändert sich außerdem noch die Stärke des vom Dauermagneten erzeugten wirksamen Feldes. Alle diese Änderungen werden, wie später bei der Besprechung der Innenschaltung der einzelnen Instrumentarten gezeigt wird, durch mehr oder weniger komplizierte Spezialschaltungen auf ein Mindestmaß herabgedrückt. Immerhin ist es nicht möglich, diese Fehler vollkommen zum Verschwinden zu bringen. Es wird daher bei besonders genauen Messungen vorgeschrieben, die Präzisions-Leistungsmesser vor der Messung 30 Minuten durch Belastung mit der Nennspannung und mit 70% des Nennstromes vorzuwärmen. Außerdem ist eine normale Raumtemperatur von 20° vorausgesetzt. Weicht die Raumtemperatur hiervor um ± 10°

ab, so sind nach den Regeln für Meßgeräte folgende Änderungen der Anzeige zulässig: Bei den Präzisions-Strommessern 0,5%, bei den Präzisions-Spannungsmessern und Leistungsmessern 0,3% und endlich bei den Betriebsmeßgeräten 2%. Eine Beeinflussung durch fremde Magnetfelder ist namentlich bei den eisenlosen elektrodynamischen Meßinstrumenten zu erwarten, da bei diesen das wirksame Magnetfeld verhältnismäßig schwach ist. Man muß daher bei der Aufstellung der Instrumente stets darauf achten, daß sie nicht fremden Streufeldern ausgesetzt werden. Die für die einzelnen Instrumentarten notwendigen Vorsichtsmaßregeln sind in den Abschnitten über die Aufstellung der Meßgeräte zusammengestellt.

e. Korrektionstabellen.

Die Skalen aller Instrumente müssen so genau unterteilt werden, daß die in Abschnitt c) angegebenen Anzeigefehler in keinem Falle überschritten werden. Um die Meßgenauigkeit über diese Grenzwerte hinaus noch weiter zu erhöhen, werden von den meisten Firmen zu den Präzisionsinstrumenten besondere Korrektionstabellen geliefert. Durch die in diesen Tabellen angegebenen Korrekturen werden alle an einem fertigen Präzisionsinstrument etwa noch nachweisbaren Skalenfehler nach Möglichkeit verbessert. Die Korrekturen werden meistens von 10 zu 10 Teilstrichen aufgenommen. Für dazwischenliegende Werte kann man sinngemäß interpolieren. Das Anbringen von Korrekturen ist jedoch nur bei besonders genauen Messungen erforderlich. Es ist dann folgendes zu beachten:

Um aus der Ablesung des Instruments den richtigen Strom- oder Spannungswert zu erhalten, sind die in der Korrektionstabelle angegebenen Werte je nach ihren Vorzeichen zu den abgelesenen Werten zu addieren bzw. von ihnen zu subtrahieren. Hat man z. B. an einem Instrument genau 50,1 Skalenteile abgelesen und steht in der Korrektionstabelle bei Skalenteil 50 eine Korrektur von −0,1, so ist der richtige Wert 50,0.

Beim Einstellen des Instruments auf einen bestimmten Strom- oder Spannungswert sind die in der Korrektionstabelle angegebenen bzw. interpolierten Korrekturwerte mit entgegengesetzten Vorzeichen anzubringen. Will man z. B. einen Stromwert einstellen, für den man mittels der Instrumentkonstante einen Zeigerausschlag von genau 50 Skalenteilen berechnet hat, und beträgt die Korrektur für 50 Skalenteile —0,1, so muß man den Strom so lange regeln, bis das Instrument auf 50,1 Skalenteil einspielt.

Es wird oft die Forderung aufgestellt, daß ein Präzisionsinstrument auch ohne jede Korrektur die größtmögliche Meßgenauigkeit ergeben soll. Diese Forderung ist indessen nicht berechtigt, da man bei der Herstellung der Instrumente in jedem Falle ein gewisses Spiel haben muß. Wenn man nach dem Vorstehenden auch die Korrektionstabelle nur in seltenen Fällen bei besonders genauen Messungen benutzt, so wird diese doch stets bei etwaigen Nacheichungen des Instrumentes einen Anhaltspunkt über kleine Veränderungen geben. Korrekturen werden immer erforderlich sein, denn absolut richtig zeigende Instrumente gibt es nicht.

B. Tragbare Laboratoriums-Instrumente.

1. Allgemeines.

Bei den Präzisionsinstrumenten für Wechselstrom unterscheidet man Instrumente für direkte und indirekte Messungen. Die Instrumente für direkte Messungen werden unmittelbar in den zu untersuchenden Stromkreis eingeschaltet, während die Instrumente für indirekte Messungen an Meßwandler angeschlossen werden.

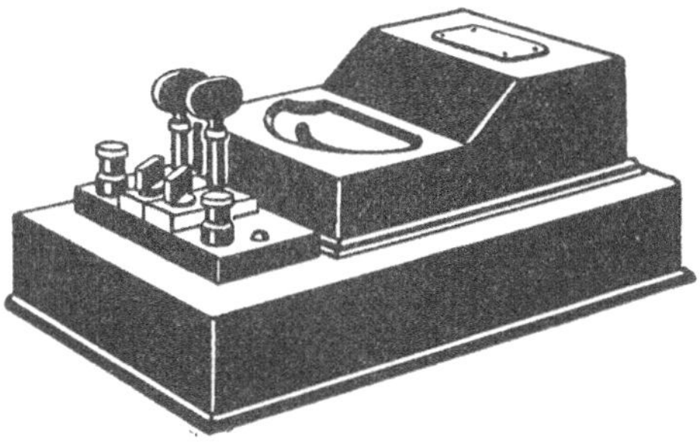

Bild 1. Leistungsmesser der Laboratoriumstype (S. & H.).

Da die direkten Messungen bei dem heutigen Stande der Meßtechnik im wesentlichen nur noch für wissenschaftliche Messungen im Laboratorium in Frage kommen, werden die hierfür bestimmten Präzisionsinstrumente im nachstehenden als Laboratoriumsinstrumente bezeichnet. Das Anwendungsgebiet dieser Instrumente ist jedoch nicht nur auf die eigentlichen Laboratoriumsmessungen beschränkt; man wird sie vielmehr auch für Spezialmessungen benutzen, bei denen man alle Fehlerquellen nach Möglichkeit ausschließen will. Hierher gehören z. B. Messungen mit außergewöhnlich kleinen Leistungsfaktoren, wie sie bei Zählerprüfungen vorkommen, oder Messungen, bei denen eine erhebliche Gleichstromkomponente und daher eine zur Nullachse unsymmetrische Wechselstromkurve zu erwarten ist. Um die Instrumente den jeweiligen Verhältnissen der Stromkreise anpassen zu können, werden sie für verschiedene Stromstärken von etwa 0,5 bis 400 Ampere und für Spannungen von 60 bis 6000 Volt gebaut. Hierbei ist ein Frequenzbereich von 5 bis 80 Perioden in der Sekunde zulässig.

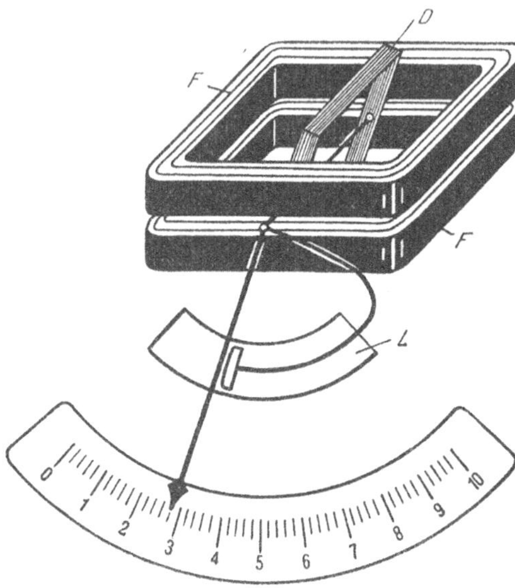

Bild 2. Das Meßwerk beruht auf der mechanischen Kraftwirkung, die zwei stromdurchflossene Spulen aufeinander ausüben. Es besteht aus der feststehenden Feldspule *F* und einer innerhalb dieser gelagerten Drehspule *D*. Als Gegenkraft dienen die Spiralfedern, die der Drehspule den Strom zuführen. Die Bewegungen des Zeigers werden durch die Luftdämpfung *L* gedämpft.

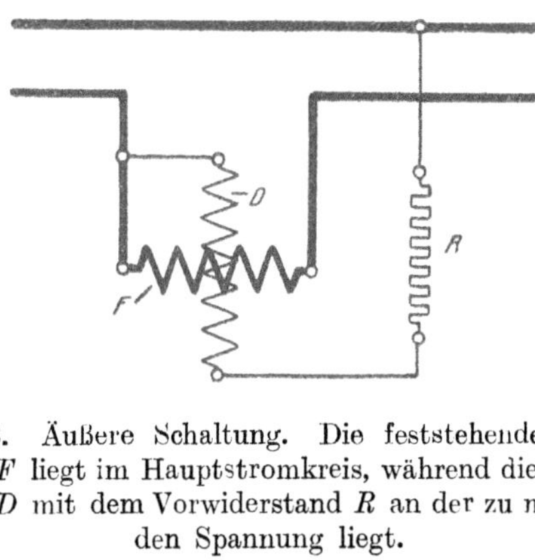

Bild 3. Äußere Schaltung. Die feststehende Feldspule *F* liegt im Hauptstromkreis, während die Drehspule *D* mit dem Vorwiderstand *R* an der zu messenden Spannung liegt.

Tafel 1. Eisenloses elektrodynamisches Meßwerk der Laboratoriums-Instrumente.

Bei Hochfrequenz bis herauf zu etwa 1000 Perioden in der Sekunde ist für die Leistungsmessungen eine Sonderausführung der Laboratoriumsinstrumente mit besonderen außenliegenden Vorwiderständen zu benutzen. Für Strom- und Spannungsmessungen verwendet man bei diesen hohen Frequenzen zweckmäßig Hitzdraht-Instrumente.

a. Eisenloses elektrodynamisches Meßwerk.

Die Präzisionsinstrumente für Wechselstrom werden durchweg nach dem Prinzip des Elektrodynamometers gebaut. Sie beruhen also auf der mechanischen Kraftwirkung, die zwei stromdurchflossene Spulen aufeinander ausüben. Die eine dieser beiden Spulen, die Feldspule, ist feststehend angeordnet, während die andere Spule im Felde der ersten Spule drehbar gelagert ist. Die das Drehmoment erzeugenden Kraftlinien verlaufen bei dem eisenlosen Meßwerk auf ihrem ganzen Wege durch die Luft. Die mechanische Gegenkraft für die Drehspule wird durch zwei Spiralfedern geliefert, die gleichzeitig zur Stromzuführung dienen. Die Bewegungen des Meßorgans werden durch eine Luftdämpfung gedämpft (vgl. Tafel 1).

Der mechanische Aufbau des Meßwerks ist bei den von den verschiedenen Firmen hergestellten Instrumenten im wesentlichen der gleiche. Die führenden deutschen Firmen verwenden rechteckige Feldspulen und Drehspulen, während die amerikanischen Firmen mit Vorliebe kreisrunde Spulen benutzen. Die kreisrunden Spulen haben den Vorzug, daß bei gleicher Amperewindungszahl der Ohmsche Widerstand, also auch der Eigenverbrauch der Spulen, kleiner wird; andererseits geben die rechteckigen Spulen eher die Möglichkeit, eine gleichmäßig unterteilte Skala zu erreichen. Während man früher bei den Leistungsmessern mit einer gewissen Ängstlichkeit alle Metallkonstruktionsteile vermied, um Störungen der Instrumentangaben durch Wirbelströme von vornherein auszuschließen, sind bei allen neuen Instrumenten die Spulenträger zur Erzielung einer größeren mechanischen Festigkeit aus Metall hergestellt. Die Anordnung und Form der Metallkonstruktionsteile ist jedoch hierbei so gewählt, daß die Bildung von Wirbelströmen so gut wie ausgeschlossen ist.

Um die Einstellung des Zeigers unabhängig von etwaigen

Unsicherheiten der Lagerung zu machen, hat S. & H. in den letzten Jahren eine neue, von Schöne angegebene kippfehlerfreie Bauart eingeführt. Bei dieser ist der Zeiger, wie Bild 4 zeigt, nach unten abgebogen, so daß die Zeigerspitze in die Ebene der tragenden Lagerspitze *a* des Meßorgans fällt. Hierdurch wird erreicht, daß sich die Kippbewegungen der Drehspule, die durch seitliche Verschiebungen der anderen Lagerspitze *b* entstehen, nicht auf die Zeigerspitze übertragen können. Äußerlich sind die kippfehlerfreien Instrumente an der tiefliegenden Skala kenntlich (vgl. Bild 1).

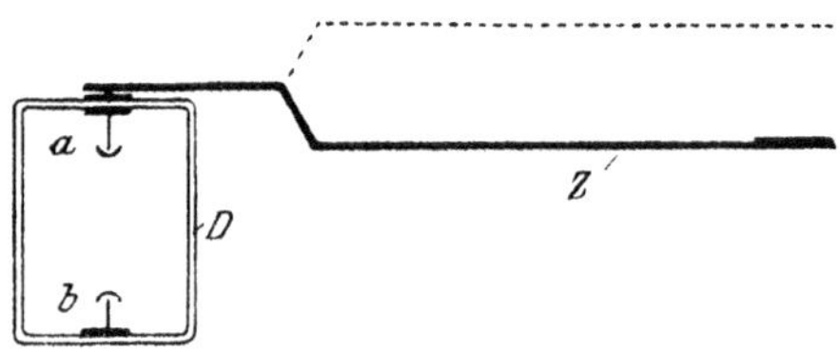

Bild 4. Kippfehlerfreies Meßorgan.

Für Strom-, Spannungs- und Leistungsmesser wird im allgemeinen der gleiche mechanische Aufbau des Meßwerks benutzt.

b. Charakteristische Eigenschaften des Meßwerks.

Die Größe der vom Meßorgan ausgeübten mechanischen Kraft ist dem Produkte der Ströme in der Feldspule und in der Drehspule proportional. Da die von diesen Spulen erzeugten magnetischen Felder verhältnismäßig schwach sind, ist auch die erzeugte Kraft, also das Drehmoment, nur klein. Um trotz des kleinen Drehmoments eine sichere Zeigereinstellung zu erzielen, werden die elektrodynamischen Präzisionsinstrumente nur mit senkrecht stehender Achse ausgeführt.

Die Richtung der Kraft, also die Ausschlagsrichtung des Zeigers, ändert sich nicht, wenn die Stromrichtung in der Feldspule und der Drehspule gleichzeitig geändert wird. Die Instrumente sind daher an sich für Wechselstrom und Gleichstrom verwendbar. Sie können mit Gleichstrom geeicht werden, sofern man die nachstehenden Vorsichtsmaßregeln beachtet.

Da das von der Feldspule erzeugte wirksame Magnetfeld verhältnismäßig schwach ist, können fremde Magnetfelder das Instrument unter Umständen leicht beeinflussen. Um Beeinflussungen durch das Erdfeld und sonstige gleichgerichtete Magnetfelder zu vermeiden, muß man bei Gleichstrom in jedem Falle die Ströme in der Feldspule und in der Drehspule wenden und aus beiden Ablesungen den Mittelwert nehmen. Bei Wechselstrom sind Beeinflussungen nur durch fremde Wechselfelder möglich, sofern diese die gleiche Frequenz wie der zu messende Wechselstrom besitzen. Die hierdurch entstehenden Meßfehler kann man nur durch einen sachgemäßen Aufbau der Meßschaltung vermeiden (vgl. den folgenden Abschnitt).

Um die bei direkten Hochspannungsmessungen auftretenden Störungen der Instrumente durch elektrostatische Ladungen zu vermeiden, werden die Instrumente von S. & H. mit einer besonderen Hochspannungseinrichtung ausgerüstet. Diese besteht im wesentlichen darin, daß alle innerhalb des Instruments befindlichen Metallteile durch unmittelbare Verbindung auf das gleiche Potential gebracht werden. Um dies zu erreichen, wird das ganze Meßwerk durch einen im Gehäuse angebrachten Staniolbelag eingeschlossen, so daß das Meßorgan infolge des umgebenden Metallschirmes nicht in elektrische Wechselwirkungen mit außerhalb befindlichen Leitern treten kann.

c. Aufstellung der Meßgeräte.

Bei der Messung sollen die Meßinstrumente auf einem annähernd horizontalen Tisch liegen (vgl. S. 3). Das Putzen der Glasscheibe des Instruments unmittelbar vor der Messung ist zu vermeiden, da durch das Reiben mit einem trockenen Tuch leicht elektrostatische Ladungen hervorgerufen werden können, die den Zeigerausschlag beeinflussen. Man beseitigt etwaige Ladungen durch leichtes Anhauchen der Glasscheibe.

Um die gegenseitige Beeinflussung der eisenlosen elektrodynamischen Instrumente zu vermeiden, empfiehlt es sich, diese in Abständen von etwa 40 cm von Mitte zu Mitte aufzustellen. Die bei größeren Stromstärken auftretenden Beeinflussungen durch die Zuführungsleitungen vermeidet man dadurch, daß die Hin- und Rückleitungen möglichst dicht nebeneinander verlegt werden. Andere Apparate, die stärkere magnetische Felder erzeugen, z. B. Meßwandler, dürfen nicht in unmittelbarer Nähe der Instrumente stehen. Ebenso vermeide man die Nähe Starkstrom führender Leitungen.

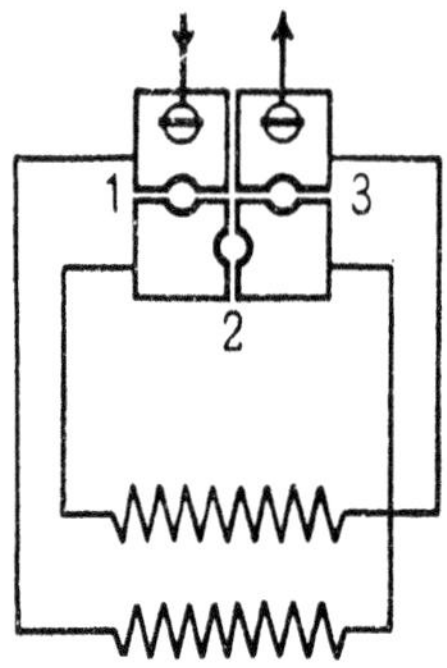

Bild 5. Stöpselumschalter für Ströme bis 25 Ampere, für zwei Nennströme im Verhältnis 1:2.

Stöpsel 2	gesteckt:	Reihenschaltung der Spulen, also kleiner Nennstrom.
Stöpsel 1 u. 3	„ :	Parallelschaltung der Spulen, also großer Nennstrom.
Stöpsel 1, 2 u. 3	„ :	Feldspulen kurz geschlossen.

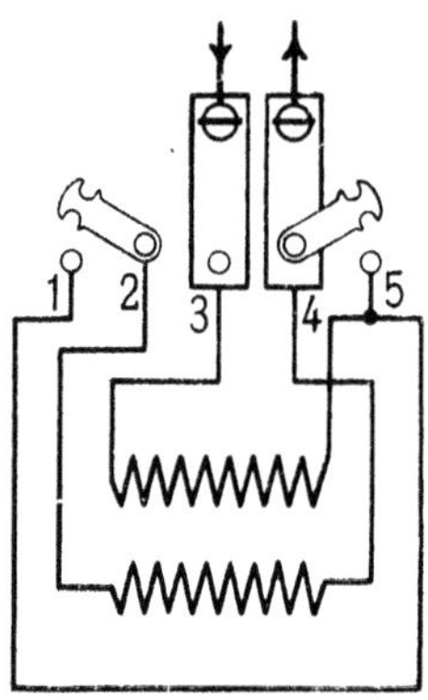

Bild 6. Laschenumschalter für höhere Stromstärken, für zwei Nennströme im Verhältnis 1:2.

Lasche 1—2	:	Reihenschaltung der Spulen, also kleiner Nennstrom.
Lasche 2—3 u. 4—5	:	Parallelschaltung der Spulen, also großer Nennstrom.
Lasche 3—4	:	Feldspulen kurz geschlossen.

Tafel 2. Umschaltung der Feldspulen der Leistungsmesser für zwei Nennströme.

Bei direkter Einschaltung in Hochspannungskreise mit Spannungen von mehr als 1000 Volt ist eine isolierte Aufstellung der Meßinstrumente erforderlich. Diese Isolierung erfolgt am besten durch Zwischenlegen einer Ebonit- oder Glasplatte zwischen Tischplatte und Instrument. Bei sehr hohen Spannungen empfiehlt es sich, die Instrumente auf Porzellanisolatoren (Isolierschemeln) aufzustellen und zum Schutz des Beobachters mit einer Glasplatte zu überdecken. Naturgemäß ist bei Hochspannung jede Berührung der Instrumente lebensgefährlich.

Die Isolation der Vorwiderstände gegen Erde ist derart bemessen, daß alle normalen Widerstände für Spannungen bis 6000 Volt für die volle Betriebsspannung genügend isoliert sind. Bei Reihenschaltung von mehreren Widerstandskasten für Spannungen über 6000 Volt sind die Widerstände isoliert aufzustellen Die Isolierung der einzelnen Kasten sowohl gegeneinander als auch gegen Erde ist hierbei für die volle Betriebsspannung zu bemessen.

2. Präzisions-Leistungsmesser.

Bei den Leistungsmessern wird die feststehende Feldspule unmittelbar in den Stromkreis eingeschaltet, so daß sie von dem gesamten zu messenden Strom durchflossen wird. Die drehbare Spannungsspule wird dagegen unter Vorschaltung von Ohmschen Widerständen an die zu messende Spannung angelegt. Zur Erzielung verschiedener Meßbereiche wird die Feldspule meist mehrteilig ausgeführt. Die Spannungsspule ist zur Vermeidung von Temperatur- und Phasenfehlern in einer Kunstschaltung angeordnet.

a. Innere Schaltung der Feldspule.

Die Feldspule der Leistungsmesser wird meist zweiteilig ausgeführt. Durch Reihen- oder Parallelschaltung der beiden Teile erhält man zwei Nennströme, die sich wie 1 : 2 verhalten. Die Umschaltung der beiden Spulenhälften erfolgt bei den Leistungsmessern bis 25 Ampere durch Stöpsel. Bei höheren Stromstärken werden die Übergangswiderstände der Stöpsel gegenüber den kleinen Spulenwiderständen zu groß, so daß sich die erforderliche gleichmäßige Stromverteilung auf beide Spulenhälften nicht mehr mit Sicherheit erreichen läßt. Man ist daher gezwungen, bei Stromstärken über 25 Ampere zu einem Laschenumschalter über-

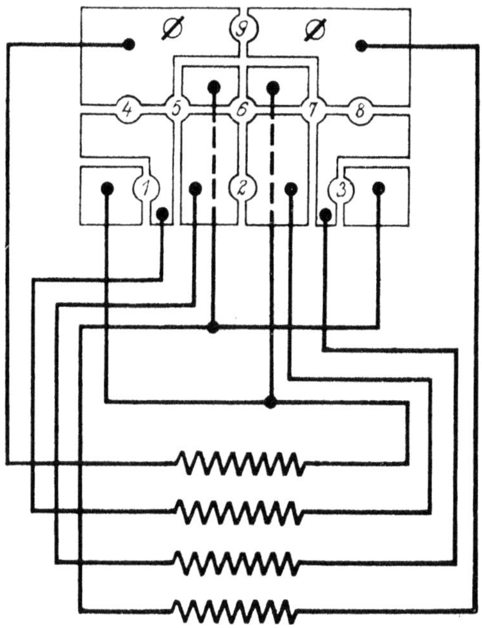

Bild 7. Stöpselumschalter für drei Nennströme im Verhältnis 1:2:4, für Stromstärken bis 20 Ampere.

Stöpsel 1, 2 u. 3	gesteckt:	Reihenschaltung aller Spulen, also kleinster Nennstrom.
Stöpsel 4, 6 u. 8	,, :	Gruppenschaltung der Spulen, also mittlerer Nennstrom.
Stöpsel 5 u. 7	,, :	Parallelschaltung aller Spulen, also größter Nennstrom.
Stöpsel 9	,, :	Stromklemmen kurz geschlossen.

Beim Übergang von einem Nennstrom zum andern ist stets der Stöpsel 9 zu stecken.

Tafel 3. Umschaltung der Feldspulen der Leistungsmesser für drei Nennströme.

zugehen. Die Umschaltvorrichtungen sind auf Tafel 2 dargestellt. Sowohl beim Stöpselumschalter wie beim Laschenumschalter ist es unbedingt erforderlich, daß vor dem Einschalten ein Nennstrom eingestellt ist, da das Instrument sonst durch Zerstörung der zwischen den beiden Spulenhälften liegenden Isolation beschädigt werden kann. Die in Bild 5 dargestellte Stöpselumschaltung hat den Vorzug, daß sie besonders leicht zu bedienen ist und daß sich alle Umschaltungen unter Strom vornehmen lassen. Um ohne Stromunterbrechung von einem Nennstrom zum anderen überzugehen, steckt man zunächst alle drei Stöpsel und zieht dann entsprechend dem gewünschten Nennstrom entweder Stöpsel 2 oder Stöpsel 1 und 3. Unter keinen Umständen dürfen alle drei Stöpsel gleichzeitig gezogen werden, da hierdurch der Hauptstromkreis unterbrochen würde. Der in Bild 6 dargestellte Laschenumschalter ist nur für stromlose Umschaltung bestimmt. Man muß daher das Instrument vor der Betätigung des Umschalters stets stromlos machen. Dies geschieht am besten durch Verwendung eines Stromabschalters, wie er auf S. 120 beschrieben ist.

Neuerdings werden die Leistungsmesser für Nennströme bis 20 Ampere auch mit einer vierfach unterteilten Feldspule ausgeführt. Die Spulenteile werden in der ersten Schaltstellung in Reihe, in der zweiten in Gruppenschaltung und in der dritten Stellung in Parallelschaltung verbunden, so daß drei Nennströme im Verhältnis 1 : 2 : 4 entstehen. Um möglichst sichere Kontakte zu bekommen, wurde für die Umschaltung ein Stöpselumschalter gewählt. Durch eine besondere Anordnung der Steckvorrichtung ist es hierbei erreicht worden, daß man für jede Schaltstellung mit nur drei Stöpseln auskommt. Die Schaltung ist auf Tafel 3 gezeigt. Der Übergang von einem Nennstrom zum anderen läßt sich sehr einfach ausführen, da man während des Umschaltens stets die Instrumentklemmen durch Stecken des Stöpsels 9 kurzschließen kann.

Bei Hochspannungsmessungen ist eine Umschaltung der Feldspulen unter Strom wegen der damit verbundenen Gefahr für den Beobachter nicht zulässig. Man muß hierbei das Instrument vor dem Umschalten durch allpolige Abschaltung vom Netz auch spannungslos machen. Man muß also außer dem Stromkreis auch noch den Spannungskreis vom Netz abtrennen.

b. Innere Schaltung des Spannungskreises.

Die drehbare Spannungsspule liegt mit Ohmschen Vorwiderständen an der zu messenden Spannung. Die Vorwiderstände sind meist mehrfach unterteilt, so daß auf diese Weise mehrere Nennspannungen entstehen. Um zu dem Leistungsmesser äußere, beliebig vertauschbare Vorwiderstände benutzen zu können, ist es erforderlich, den Spannungskreis auf einen festen Widerstand abzugleichen. Man schaltet daher parallel zur Drehspule meist noch einen Abgleichwiderstand ein.

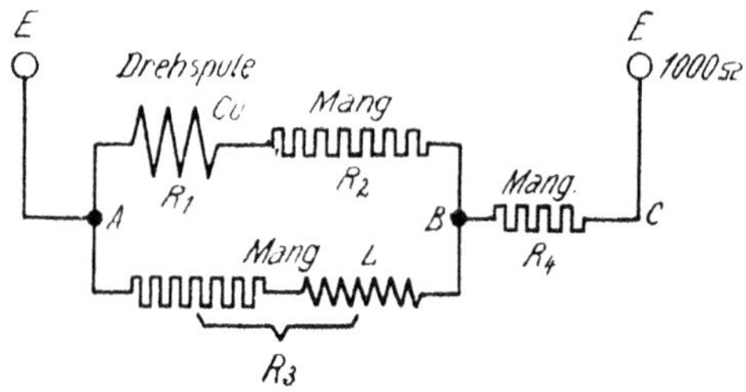

Bild 8. Innenschaltung des Spannungskreises.

In Bild 8 ist eine derartige Schaltung dargestellt. Hierbei ist R_1 die aus Kupfer gewickelte Drehspule, R_2 ein Manganinvorwiderstand und R_3 der zur Abgleichung parallel geschaltete Abgleichwiderstand. Da durch den Abgleichwiderstand R_3 ein geschlossener Stromkreis gebildet wird, in dem sich etwaige, durch gegenseitige Induktion in der Drehspule erzeugten Ströme ausgleichen können, muß die Summe der Widerstände $R_1 + R_2 + R_3$ genügend hoch gewählt werden, um diese Ströme in unschädlichen Grenzen zu halten. Die Abgleichung der Schaltung geschieht in der Weise, daß durch den Widerstand R_3 zunächst der Stromverbrauch des Spannungskreises auf genau 30 Milliampere bei vollem Zeigerausschlag des Instruments abgeglichen wird. Dann wird der Gesamtwiderstand des Spannungskreises durch einen gemeinsamen Vorwiderstand R_4 auf genau 1000 Ohm ergänzt. Diesem Widerstandswert entspricht die 1000-Ohm-Klemme des Leistungsmessers, die zum Anschluß an äußere Vorwiderstände bestimmt ist. Da der Stromverbrauch des Spannungskreises auf 30 Milliampere abgeglichen ist, entspricht diesem Grundwiderstande von 1000 Ohm eine Nennspannung von 30 Volt. Es sei besonders darauf hingewiesen, daß die 1000-Ohm-Klemme nicht als ein selbständiger Meßbereich aufzufassen ist, da bei diesem geringen Gesamtwiderstande des Spannungskreises die Temperaturfehler des Instruments noch nicht kompensiert sind. Ferner entstehen durch den Abgleichwiderstand R_3 noch Phasenfehler in der Drehspule, die ebenfalls erst kompensiert werden müssen. Da die elektrischen Verhältnisse im Instrument hierbei nicht so ganz einfach liegen, soll im nachstehenden diese Temperaturkompensation und die Phasenkompensation ausführlicher beschrieben werden.

Die **Temperaturkompensation** wird durch Vorschaltung äußerer Vorwiderstände erreicht. Die Verhältnisse liegen hierbei folgendermaßen: Die Drehspule wird durch die von der Feldspule ausstrahlende Wärme, sowie in geringem Maße auch durch den in ihr fließenden Strom erwärmt. Mit zunehmender Erwärmung wächst der Widerstand der Drehspule und somit der Widerstand des Drehspulzweiges $R_1 + R_2$, während der Abgleichwiderstand R_3 konstant bleibt. Wird der Gesamtstrom der Schaltung durch äußere Vorwiderstände konstant gehalten, so wird sich die Stromverteilung mit zunehmender Erwärmung in der Weise ändern, daß der Strom im Drehspulzweige um den gleichen Betrag abfällt, um den er im Widerstande R_3 anwächst. Der Strom wird also mit zunehmender Erwärmung gewissermaßen in den Widerstand R_3 hinübergedrängt. Mit dem Anwachsen des Stromes in R_3 wächst aber auch der Spannungsabfall in diesem Widerstand, also die Spannung zwischen den Punkten A und B. Infolge dieser wachsenden Spannung fällt der Strom im Drehspulzweige $R_1 + R_2$ jedoch nicht in dem gleichen Maße ab, wie man es lediglich aus der Widerstandsänderung folgern würde. Die Größe der Stromänderung im Drehspulzweige hängt vielmehr von der Größe des Widerstandes R_3 ab. Je größer R_3 ist, um so kleiner sind die Stromänderungen im Drehspulzweige $R_1 + R_2$. Würde R_3 unendlich groß, so würde die Stromänderung im Drehspulzweige gleich Null werden. Da der Abgleichwiderstand R_3 stets nur einen Bruchteil des Gesamtstromes führt, ist der Widerstandswert von R_3 stets erheblich größer als der des Drehspulzweiges $R_1 + R_2$. Infolgedessen wird auch das Abfallen des Stromes im Drehspulzweige so geringfügig sein, daß der hierdurch entstehende Verlust am Drehmoment durch das Nachlassen der erwärmten Spiralfedern ausgeglichen werden kann. Ist dies erreicht, so werden die Angaben des Instruments durch die Erwärmung praktisch nicht mehr geändert. Allerdings ist hierbei noch die anfangs gemachte Voraussetzung zu erfüllen, daß der Gesamtstrom des Spannungskreises stets annähernd gleich groß bleibt. Dies ist in einfacher Weise durch einen entsprechend großen, gemeinsamen Vorwiderstand zu erreichen. Der im Instrument zur Abgleichung des Spannungskreises auf 1000 Ohm eingebaute Vorwiderstand R_4 reicht hierfür allein noch nicht aus; er muß vielmehr durch äußere Vorwiderstände noch um mindestens 2000 Ohm erhöht werden, so daß der Gesamtwiderstand des Spannungskreises mindestens 3000 Ohm beträgt, was einer Nennspannung von 90 Volt entspricht. Bei Verwendung noch größerer Widerstände ändert sich das Verhalten der Kompensationsschaltung nur noch ganz unwesentlich, so daß diese Änderungen nicht mehr in Betracht kommen.

Die **Phasenfehler** des Spannungskreises, die durch die Selbstinduktion der Drehspule verursacht werden, können durch eine kleine Abänderung der vorstehenden Schaltung kompensiert werden. Die Selbstinduktion der Drehspule ist zwar an sich verhältnismäßig klein, sie beträgt etwa 0,005 Henry, aber immerhin kann ihre Einwirkung bei Messungen mit kleinen Leistungsfaktoren oder hohen Frequenzen nicht vernachlässigt werden. Außerdem ist zu beachten, daß der durch diese Selbstinduktion verursachte Phasenfehler durch den zur Abgleichung erforderlichen Abgleichwiderstand R_3 besonders vergrößert wird, da die Phase des Zweigstromes in der Drehspule im wesentlichen nur von dem Verhältnis der Impedanz der Drehspule zu dem kleinen Ohmschen Widerstand $R_1 + R_2$ des Drehspulzweiges abhängt. Man kann die durch die Stromverzweigung bedingte Vergrößerung der Phasenverschiebung des Drehspulstromes gegen die zu messende Netzspannung dadurch beseitigen, daß man einen Teil L des Abgleichwiderstandes R_3 induktiv wickelt (Patent S. & H.). Wählt man die Induktanz L so, daß das Verhältnis der Induktanz zum Ohmschen Widerstand im Zweige R_3 das gleiche ist wie im Drehspulzweige $R_1 + R_2$, so haben die beiden Zweigströme gegeneinander keine Phasenverschiebung und sind damit auch in Phase mit dem unverzweigten Gesamtstrom des Spannungskreises. Die Phasenverschiebung des Gesamtstromes gegen die angelegte Netzspannung wird aber wegen des hohen Ohmschen Widerstandes des unverzweigten Spannungskreises (R_4 + äußerer Vorwiderstand) sehr klein werden. Mithin wird auch der in der Drehspule entstehende Phasenfehler sehr klein, ebenso klein, als wenn der Widerstand R_3 gar nicht vorhanden wäre. Man kann aber auch diesen kleinen Phasenfehler noch zum Verschwinden bringen, wenn man das Verhältnis der Induktanz zum Ohmschen Widerstande im Abgleichzweige R_3 noch größer wählt, als es im Drehspulzweige ist. Bei entsprechender Wahl der elektrischen Größen der beiden parallelen Zweige wird dann der Phasenverschiebungswinkel zwischen dem Drehspulstrom und der an den Spannungskreis angelegten Netzspannung und damit auch der Phasenfehler gleich Null. Auf diese Weise ist bei den Präzisions-Leistungsmessern der S. & H. A.-G. eine Phasenkompensation erzielt, die für eine bestimmte Nennfrequenz streng gültig ist, aber auch für einen verhältnismäßig großen Frequenzbereich vollkommen ausreicht. Damit werden aber auch die Instrumentangaben bei Gleichstrom und Wechselstrom genau gleich, so daß die Eichung des Leistungsmessers ohne weiteres mit Gleichstrom vorgenommen werden kann.

Für diejenigen, die näher auf die vorliegenden Fragen einzugehen wünschen, sind nachstehend noch die Diagramme für die drei wichtigsten Fälle angegeben.

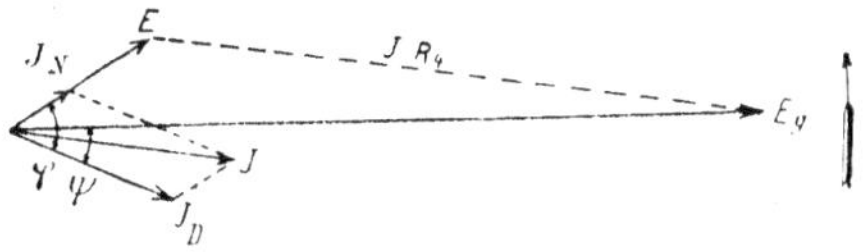

Bild 9.

Bild 9 entspricht dem einfachsten Fall, in dem der Abgleichwiderstand R_3 induktionsfrei ist. Die Klemmenspannung zwischen den Punkten A und B der Schaltung Bild 8 wird im Diagramm durch den Vektor E dargestellt. Der Strom J_N in dem induktionsfreien Nebenwiderstand R_3 ist dann in Phase mit der Spannung E, dagegen bleibt der Strom J_D in der Drehspule um einen Winkel φ hinter E zurück. Aus den beiden Zweigströmen J_N und J_D ergibt sich als geometrische Summe der Gesamtstrom J des Spannungskreises. Der Spannungsabfall in dem vom Gesamtstrom durchflossenen Vorwiderstand R_4 ist dann in Phase mit dem Gesamtstrom J. Die Spannung $J \cdot R_4$ liegt also parallel zu J. Aus den beiden Teilspannungen E und $J \cdot R_4$ ergibt sich als geometrische Summe die Gesamtspannung E_g. Der Drehspulstrom J_D bleibt hierbei, wie das Diagramm zeigt, um einen Winkel ψ hinter dieser Gesamtspannung zurück.

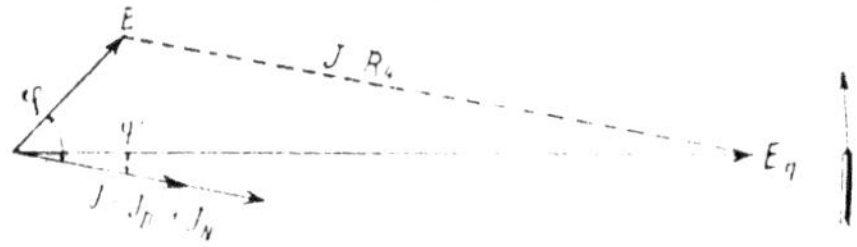

Bild 10.

Bild 10 zeigt die Verhältnisse für den Fall, daß ein Teil des Nebenwiderstandes R_3 induktiv gewickelt ist. Das Verhältnis der Induktanz zum Ohmschen Widerstande sei im Abgleichzweige das gleiche wie im Drehspulzweige. Dann sind die beiden Zweigströme J_D und J_N in Phase; sie addieren sich also algebraisch zum Gesamtstrom J, der um den Winkel φ hinter der Teilspannung E zurückbleibt. Der Spannungsabfall $J \cdot R_4$ in den gemeinsamen Vorwiderständen ist in Phase mit dem Strome J. Die Spannung $J \cdot R_4$ liegt also parallel zu J und gibt mit E als geometrische Summe die Gesamtspannung E_g. Der Strom J_D bleibt jetzt nur noch um einen kleinen Winkel ψ hinter der zu messenden Spannung E_g zurück. Das Diagramm zeigt ohne weiteres, daß dieser Winkel ψ um so kleiner wird je größer $J \cdot R_4$, also der Vorwiderstand R_4 wird.

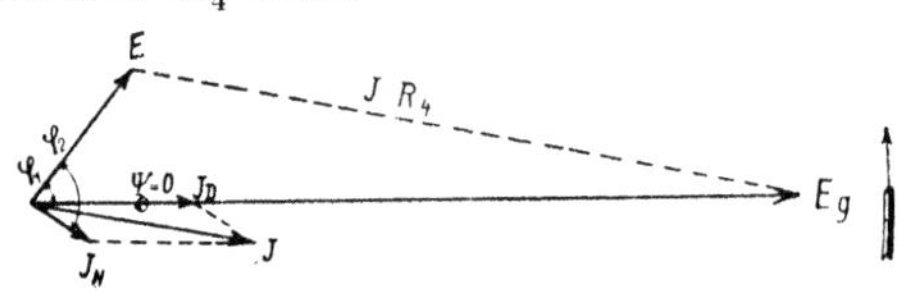

Bild 11.

Bild 11 zeigt die bei den Leistungsmessern von S. & H. vorhandenen Verhältnisse. Die Induktanz des Abgleichzweiges R_3 ist noch größer gewählt, so daß der Phasenfehler kompensiert wird. Der Strom in der Drehspule J_D bleibt hierbei um den Winkel φ_1 hinter der Teilspannung E zurück. Da das Verhältnis der Induktanz zum Ohmschen Widerstande im Nebenwiderstand R_3 größer ist als im Drehspulzweige, bleibt der in R_3 fließende Strom J_N um einen etwas größeren Winkel φ_2 hinter E zurück. Der Gesamtstrom J ergibt sich dann wieder als geometrische Summe der beiden Zweigströme. Die Spannung am Vorwiderstand R_4 ist in Phase mit J, also ist wieder $J \cdot R_4$ parallel zu E. Aus E und $J \cdot R_4$ ergibt sich die Gesamtspannung, die bei richtiger Wahl der Verhältnisse in Phase mit J_D ist. Der Winkel ψ und damit der Phasenfehler ist demnach jetzt für einen bestimmten Widerstand R_1 gleich Null geworden.

c. Eigenverbrauch des Instruments.

Der Eigenverbrauch der **Feldspule** beträgt bei vollem Nennstrom bei den Leistungsmessern bis 50 Ampere durchschnittlich 4—5 Watt, bei den Leistungsmessern für höhere Nennströme etwas mehr. Dieser Wattverbrauch bleibt bei den verschiedenen, durch Umschaltung der Feldspulen erzielten Nennströmen stets der gleiche, da die einzelnen Spulengruppen bei allen Schaltstellungen in gleicher Weise belastet werden. Bezeichnet J_n den Nennstrom der Feldspule und J den jeweiligen bei der Messung vorhandenen Strom, so ist der bei diesem Strom auftretende Eigenverbrauch

$$p_i = (4 \text{ bis } 5) \cdot \frac{J^2}{J_n^2} \quad \text{Watt.}$$

Der Spannungsabfall zwischen den Stromklemmen ist bei den kleineren Nennströmen stets ein Vielfaches des Spannungsabfalles bei den großen Nennströmen, da sich bei der Reihenschaltung die Spannungsabfälle der einzelnen Spulengruppen addieren. Dies ist besonders bei Verwendung der Instrumente in Verbindung mit Stromwandlern zu beachten. Sinkt z. B. während einer Messungsreihe der Strom bis auf die Hälfte, so läge es nahe, die Feldspule des Leistungsmessers für einen kleineren Nennstrom umzuschalten, um dadurch den doppelten Zeigerausschlag zu erhalten. Hierdurch würde aber, da man vom halben Ausschlag des großen Meßbereiches zum vollen Ausschlag des kleinen Meßbereiches übergeht, ein etwa viermal so großer Spannungsabfall an den Stromklemmen des Leistungsmessers entstehen, als bei dem vorher eingeschalteten, doppelt so großen Nennstrom. Der nur mit halbem Strom erregte Stromwandler würde daher durch die Umschaltung mit einer viermal so hohen Sekundärspannung belastet werden, so daß die durch Vergrößerung des Zeigerausschlages gewonnene Erhöhung der Ablesegenauigkeit durch größere Fehler des Stromwandlers wieder aufgehoben würde.

Der Stromverbrauch des **Spannungskreises** beträgt bei voller

Nennspannung genau 30 Milliampere, so daß sich für 30 Volt ein Eigenverbrauch von 0,9 Watt ergibt.

Den bei den jeweiligen Meßspannungen E auftretenden Eigenverbrauch berechnet man am einfachsten aus dem Gesamtwiderstand R des Spannungskreises:

$$p_e = \frac{E^2}{R} \quad \text{Watt.}$$

Der Gesamtwiderstand des Spannungskreises ergibt sich ohne weiteres aus Bild 12 auf Seite 26, wenn man beachtet, daß in jedem Falle noch 1000 Ohm für das Instrument hinzukommen.

d. Berechnung der Instrumentkonstante.

Die zu messende Leistung P ergibt sich aus dem Zeigerausschlag α in Skalenteilen und der Instrumentkonstanten c des Leistungsmessers nach der Beziehung

$$P = c \cdot \alpha \quad \text{Watt.}$$

Die Instrumentkonstante c ist also die Zahl, mit der man den Zeigerausschlag des Leistungsmessers multiplizieren muß, um die Leistung in Watt zu erhalten. Wird $\alpha = 1$, so zeigt sich, daß die Instrumentkonstante c gleich dem Werte eines Skalenteiles in Watt ist. Die Präzisions-Leistungsmesser sind so geeicht, daß sie den vollen Zeigerausschlag bei vollem Strom, voller Spannung und bei einem Leistungsfaktor $\cos\varphi = 1$ geben. Hieraus ergibt sich der Wert der Instrumentkonstanten.

Bedeutet:

α_1 = Anzahl der Skalenteile des Instruments,
J_n = Nennstrom des Instruments,
E_n = Nennspannung des Instruments,

so hat die Instrumentkonstante c den Wert:

$$c = \frac{J_n \cdot E_n \cdot \cos\varphi}{\alpha_1} = \frac{J_n \cdot E_n}{\alpha_1}$$

Die Skala der Präzisions-Leistungsmesser enthält meist 150 gleich große, etwa 1 mm breite Skalenteile. Ausgenommen ist hiervon nur das Instrument für 400 Ampere, das zur Erzielung einer einfachen Instrumentkonstanten eine 120-teilige Skala erhalten hat. Die verschiedenen normalen Nennströme sind aus der nachstehenden Tabelle zu ersehen. In den Spannungskreis baut S. & H. meist nur einen Grundwiderstand von 1000 Ohm ein, der rechnerisch einer Nennspannung von 30 Volt entspricht (vgl. S. 18). Unter Berücksichtigung dieser Daten ergeben sich für die einzelnen Instrumenttypen die folgenden Instrumentkonstanten.

Spannungskreis Ohm	Nennströme Amp.	Anzahl der Skalenteile	Instrumentkonstante c
1000	0,5; 1	150	0,1; 0,2
	1; 2	150	0,2; 0,4
	0,5; 1; 2	150	0,1; 0,2; 0,4
	2,5; 5	150	0,5; 1
	5; 10	150	1; 2
	12,5; 25	150	2,5; 5
	5; 10; 20	150	1; 2; 4
	25; 50	150	5; 10
	50; 100	150	10; 20
	100; 200	150	20; 40
	400	120	100

e. Berechnung der Widerstandskonstante.

Die Nennspannung der Leistungsmesser kann durch äußere Vorwiderstände vergrößert werden. Die Zahl, die angibt, wievielmal die Nennspannung des Vorwiderstandes größer ist als die des Instruments, heißt die Widerstandskonstante C.

Bedeutet

E_n = Nennspannung des Leistungsmessers,

E_v = Nennspannung des Vorwiderstandes,

so ist die Widerstandskonstante

$$C = \frac{E_v}{E_n} = \frac{E_v}{30}$$

Mit dieser Konstanten muß die vom Leistungsmesser angezeigte Leistung multipliziert werden, um die tatsächliche Leistung zu erhalten. Die Leistungsformel erhält also bei Benutzung äußerer Widerstände die Form

$$P = C \cdot c \cdot \alpha \qquad \text{Watt.}$$

Damit der Wert der Widerstandskonstanten eine runde Zahl wird, sind die Nennspannungen des Vorwiderstandes stets so gewählt, daß sie ein Vielfaches der Nennspannung des Instruments, also ein Vielfaches von 30 Volt betragen. Für die verschiedenen Nennspannungen der Vorwiderstände ergeben sich die in Bild 12 eingezeichneten Widerstandskonstanten und Widerstandswerte.

Bei der Wahl der Vorwiderstände ist zu beachten, daß diese dauernd um 10%, kurzzeitig um 20% überlastet werden dürfen.

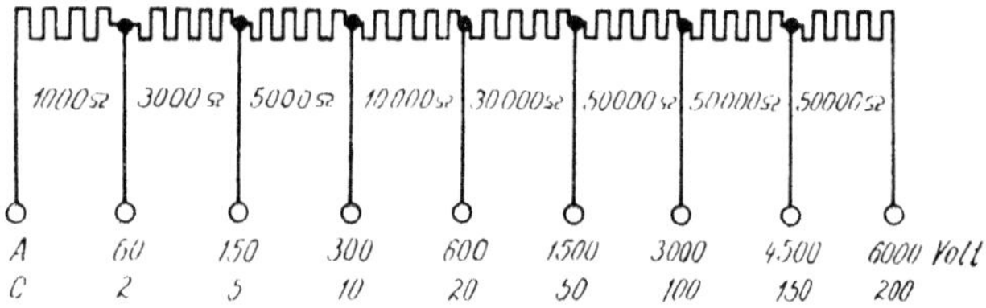

Bild 12. Widerstandskonstanten und Widerstandswerte.

f. Schaltregeln für Präzisions-Leistungsmesser.

Für alle Schaltungen mit Präzisions-Leistungsmessern gelten folgende Schaltregeln:

1. Alle erheblichen Potentialdifferenzen zwischen Feldspule und Spannungsspule müssen unbedingt vermieden werden.

2. Um einen richtigen Ausschlag des Zeigers in die Skala hinein zu erzielen, muß man so schalten, daß der Strom in zwei benachbarte bzw. gleich bezeichnete Strom- und Spannungsklemmen eintritt oder aus beiden austritt.

3. Alle Spannungsleitungen, die nicht direkt mit der Feldspule des Instruments verbunden sind, sollen gesichert werden.

Zu diesen Regeln ist noch folgendes zu bemerken:

Zu Schaltregel 1. Zur Vermeidung von schädlichen Potentialdifferenzen muß man den Stromkreis des Leistungsmessers stets einpolig, ohne jede Zwischenschaltung von Widerstand, mit einem geeigneten Punkt des Spannungskreises verbinden, wie es in den nachstehenden Abschnitten über die äußere Schaltung der Instrumente gezeigt ist. Durch diese Verbindung soll einerseits verhindert werden, daß zwischen der Feldspule und der Spannungsspule des Leistungsmessers gefährliche Potentialdifferenzen auftreten, die ein Überschlagen der Spannung und damit eine Zerstörung des Instruments zur Folge haben können. Andererseits aber sollen durch Befolgung dieser Regel Meßfehler vermieden werden, die durch elektrische Ladungserscheinungen und dadurch verursachte Zeigerablenkungen entstehen.

Zu Schaltregel 2. Bei den Leistungsmessern hängt die Ausschlagsrichtung des Zeigers nicht von der jeweiligen Stromrichtung in beiden Spulen, sondern nur von dem gegenseitigen Richtungsverhältnis der Ströme in der Feldspule und in der Spannungsspule ab. Um einen richtigen Ausschlag des Zeigers zu erzielen, muß man daher stets die gegenseitige Polung der Wickelungen der beiden Spulen beachten, die aus der Klemmenbezeichnung oder der gegenseitigen Lage der Klemmen hervorgeht. Bei den Leistungsmessern von S. & H. sind die zusammengehörigen Strom- und Spannungsklemmen wegen ihrer übersichtlichen Lage nicht besonders bezeichnet. Der Strom muß entweder in die linke Strom- und die linke Spannungsklemme oder in die rechte Strom- und die rechte Spannungsklemme eintreten.

Bei den im folgenden angegebenen Schaltungen ist stets vorausgesetzt, daß der Stromerzeuger links und der Stromverbraucher rechts liegt. Der Stromerzeuger ist im Schaltbild stets eingezeichnet, die Richtung der Energieabgabe wird durch einen Pfeil angedeutet.

Zu Schaltregel 3. Die Sicherung der Spannungskreise war früher nicht allgemein üblich, da man die Spannungskreise durch ihren hohen Ohmschen Widerstand für genügend geschützt hielt. Wiederholte Unfälle haben indes gezeigt, daß eine Sicherung der Spannungskreise keineswegs entbehrlich ist, da schon durch ungünstige Lage der Spannungsleitungen größere Kurzschlüsse entstehen können.

g. Äußere Schaltung des Instruments.

Die auf Tafel 4 angegebene äußere Schaltung der Leistungsmesser wird durch die vorstehenden Schaltregeln bestimmt. Um nach Schaltregel 1 erhebliche Potentialdifferenzen zwischen der Feldspule und der Spannungsspule des Leistungsmessers auszuschließen, verbindet man die linke Spannungsklemme des Leistungsmessers unmittelbar mit einer der beiden Stromklemmen. Die im Instrument auftretende Potentialdifferenz kann dann höchstens 30 Volt betragen und ist daher belanglos. Um nach Schaltregel 2 einen Zeigerausschlag im richtigen Sinne zu bekommen, muß man so schalten, daß der vom links liegenden Stromerzeuger kommende Strom in die beiden linken Klemmen, also in die linke Spannungsklemme und in die linke Stromklemme, eintritt bzw. aus ihnen austritt. Die vom anderen Pol nach dem

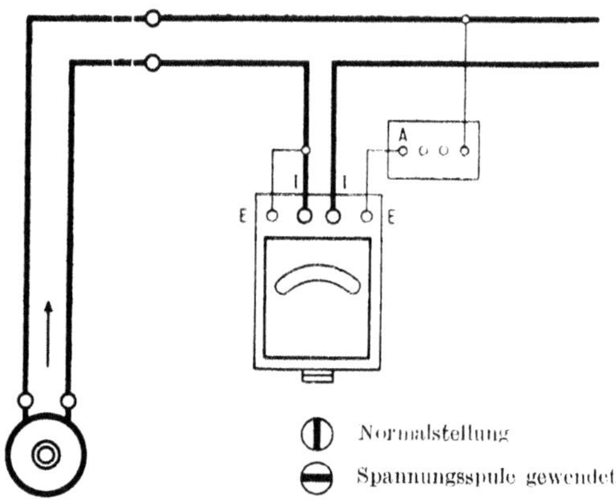

Bild 13. Schaltung mit eingebautem Spannungswender.

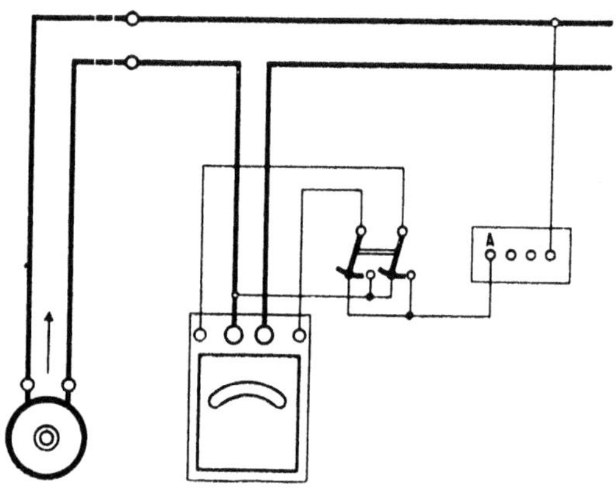

Bild 14. Schaltung mit äußerem Spannungswender.

Bedeutet:

a = Ablesung am Instrument in Skalenteilen.
c = Instrumentkonstante (vergl. Seite 25).
C = Widerstandskonstante (vergl. Seite 26).

so ist die gemessene Leistung:

$$P = C \cdot c \cdot \alpha \qquad \text{Watt.}$$

Tafel 4. Äußere Schaltung der Laboratoriums-Leistungsmesser.

Vorwiderstand führende Leitung ist bei betriebsmäßigen Schaltungen entsprechend Schaltregel 3 zu sichern, jedoch wird man bei Laboratoriumsmessungen in den meisten Fällen auf diese Sicherung verzichten können. Außer den Schaltregeln sind bei dem Aufbau der Schaltung noch die Angaben auf S. 13 über die Aufstellung der Meßgeräte zu beachten.

Ergibt sich bei Drehstrom-Leistungsmessungen ein negativer Zeigerausschlag, so muß man den Strom in der Spannungsspule wenden, um einen positiven Ausschlag in die Skala hinein zu erhalten. Dies erfolgt am zweckmäßigsten durch einen in den Leistungsmesser eingebauten Spannungswender (vgl. Bild 13). Dieser bietet zunächst den Vorteil, daß die äußere Schaltung des Leistungsmessers nach Möglichkeit vereinfacht wird, ferner werden hierbei gefährliche Potentialdifferenzen zwischen Feldspule und Spannungsspule, die z. B. im Augenblick des Abschaltens durch ungleichzeitiges Öffnen der Schalterkontakte entstehen könnten, in jedem Falle vermieden, da die Spannungswendung ohne Unterbrechung des Spannungskreises erfolgt. Der Spannungswender ist in ähnlicher Weise wie bei den Prüffeld-Leistungsmessern (vergl. Bild 24 auf Tafel 9) in die Innenschaltung des Leistungsmessers eingefügt. Man kann ihn daher auch bei unmittelbarem Anschluß der 1000-Ohm-Klemme, also bei 30 Volt, ohne Kurzschlußgefahr betätigen.

Bei Leistungsmessern ohne eingebauten Spannungswender muß man einen außenliegenden Spannungswender benutzen, der nach Bild 14 geschaltet ist. Zweckmäßig wird auch der außenliegende Spannungswender so gewählt, daß er ohne Stromunterbrechung arbeitet. Da die Umschaltung jedoch hierbei über eine Kurzschlußstellung hinweg erfolgt, können diese Spannungswender nur bei Benutzung außenliegender Vorwiderstände verwendet werden. Es werden dann im Augenblick der Umschaltung nur die im Instrument eingebauten 1000 Ohm kurzgeschlossen, während durch die außenliegenden Vorwiderstände ein unzulässiges Anwachsen des Stromes verhindert wird. Wenn ohne Vorwiderstände, also mit der Nennspannung 30 Volt gemessen wird, darf nur ein Umschalter mit Unterbrechung benutzt werden.

Vollständige Meßschaltungen für Einphasenstrom nebst ausführlichen Fehlerberechnungen sind im zweiten Teile des Buches angegeben.

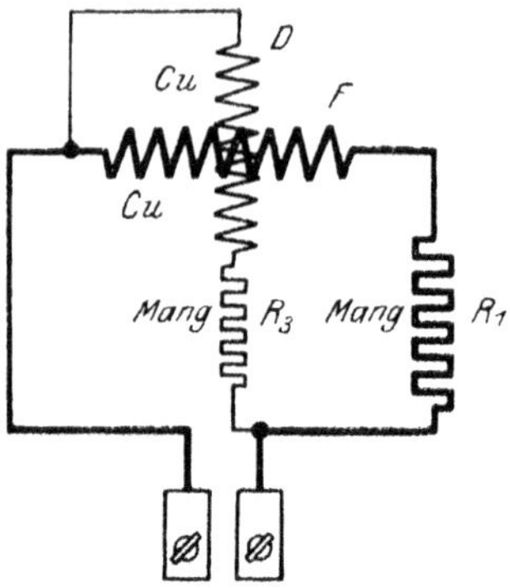

Bild 15. Schaltung der Strommesser mit einem Meßbereich. Die Drehspule D mit ihrem Vorwiderstand R_3 liegt hierbei parallel zur Feldspule F und dem zugehörigen Hauptstromwiderstand R_1.

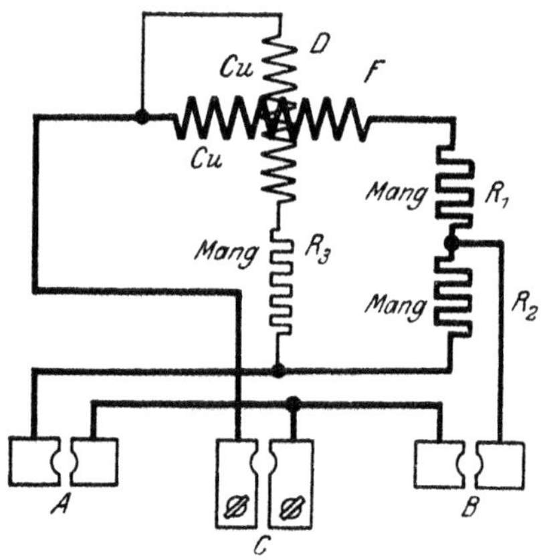

Bild 16. Schaltung der Strommesser mit zwei Meßbereichen. Die zwei Meßbereiche werden hierbei dadurch erzielt, daß vor die Feldspule F einmal nur der Hauptstromwiderstand R_1 und das andere Mal die beiden Hauptstromwiderstände R_1 und R_2 vorgeschaltet werden.

Tafel 5. Innenschaltung der älteren elektrodynamischen Strommesser.

3. Präzisions-Strommesser.

a. Innere Schaltung.

Die Präzisions-Strommesser für Wechselstrom beruhen auf dem Prinzip des Elektrodynamometers. Bei Instrumenten für kleine Stromstärken bis etwa 0,5 Ampere kann man die Feldspule F und die Drehspule D in Reihe schalten. Bei den Instrumenten für höhere Stromstärken ist diese einfache Schaltung jedoch nicht mehr anwendbar, da hierbei die Drehspule zu groß und schwer würde und die Zuführung der stärkeren Ströme nicht mehr durch Spiralfedern möglich wäre. Man schaltet daher bei größeren Stromstärken die Spulen nebeneinander, wie es Bild 15 auf Tafel 5 zeigt. Hierbei wird die feststehende Feldspule F in Reihe mit einem Manganinwiderstand R_1 vom zu messenden Strome durchflossen. Die Drehspule D mit dem Vorwiderstand R_3 liegt parallel zu dieser Reihenschaltung und führt nur einen kleinen Teilstrom. Die Manganinwiderstände R_1 und R_3 dienen dazu, die Stromverzweigung in den beiden parallelgeschalteten Teilen von der Temperatur der Spulen unabhängig zu machen. Da beim Strommesser nur die kleinen Temperaturdifferenzen zwischen den beiden parallel geschalteten Zweigen für die Änderung der Stromverteilung und damit für die Richtigkeit der Instrumentangaben bestimmend sind, brauchen indessen die Vorwiderstände nicht so groß zu sein wie etwa beim Spannungsmesser. Auf Grund eingehender Versuche wurde ihre Größe so gewählt, daß der Temperaturkoeffizient der beiden parallelen Zweige etwa auf den vierten Teil des Temperaturkoeffizienten des Kupfers herabgedrückt wird. Dies hat sich als vollkommen ausreichend erwiesen, um die Angaben des Meßwerkes von der Temperatur praktisch unabhängig zu machen. Durch das Vorschalten der induktionsfreien Manganinwiderstände vor die Spulen ist auch das Verhältnis der Selbstinduktionskoeffizienten der Spulen zu den Ohmschen Widerständen der beiden Zweige so günstig geworden, daß die Abweichungen der Instrumentangaben bei Gleichstrom und Wechselstrom von 100 Perioden 0,1% nicht überschreiten.

Die älteren Instrumente mit zwei Meßbereichen sind nach Bild 16 geschaltet. Entsprechend den zwei Meßbereichen liegen hierbei zwei Hauptstromwiderstände R_1 und R_2 in Reihenschaltung mit der Feldspule F. Parallel zu dieser ganzen Reihenschal-

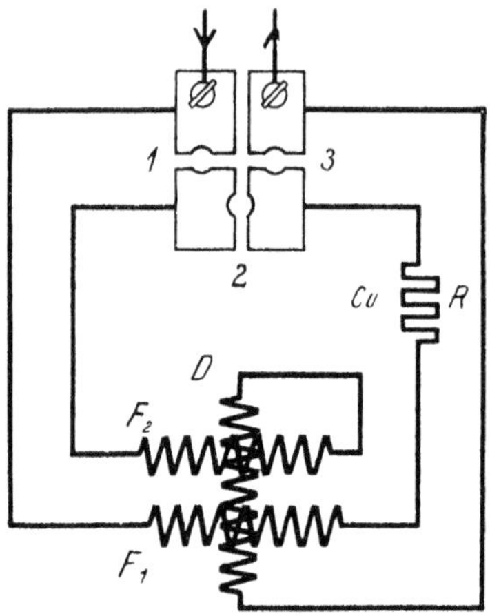

Bild 17. Schaltung der Strommesser bis 1 Ampere. Die Feldspule ist hierbei in ähnlicher Weise wie bei den Leistungsmessern in zwei Teile F_1 und F_2 unterteilt, die je nach dem Meßbereich in Reihe oder parallel geschaltet werden.

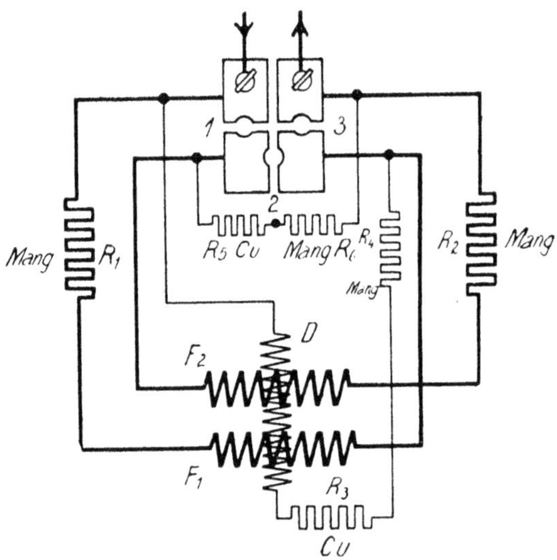

Bild 18. Schaltung für größere Stromstärken. Die Drehspule D liegt hierbei im Nebenschluß zu den Feldspulen F_1 und F_2, die für die beiden Meßbereiche wieder in Reihe oder parallel geschaltet werden (vergl. Seite 33).

Tafel 6. Innenschaltung der neuen elektrodynamischen Strommesser.

tung liegt die Drehspule D mit ihrem Vorwiderstand R_3. Die Feldspule mit ihren beiden Hauptstromwiderständen dient hierbei gewissermaßen als Mehrfachnebenschluß für den Drehspulzweig. Wird der Stöpsel bei B gesteckt, so liegt vor der Feldspule F nur der Widerstand R_1. Fließt hierbei in der Feldspule der Strom J und in der Drehspule der Strom i, so ist das ausgeübte Drehmoment proportional $J \cdot i$. Soll bei dem kleineren Meßbereich durch einen Strom $^1/_2 J$ der gleiche Zeigerausschlag, also das gleiche Drehmoment erreicht werden, so muß der Strom in der Drehspule doppelt so groß werden, also die Größe $2 \cdot i$ bekommen. Das ist aber nur möglich, wenn der Spannungsabfall im Hauptstromkreis verdoppelt wird. Dies geschieht durch Einschalten des Widerstandes R_2 mittels des Stöpsels A. Der Spannungsabfall für den kleineren Meßbereich ist demnach bei dieser Schaltung stets doppelt so groß wie für den großen Meßbereich.

Für ihre neuen umschaltbaren Strommesser verwendet S. & H. ebenso wie bei den Leistungsmessern unterteilte Feldspulen, deren Teile je nach dem Meßbereich in Reihe oder parallel geschaltet werden.

Die Innenschaltung des Strommessers für 0,5 und 1 Ampere ist in Bild 17 auf Tafel 6 dargestellt Hierbei liegt die Feldspule F_2 in Reihe mit der Drehspule D, während die Feldspule F_1 in Reihe mit einem Ersatzwiderstand R liegt. Wird der Stöpsel bei *2* gesteckt, so sind die beiden Feldspulenzweige in Reihe geschaltet, das Instrument gibt also den kleineren Meßbereich. Sind die Stöpsel *1* und *3* gesteckt, so liegen die Feldspulenzweige parallel und man erhält einen doppelt so hohen Meßbereich Der Spannungsabfall im Meßwerk ist hierbei, ebenso wie bei der vorher beschriebenen Schaltung, für den kleineren Meßbereich doppelt so groß wie für den großen Meßbereich. In Bild 18 ist die für Stromstärken über 1 Ampere benutzte Innenschaltung angegeben. Bei dieser liegt wieder die Feldspule F_1 in Reihe mit dem Widerstand R_1 und F_2 in Reihe mit R_2. Die Drehspule mit den Vorwiderständen R_3 und R_4 ist parallel an den Zweig $F_1 + R_1$ angeschlossen. Damit der Feldspulenzweig $F_2 + R_2$ den gleichen Widerstand bekommt, sind parallel zu ihm die Ersatzwiderstände R_5 und R_6 angeschlossen, die den gleichen Widerstand besitzen wie der Drehspulenzweig. Der vor der Drehspule liegende Widerstand R_3 ist, wie das Schaltbild zeigt, aus Kupfer hergestellt. Er wird in unmittelbarer Nähe der Feldspule angeordnet, so daß er stets annähernd die gleiche Temperatur annimmt wie diese. Durch diesen Widerstand wird also der Temperaturkoeffizient des Drehspulenzweiges künstlich erhöht, so daß die Widerstandsänderungen des Drehspulenzweiges annähernd die gleichen werden wie die der Feldspulenzweige $F_1 + R_1$ bzw. $F_2 + R_2$. Man braucht bei dieser Anordnung die Temperaturkoeffizienten der Feldspulenzweige nicht so weit herabzudrücken, wie dies sonst notwendig wäre, d. h. man kommt mit kleineren Manganinwiderständen aus und erhält auf diese Weise einen kleineren Spannungsabfall und Eigenverbrauch des Instruments.

b. Eigenverbrauch der Strommesser.

Der Eigenverbrauch der elektrodynamischen Strommesser beträgt je nach dem Meßbereich etwa 10 bis 30 Watt. Dieser verhältnismäßig hohe Verbrauch ist durch die vor den Feldspulen liegenden Hauptstromwiderstände bedingt und kann daher nicht verringert werden, ohne daß die elektrische Güte des Instruments leidet. In der nachstehenden Tabelle sind die Daten für die neuen umschaltbaren Strommesser angegeben.

Meßbereiche Ampere	Klemmenspannung bei vollem Ausschlag etwa Volt	Eigenverbrauch bei vollem Ausschlag etwa Watt
0,5; 1	2; 1	1
1; 2	4,5; 2,3	4,5
2,5: 5	4; 2	10
5; 10	2; 1	10
12,5; 25	0,8; 0,4	10
25; 50	0,6; 0,3	15
50; 100	0,6; 0,3	30

Aus der Innenschaltung der Instrumente folgt, daß der Spannungsabfall für den kleineren Meßbereich noch einmal so groß sein muß als für den großen Meßbereich. Dies ist bei Messungen in Stromkreisen mit kleinen Spannungen wichtig, da dann durch das Umschalten des Strommessers die elektrischen Verhältnisse des Stromkreises erheblich geändert werden können. Dies kommt besonders dann in Frage, wenn der Strommesser für 2,5 und

5 Ampere in Verbindung mit Stromwandlern benutzt wird. Es gelten dann dieselben Verhältnisse wie auf S. 23 bei den Leistungsmessern beschrieben wurde. Aber auch bei Messungen kleinerer Leistung mit mittleren Spannungen, z. B. bei der Untersuchung kleiner Motoren, können durch den Eigenverbrauch des Strommessers Meßfehler verursacht werden. Es ist daher empfehlenswert, bei der Ablesung des Leistungsmessers den Strommesser kurzzuschließen.

4. Präzisions-Spannungsmesser.

a. Innere Schaltung.

Die Innenschaltung der Präzisions-Spannungsmesser für Wechselstrom entspricht dem Spannungs-Elektrodynamometer. Die feststehende Feldspule F und die Drehspule D liegen daher in einfacher Reihenschaltung. Um die Angaben des Meßwerkes von der Temperatur unabhängig zu machen, werden vor die Spulen Vorwiderstände aus Manganin geschaltet. Die Vorschaltung ist so groß, daß der Kupferwiderstand der Spulen nur etwa den zehnten Teil des Gesamtwiderstandes ausmacht. Infolgedessen beträgt der elektrische Temperaturkoeffizient der Reihenschaltung nur noch den zehnten Teil des Temperaturkoeffizienten des Kupfers. Die Einwirkung des geringen verbleibenden elektrischen Temperaturkoeffizienten wird dadurch aufgehoben, daß man den Spiralfedern, die die mechanische Gegenkraft für das Meßorgan liefern, durch passende Wahl des Materials einen annähernd gleich großen negativen mechanischen Temperaturkoeffizienten gegeben hat. Dann wird die durch die Änderung des Widerstandes verursachte Änderung des Stromes durch eine entgegengesetzt wirkende Änderung der Federkraft praktisch kompensiert. Der Selbstinduktionskoeffizient der Spulen tritt gegen den Ohmschen Widerstand derart zurück, daß die Instrumentangaben für alle im normalen Betriebe vorkommenden Frequenzen richtig bleiben. Selbst bei einer Frequenz von 100 Perioden in der Sekunde beträgt der durch die Selbstinduktion verursachte Fehler nicht mehr als 0,1%.

Die verschiedenen Meßbereiche der Spannungsmesser werden meist durch Vorwiderstände erzielt. Bild 19 zeigt die Schaltung der älteren Spannungsmesser mit zwei Meßbereichen. Hierbei

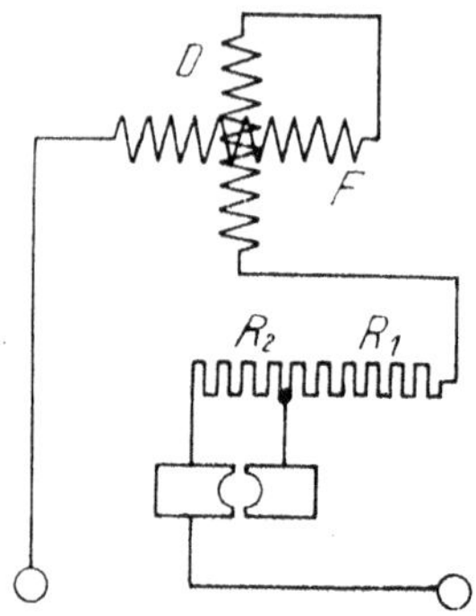

Bild 19. Ältere Schaltung. Die Feldspule F und die Drehspule D liegen in Reihenschaltung. Die verschiedenen Spannungsmeßbereiche werden durch die Vorwiderstände R_1 und R_2 erzielt.

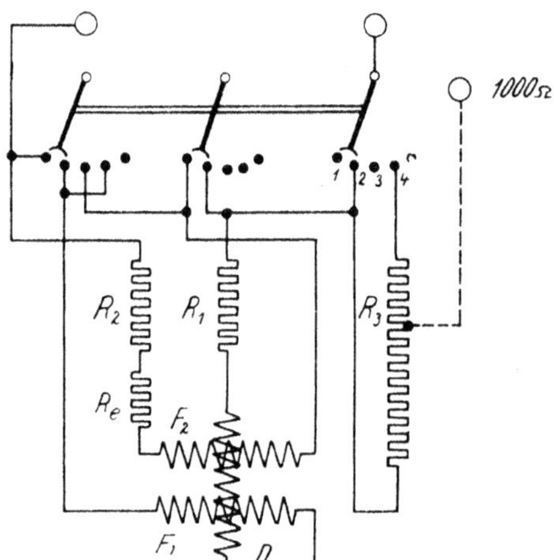

Bild 20. Neuere Schaltung. Durch Umschaltung der unterteilten Feldspulen F_1 und F_2 wird hierbei erzielt, daß der Stromverbrauch des Spannungsmessers für die höheren Meßbereiche nur halb so groß ist, wie für den kleinsten Meßbereich (vergl. Seite 37).

Tafel 7. Innenschaltung der elektrodynamischen Spannungsmesser.

ist F die feststehende Feldspule, D die innerhalb dieser Feldspule beweglich angeordnete Drehspule, R_1 und R_2 die den beiden Meßbereichen entsprechenden Vorwiderstände. Die Umschaltung auf die beiden Meßbereiche erfolgt durch einen Stöpsel. Ist dieser gesteckt, so ist R_2 kurzgeschlossen und das Instrument gibt den kleinsten Meßbereich. Ist andererseits der Stöpsel gezogen, so ist der größere Meßbereich eingeschaltet. Diese einfache Schaltung reicht indessen nicht mehr aus, wenn man mehr als zwei Meßbereiche braucht oder wenn das Verhältnis der beiden Meßbereiche größer sein soll als 1 : 2. Da die Spulen des Meßwerkes stets für den kleinsten Meßbereich bemessen werden müssen, ergibt sich für die höheren Meßbereiche ein Vielfaches des Wattverbrauchs des kleinsten Meßbereiches, so daß die Vorwiderstände nicht mehr in das Instrument eingebaut werden könnten. Man wird daher, um den Wattverbrauch herunterzudrücken, in diesen Fällen die Unterteilung der Meßbereiche durch Unterteilung der Feldspule vornehmen.

Bild 20 zeigt eine derartige Schaltung, wie sie S. & H. für ihre neuen Spannungsmesser mit drei Meßbereichen verwendet. Die feststehende Feldwickelung besteht hierbei aus zwei elektrisch gleichwertigen Spulen F_1 und F_2. In Reihe mit der Spule F_1 liegt die Drehspule D und der Manganinwiderstand R_1. In Reihe mit der Feldspule F_2 liegt als Ersatz für die Drehspule zunächst ein Kupferwiderstand R_e und weiterhin ein Manganinwiderstand R_2. Auf diese Weise ist es erreicht, daß die Stromkreise der beiden Feldspulen F_1 und F_2 auch in bezug auf ihre Widerstandsverhältnisse vollkommen gleich sind In der Schaltstellung 1 werden die Stromkreise der beiden Feldspulen F_1 und F_2 parallel geschaltet. Das Instrument ergibt hierbei den niedrigsten Meßbereich. In Schaltstellung 2 werden die Feldspulen in Reihe geschaltet; der Meßbereich wird hierdurch doppelt so hoch und der Stromverbrauch sinkt gleichzeitig auf die Hälfte herab. In Schaltstellung 3 bleibt die Reihenschaltung bestehen, es wird nur noch der Widerstand R_3 vorgeschaltet. Der Meßbereich wird hierdurch wiederum verdoppelt; der Stromverbrauch bleibt jedoch, da die Spulenschaltung nicht geändert ist, in gleicher Höhe wie im mittleren Meßbereich bestehen. Die drei Meßbereiche des Instruments verhalten sich also wie 1 : 2 : 4 und der Stromverbrauch ist im kleinsten Meßbereich stets doppelt so groß wie in den beiden höheren Meßbereichen. Schaltstellung 4 ist lediglich Ausschaltstellung. Der Übergang von einem Meßbereich zum anderen kann bei Niederspannung ohne weiteres während der Messung erfolgen.

b. Eigenverbrauch der Präzisions-Spannungsmesser.

Der Eigenverbrauch der elektrodynamischen Spannungsmesser ist erheblich größer, als man es von den Drehspulinstrumenten für Gleichstrom her gewohnt ist. Dies ist darin begründet, daß bei den elektrodynamischen Instrumenten das wirksame Feld, in dem sich die Drehspule bewegt, stets erst erzeugt werden muß, während es bei den Drehspulinstrumenten für Gleichstrom durch den Dauermagneten von vornherein gegeben ist. Der Wattverbrauch beträgt bei den Instrumenten mit einem Meßbereich im Mittel etwa 7 bis 10 Watt. Der Stromverbrauch wird demgemäß bei den verschiedenen Instrumenten verschieden sein. Er wird für die kleinen Spannungen hoch und für die hohen Spannungen niedriger werden. Bei den Instrumenten mit mehreren Meßbereichen wird der Wattverbrauch entsprechend größer. Die nachstehende Tabelle zeigt die Zahlenwerte für die vorstehend beschriebenen Instrumente.

Instrumentart (S. & H.)	Meßbereiche Volt	Innere Widerstände Ohm	Eigenverbrauch bei vollem Ausschlag Watt
Ältere Spannungsmesser mit zwei Meßbereichen	15; 30 30; 75 75; 150 150; 300 300; 600	30; 60 120; 300 750; 1500 2200; 4400 10000; 20000	7,5; 15 7,5; 19 7,5; 15 10; 20 9; 18
Neuere Spannungsmesser mit drei Meßbereichen	15; 30: 60 75; 150; 300 150; 300; 600	50; 200; 400 750; 3000; 6000 2500; 10000; 20000	4,5; 4,5; 9 7,5; 7,5; 15 9; 9; 18

Die Skala dieser Spannungsmesser wird meist 150teilig ausgeführt. Der allen elektrodynamischen Spannungsmessern eigene quadratische Charakter der Teilung wird durch geschickte gegenseitige Anordnung der Spulen des Meßwerks nach Möglichkeit unterdrückt, so daß die Skalen schon von etwa einem Fünftel des Meßbereichs ab annähernd gleichmäßig geteilt sind.

c. Reihenschaltung von Spannungsmesser und Leistungsmesser.

Bei direkten Hochspannungsmessungen lassen sich besondere Vorwiderstände für den Spannungsmesser dadurch ersparen, daß man den Spannungsmesser unmittelbar in den Spannungskreis des Leistungsmessers einschaltet. Bedingung für diese Schaltung ist, daß der Stromverbrauch des Spannungsmessers genau gleich dem Stromverbrauch des Spannungskreises des Leistungsmessers ist. Um dies zu ermöglichen, hat man die Spannungsmesser für 600 Volt auf einen Stromverbrauch von genau 30 Milliampere abgeglichen und mit einer Abzweigklemme versehen, durch die vom Gesamtwiderstand des Instruments 1000 Ohm abgezweigt werden (vgl. Bild 20). Bei der Reihenschaltung mit dem Leistungsmesser treten dann an die Stelle der am Spannungsmesser abgezweigten 1000 Ohm die 1000 Ohm des Spannungskreises des Leistungsmessers. Der Spannungsmesser wird bei dieser Schaltung stets auf seinen höchsten Meßbereich 600 Volt geschaltet. Demgemäß ist am gemeinsamen Vorwiderstand als Anfangsklemme auch die 600-Volt-Klemme zu verwenden, wie es das nachstehende Schaltbild zeigt.

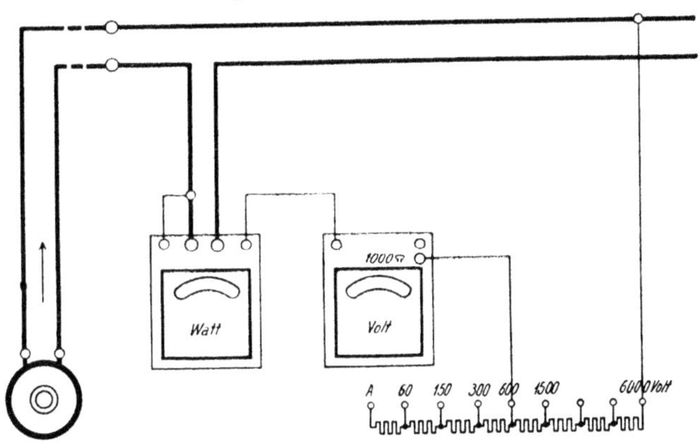

Bild 21. Reihenschaltung von Spannungsmesser und Leistungsmesser.

Da sich bei kleineren Spannungen durch die Selbstinduktion des Spannungsmessers Phasenverschiebungsfehler im Spannungskreis des Leistungsmessers ergeben, ist diese Schaltung nur für Spannungen über 3000 Volt anwendbar.

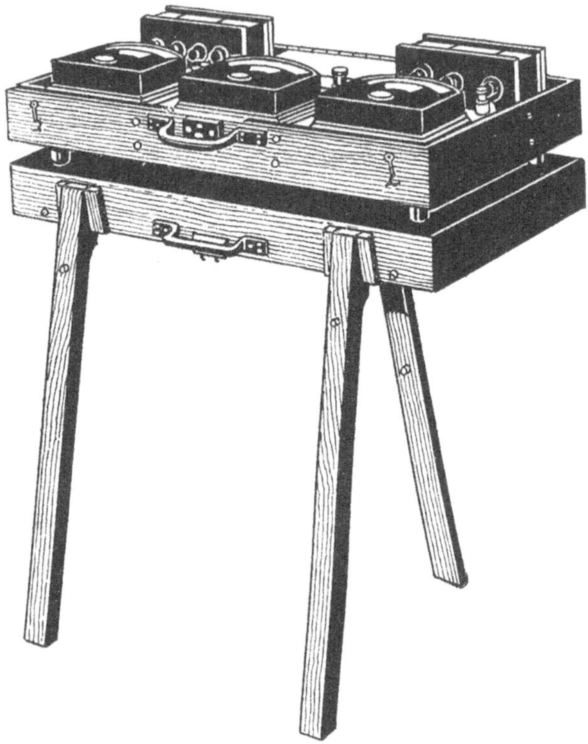

Bild 22. Der Meßkoffer vereinigt die zu einer Leistungsmessung erforderlichen Meßgeräte zu einer leicht transportablen Meßeinrichtung. Er enthält einen Leistungsmesser für 5 Ampere nebst Vorwiderstand für 600 Volt, einen Strommesser für 5 Ampere und einen Spannungsmesser für 130 Volt mit Vorwiderstand für 650 Volt. Die übersichtlich angeordneten Instrumente können während der Messung im Meßkoffer bleiben (vergl. Seite 41). Der Koffer wird für Abnahmeversuche an Ort und Stelle zweckmäßig mit ansteckbaren Beinen ausgeführt, so daß er unmittelbar als Meßtisch dient.

Tafel 8. Meßkoffer mit Prüffeld-Instrumenten für indirekte und halbindirekte Wechselstrom-Leistungsmessungen.

C. Tragbare Prüffeld-Instrumente.

1. Allgemeines.

a. Anwendungsgebiet.

Während die meisten Firmen für indirekte Messungen mit Strom- und Spannungswandlern ihre normalen Laboratoriumsinstrumente für 5 Ampere verwenden, hat S. & H. für diese Messungen eine Spezialtype gebaut, die infolge ihres geringen Eigenverbrauchs besonders für den Anschluß an Meßwandler geeignet ist. Da die indirekten Messungen vorzugsweise im Prüffeld und bei Abnahmeversuchen ausgeführt werden, wird diese Type als Prüffeldtype bezeichnet. Die Instrumente sind äußerlich an ihrer Metallkappe kenntlich und zeichnen sich durch ihre kleine handliche Form und ihr geringes Gewicht besonders aus. Entsprechend ihrem Verwendungszweck werden sie nur für einen Nennstrom von 5 Ampere zum Anschluß an Stromwandler und für eine Nennspannung von 90 bzw. 130 Volt zum Anschluß an Spannungswandler ausgeführt. Für mittlere Spannungen bis etwa 500 Volt können auch äußere Vorwiderstände benutzt werden. Die Angaben der Instrumente sind für einen Bereich von 5 bis 80 Perioden in der Sekunde von der Frequenz unabhängig.

b. Aufbau und besondere Eigenschaften des Meßwerks.

Das Meßwerk der Prüffeldtype ist ebenfalls nach dem Prinzip des eisenlosen Elektrodynamometers gebaut. Es unterscheidet sich von dem bekannten Meßwerk der Laboratoriumstype durch die umgekehrte Anordnung der Spulen. Während bei den Laboratoriums-Instrumenten die Drehspule innerhalb der feststehenden Feldspule angeordnet ist, liegt bei der Prüffeldtype die feststehende Feldspule innerhalb der Drehspule, wie es Tafel 9 zeigt. Diese Anordnung wurde gewählt, um eine möglichst kleine Windungslänge des auf der Feldspule liegenden Drahtes und damit einen möglichst kleinen Spannungsabfall in der Feldspule zu bekommen (vgl. S. 45). Die kleine Feldspule gibt weiterhin den Vorteil, daß das von ihr erzeugte Magnetfeld räumlich nicht so ausgedehnt ist wie das der vorher beschriebenen Laboratoriumsinstrumente. Die gegenseitige Beeinflussung der Instrumente ist daher wesentlich geringer, so gering, daß man die Instrumente ohne weiteres nebeneinander aufstellen kann. Dies ermöglichte

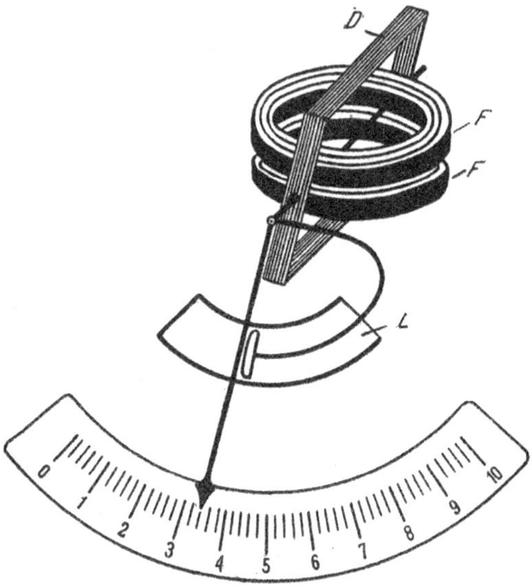

Bild 23. Das Meßwerk der Prüffeldtype unterscheidet sich von dem auf Tafel 1 beschriebenen Meßwerk der Laboratoriumstype dadurch, daß die feststehende Feldspule F innerhalb der Drehspule D angeordnet ist. Durch diese Anordnung ergibt sich ein besonders kleiner Eigenverbrauch des Instrumentes (vergl. Seite 41).

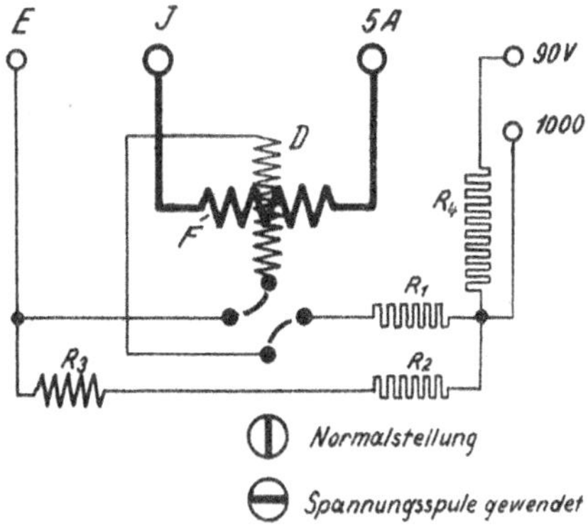

Bild 24. Innenschaltung des Prüffeld-Leistungsmessers mit eingebautem Spannungswender.

Tafel 9. Eisenloses elektrodynamisches Meßwerk der Prüffeld-Instrumente.

die vom Verfasser angegebene Bauform des Meßkoffers (vgl. Tafel 8). Durch die neue Anordnung der Feldspule ist außerdem noch ein sehr gedrängter Aufbau des Meßwerks erreicht worden, so daß diese Instrumente besonders klein und handlich sind. Da alle Konstruktionsteile des Meßwerks aus Metall ausgeführt sind, ist das Instrument gegen mechanische Stöße unempfindlich und daher für Abnahmeversuche besonders geeignet.

Bezüglich der Beeinflussung durch fremde Streufelder gilt für die Prüffeldtype das gleiche wie für die Laboratoriumsinstrumente. Die Instrumente dürfen daher nicht in unmittelbarer Nähe von Apparaten, die starke Magnetfelder erzeugen, also Maschinen, Transformatoren, Meßwandler u. dgl., aufgestellt werden. Ebenso vermeide man die Nähe Starkstrom führender Leitungen. Eine Beeinflussung durch die Zuführungsleitungen zu den Instrumenten ist wegen der geringen Stromstärke von höchstens 5 Ampere nicht zu befürchten.

2. Präzisions-Leistungsmesser.

a. Innere Schaltung.

Der Leistungsmesser der Prüffeldtype hat eine feststehende Feldspule *F*, die vom zu messenden Hauptstrom durchflossen wird, und eine im Felde dieser Spule drehbar angeordnete Spannungsspule *D*, die an die zu messende Spannung angelegt wird. Die feststehende Feldspule ist unmittelbar an die beiden Stromklemmen des Instruments angeschlossen. Sie ist stets für 5 Ampere bemessen, da das Instrument ausschließlich in Verbindung mit Stromwandlern benutzt wird. Die drehbare Spannungsspule erhält, wie das Schaltbild auf Tafel 9 zeigt, einen Manganinwiderstand R_1. Parallel zu dieser Reihenschaltung liegen die Abgleichwiderstände $R_2 + R_3$. Durch diese Widerstände wird einesteils der Stromverbrauch des Spannungskreises auf genau 30 Milliampere abgeglichen, so daß sich für 30 Volt Spannung ein Widerstand von 1000 Ohm ergibt, anderenteils wird durch den induktiven Widerstand R_3 die durch die Stromverzweigung verursachte Phasenverschiebung des Drehspulstromes gegenüber dem gesamten Spannungsstrom beseitigt (vgl. S. 20). Der induktionsfreie Vorwiderstand R_4 endlich dient zur Erhöhung der Nennspannung auf 90 Volt. Bei den neueren Ausführungen ist im

Instrument ein Spannungswender für die Drehspule eingebaut, der es gestattet, den Strom in der Drehspule ohne Unterbrechung des Spannungskreises zu wenden. Der eingebaute Spannungswender hat gegenüber den früheren außenliegenden Spannungswendern den Vorzug, daß die äußere Schaltung des Instruments außerordentlich vereinfacht wird.

Die **1000-Ohm-Klemme** des Spannungskreises dient lediglich zum Anschluß an äußere Vorwiderstände (vgl. S. 18). Um möglichst große Zeigerausschläge des Leistungsmessers zu erhalten, sind die Nennspannungen der zur Prüffeldtype gehörigen Vorwiderstände nach Möglichkeit den vom Verband deutscher Elektrotechniker festgelegten Normalspannungen angepaßt worden.

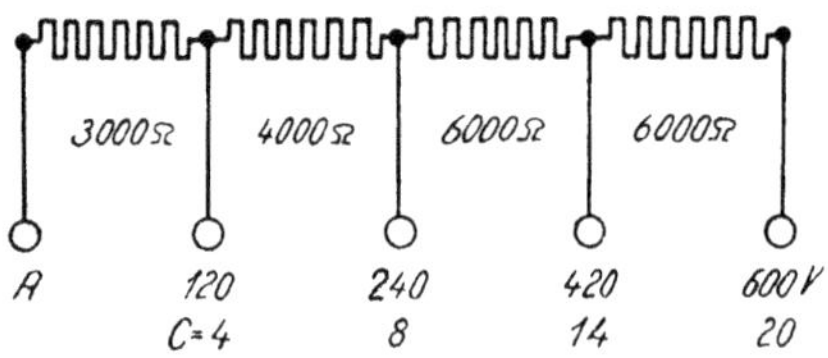

Bild 25. Vorwiderstände für die Prüffeldtype.

Die Stufung der Widerstände geht aus Bild 25 hervor. Die Berechnung der Widerstandskonstanten erfolgt in gleicher Weise wie auf S. 25 beschrieben. Die Werte der Widerstandskonstanten sind im Bild eingezeichnet.

Die Klemme mit der **Nennspannung 90 Volt** ist zum Anschluß an Präzisions-Spannungswandler mit 100 Volt Sekundärspannung bestimmt. Die eingebauten Widerstände sind jedoch so reichlich bemessen, daß sie ohne Gefahr einer Beschädigung des Instruments dauernd an 110 Volt angeschlossen werden können. Bei Anschluß an die normale Sekundärspannung von 100 Volt wird der Spannungskreis um 10% überlastet. Der Leistungsmesser gibt daher in dieser Schaltung bei voller Strom- und Spannungsbelastung schon bei einem Leistungsfaktor $\cos\varphi = 0{,}9$ den vollen Zeigerausschlag. Diese Vergrößerung des Zeigerausschlages ist von besonderem Vorteil, da man bei den weitaus meisten Messungen mit einem Leistungsfaktor $\cos\varphi < 1$ rechnen muß. Auch bei $\cos\varphi = 1$ wird man in den meisten Fällen mit der Nennspannung 90 Volt auskommen. Gegebenenfalls kann man, um den Zeigerausschlag innerhalb der Skala zu halten, auf die Nennspannung

120 Volt des Vorwiderstandes übergehen. Man wird dies namentlich dann tun, wenn in einer Anlage die vorhandenen Schalttafelspannungswandler mit 110 Volt Sekundärspannung für die Messung benutzt werden sollen.

Die **Instrumentkonstante** ergibt sich nach den Entwicklungen auf S. 24. Sie beträgt für 5 Ampere 1000 Ohm: $c = 1$, für 5 Ampere 90 Volt: $c = 3$.

b. Eigenverbrauch.

Um eine möglichst hohe Übersetzungsgenauigkeit der Meßwandler zu erreichen, sind die Leistungsmesser der Prüffeldtype so gebaut worden, daß ihr Eigenverbrauch besonders gering ist (vgl. S. 41).

Der Spannungsabfall in der Feldspule des Leistungsmessers beträgt bei 5 Ampere und 50 Perioden nur etwa 0,26 Volt. Hierbei ist der Leistungsfaktor in der Feldspule etwa $\cos\varphi = 0{,}92$. Bei 25 Perioden sinkt der Spannungsabfall beim gleichen Strom auf etwa 0,24 Volt, wobei der Leistungsfaktor auf etwa $\cos\varphi = 0{,}98$ steigt. Hieraus ergibt sich für die Feldspule ein mittlerer Eigenverbrauch von etwa 1,3 Voltampere.

Der Stromverbrauch des Spannungskreises beträgt genau 30 Milliampere. Bei Anschluß der Nennspannung 90 Volt des Instruments an die Sekundärspannung von 100 Volt der Präzisions-Spannungswandler steigt der Strom des Spannungskreises auf 33,3 Milliampere, so daß hierbei der Eigenverbrauch 3,33 Voltampere beträgt.

c. Äußere Schaltung.

Die äußere Schaltung des Prüffeld-Leistungsmessers wird durch die auf S. 26 angegebenen Schaltregeln bestimmt. Es ergeben sich dann die Schaltbilder auf Tafel 10. In beiden Schaltbildern ist die linke Spannungsklemme des Leistungsmessers direkt mit der linken Stromklemme verbunden. Da die Spannungsspule unmittelbar an der linken Spannungsklemme liegt (vgl. Innenschaltung des Instruments auf S. 42), ist auf diese Weise jede Potentialdifferenz zwischen der Feldspule und der Spannungsspule ausgeschlossen. Die Schaltregel 1 ist also erfüllt. Entsprechend der Schaltregel 2 tritt der vom links liegenden Stromerzeuger kommende Strom in die beiden linken Klemmen des

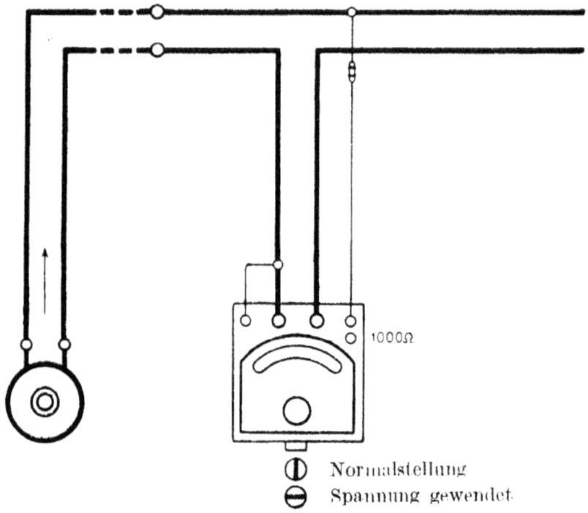

Bild 26. Schaltung für Spannungen bis 110 Volt.

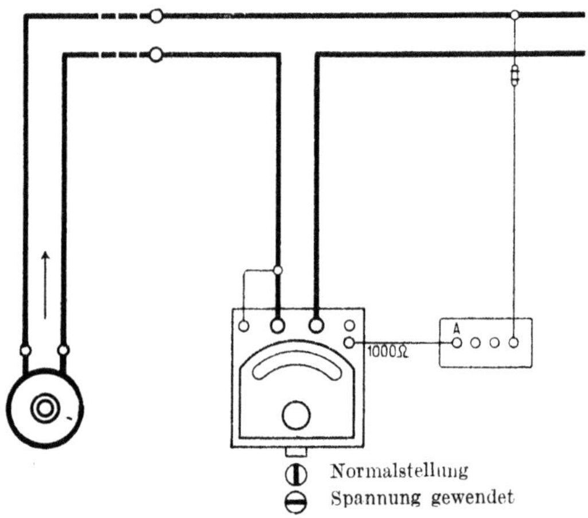

Bild 27. Schaltung für Spannungen bis 600 Volt.

Bedeutet:

a = Ablesung am Instrument in Skalenteilen,
c = Instrumentkonstante (vergl. S. 45).
C = Widerstandskonstante (vergl. Seite 44),

so ist die gemessene Leistung

$$P = C \cdot c \cdot a \quad \text{Watt.}$$

Tafel 10. Äußere Schaltung des Prüffeld-Leistungsmessers.

Instruments ein bzw. aus ihnen aus. Der Zeigerausschlag muß daher im richtigen Sinn erfolgen. Die rechte Spannungsklemme des Instruments ist entsprechend der Schaltregel 3 gesichert.

Ergibt sich bei Drehstrom-Leistungsmessungen ein negativer Zeigerausschlag, so muß man den Strom in der Spannungsspule wenden, um einen positiven Ausschlag in die Skala hinein zu erhalten. Die neueren Instrumente erhalten hierzu durchweg einen eingebauten Spannungswender, wie es die Innenschaltung auf Tafel 9 zeigt. Da dieser Spannungswender ohne Stromunterbrechung arbeitet, kann die Umschaltung unter Spannung erfolgen.

Vollständige Meßschaltungen für halbindirekte und indirekte Messungen mit ausführlichen Fehlerberechnungen sind für Einphasenstrom auf S. 130 und 136 angegeben. Die Meßschaltungen für Mehrphasenstrom sind bei den verschiedenen Meßmethoden in den entsprechenden Abschnitten über halbindirekte und indirekte Messungen beschrieben.

3. Präzisions-Strom- und Spannungsmesser.

a. Innere Schaltung und Eigenverbrauch der Strommesser.

Der Strommesser beruht auf dem Prinzip des Stromdynamometers. Der mechanische Aufbau des Meßwerks ist der gleiche wie beim Leistungsmesser. Die Innenschaltung entspricht der Prinzipschaltung Bild 15 auf Tafel 5. Die feststehende Feldspule wird also von dem zu messenden Hauptstrom durchflossen, während die parallel zur Feldspule liegende Drehspule nur einen kleinen Teilstrom führt. Um die Stromverteilung in den beiden parallel geschalteten Spulen von der Temperatur unabhängig zu machen, ist vor jede der beiden Spulen ein Manganinwiderstand geschaltet, der die Temperaturkoeffizienten der beiden parallelen Zweige soweit herabdrückt, daß die zwischen beiden Spulen auftretenden Temperaturdifferenzen keine merkbaren Fehler mehr verursachen.

Der Meßbereich des Strommessers ist der Sekundärstromstärke der Präzisions-Stromwandler angepaßt und beträgt daher 5 Ampere. Da das Instrument fast ausschließlich in Verbindung mit Stromwandlern benutzt wird, erhält es nur eine 100-teilige Skala mit Bezifferung von 0—100.

Bedeutet:

α = Ablesung am Instrument in Skalenteilen,

$\frac{J_{n}}{5}$ = Übersetzung des Stromwandlers,

so ist der dem Ausschlag α entsprechende Strom:

$$J = \frac{J_{n}}{5} \cdot \frac{\alpha}{20} = \frac{J_{n}}{100} \cdot \alpha \qquad \text{Ampere.}$$

Der Spannungsabfall im Strommesser beträgt bei 5 Ampere etwa 1,3 Volt. Da die Selbstinduktion des Instruments gegen die Ohmschen Widerstände verschwindend klein ist, wird der Leistungsfaktor im Instrument für normale Frequenzen praktisch gleich 1. Der Eigenverbrauch des Strommessers beträgt daher etwa 6,5 Watt bei vollem Zeigerausschlag.

b. Innere Schaltung und Eigenverbrauch der Spannungsmesser.

Der mechanische Aufbau des Meßwerks ist bei dem Spannungsmesser ebenfalls der gleiche wie bei dem vorbeschriebenen Leistungsmesser. Die Innenschaltung entspricht jedoch dem Spannungs-Elektrodynamometer. Die feststehende und die bewegliche Spule liegen daher in Reihenschaltung (vgl. Bild 19 auf Tafel 7). Durch einen Manganinvorwiderstand sowie durch passende Wahl der die Gegenkraft des Meßwerks bildenden Spiralfedern ist der Temperaturkoeffizient des Meßwerks nach Möglichkeit heruntergedrückt. Allerdings konnte man im Interesse eines niedrigen Eigenverbrauchs des Instruments den Temperaturkoeffizienten nicht soweit herunterdrücken, wie dies bei den Präzisionsinstrumenten für Gleichstrom üblich ist. Es ergibt sich daher bei Dauereinschaltung des Instruments ein kleiner Erwärmungsfehler von etwa 0,1 bis höchstens 0,2% des Sollwerts. Dies ist jedoch praktisch belanglos, da die Spannungsmessung stets nur als Nebenumstand der Wechselstromleistungsmessung zu betrachten ist.

Der Meßbereich des Spannungsmessers beträgt 130 Volt. Bei vollem Zeigerausschlag verbraucht das Instrument 60 Milliampere, so daß sich ein Eigenverbrauch von etwa 7,5 Watt ergibt. Der innere Widerstand beträgt hierbei etwa 2200 Ohm. Um mit dem Instrument auch höhere Spannungen messen zu können, sind äußere Vorwiderstände vorgesehen, die für 260, 520 und 650 Volt abgestuft sind

D. Tragbare Betriebsinstrumente.

1. Allgemeines.

Die tragbaren Betriebsinstrumente benutzt man überall da, wo keine besonders hohen Anforderungen an die Meßgenauigkeit gestellt werden, wo es vielmehr auf größere mechanische Haltbarkeit und Unempfindlichkeit der Instrumente gegen etwaige elektrische Überlastungen ankommt. Sie werden demgemäß für laufende Betriebsmessungen und bei Inbetriebsetzungen von Maschinen und Apparaten mit Vorteil verwendet. Die Instru-

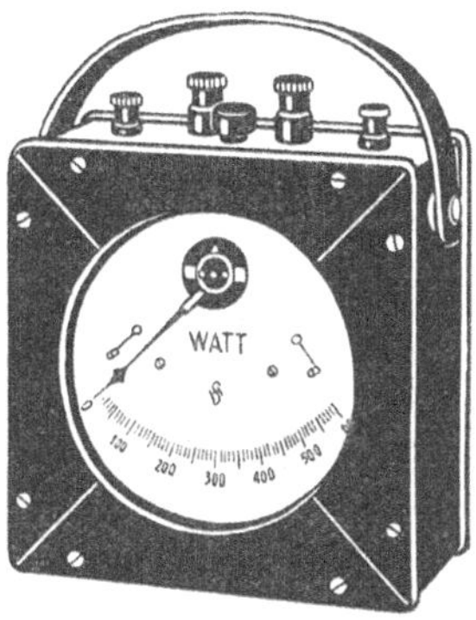

Bild 28. Tragbarer Betriebs-Leistungsmesser.

mente sind sowohl für direkte als auch für halbindirekte und indirekte Messungen geeignet. Für kleine und mittlere Ströme und Spannungen bis etwa 600 Volt reichen die eingebauten Meßbereiche aus. Für größere Ströme ist der Strommeßbereich 5 Ampere in Verbindung mit Stromwandlern, für höhere Spannungen der Spannungsmeßbereich 120 bzw. 130 Volt in Verbindung mit Spannungswandlern zu benutzen.

Anstatt des früher für **Betriebs-Leistungsmesser** benutzten Drehfeld-Meßwerks wird neuerdings das eisengeschlossene elektrodynamische Meßwerk verwendet. Dieses hat gegenüber dem Drehfeld-Meßwerk den Vorzug, daß seine Angaben unabhängig von der Frequenz und bei Drehstrom auch unabhängig von der Phasenfolge sind. Außerdem ist das Gewicht der eisengeschlossenen Instrumente erheblich geringer, so daß diese als tragbare Instrumente unbedingt den Vorzug vor anderen verdienen. Da die äußere Schaltung der Betriebs-Leistungsmesser für Einphasenstrom die gleiche ist wie die der Präzisions-Leistungsmesser, können sie in der gleichen Weise wie diese für die im zweiten Teile des Buches angegebenen Drehstromschaltungen gebraucht werden. Man hat hierbei gegenüber den eigentlichen Drehstrominstrumenten den Vorteil, daß die Meßgenauigkeit etwas größer wird. Einesteils ist die Meßgenauigkeit der Einphaseninstrumente infolge ihres einfacheren Aufbaues an sich größer als die der Drehstrominstrumente mit mehreren mechanisch gekuppelten Meßwerken, anderenteils steht bei zwei Einphaseninstrumenten die doppelte Skalenlänge für die Ablesung zur Verfügung, so daß auch die Ablesegenauigkeit vergrößert wird. Bei stark schwankender Strombelastung kann indessen die gleichzeitige Ablesung mehrerer Instrumente Schwierigkeiten bereiten, besonders wenn man mit ungeübten Arbeitskräften zu rechnen hat. Man wird daher im letztgenannten Falle die Drehstrominstrumente vorziehen, die das Meßergebnis nur an einer Skala geben.

Die **Strom- und Spannungsmesser** mit Dreheisen-Meßwerk sollten ganz allgemein stets für Wechselstrommessungen benutzt werden. Ihre Meßgenauigkeit reicht für die weitaus meisten Fälle vollkommen aus. Hierbei ist zu beachten, daß die Strom- und Spannungsmessungen bei Wechselstrom durchaus nicht die Rolle spielen wie etwa bei Gleichstrom. Bei Wechselstrom sind die Strom- und Spannungsmessungen nur Nebenumstände der wichtigeren Leistungsmessung, während sie bei Gleichstrom unmittelbar die Leistung bestimmen. Die Dreheisen-Instrumente zeichnen sich vor allen anderen Instrumenttypen durch ihre kräftige Bauart und ihre Unempfindlichkeit gegen elektrische Überlastungen aus. Die Hitzdraht-Instrumente sind dagegen besonders empfindlich gegen Überlastungen und erfordern eine sachgemäße Behandlung. Sie sollten daher nur dann benutzt werden, wenn man mit Dreheisen-Instrumenten nicht mehr auskommt. Demgemäß wird das Anwendungsgebiet der Hitzdraht-Instrumente zweckmäßig auf die Fälle beschränkt, bei denen man mit einem Strommesser eine größere Anzahl Strommeßbereiche oder mit einem Spannungsmesser kleine und größere Spannungsmeßbereiche beherrschen muß. Das Hauptanwendungsgebiet der Hitzdraht-Instrumente liegt indessen in der Messung hochfrequenter Ströme.

Der Wert des **Leistungsfaktors** ergibt sich bei der Leistungsmessung durch gleichzeitige Messung des Stromes und der Spannung, so daß an sich hierfür ein besonderes Meßinstrument nicht erforderlich scheint. Bei der Betriebsüberwachung von Maschinen ist es indessen vorteilhaft, den Wert des Leistungsfaktors ohne Berechnung unmittelbar an einem Zeigerinstrument abzulesen, da sich dann die etwaigen Änderungen des Leistungsfaktors leichter übersehen lassen. Man wird daher in diesem Falle gern einen besonderen Leistungsfaktormesser benutzen. Dieser bietet gleichzeitig noch den weiteren Vorteil, daß er außer der Größe des Leistungsfaktors noch den Richtungssinn anzeigt, so daß man auf einen Blick übersieht, ob eine Phasenvoreilung oder -nacheilung des Stromes gegen die Spannung vorliegt, und wie groß diese ist.

Die Messung der **Frequenz** ist bisher oft vernachlässigt worden, vielleicht aus dem Grunde, weil man beim Anschluß an ein vorhandenes Netz keine Möglichkeit hat, auf eine Änderung der durch das Netz gegebenen Frequenz hinzuwirken. Bei eigenen Stromerzeugungsanlagen bietet jedoch der Frequenzmesser vor dem Tourenzähler den Vorteil, daß man die Frequenz an jeder Stelle der Anlage ablesen kann. Dieser Vorteil kommt besonders für Eichanlagen in Frage, bei denen man vom Eichplatz aus die Tourenzahl des Stromerzeugers überwachen und regeln will.

2. Betriebs-Leistungsmesser mit eisengeschlossenem elektrodynamischen Meßwerk.

a. Aufbau des Meßwerks.

Das für Betriebs-Leistungsmesser vorzugsweise verwendete eisengeschlossene, elektrodynamische Meßwerk unterscheidet sich von dem auf S. 11 beschriebenen eisenlosen Meßwerk dadurch, daß die von den Spulen erzeugten Kraftlinien auf dem größten Teile ihres Weges im Eisen verlaufen, so daß das wirksame Feld durch das Eisen wesentlich verstärkt wird. Der Aufbau des Meßwerks geht aus Bild 29 auf Tafel 11 hervor. Die vom Hauptstrom durchflossene Feldspule *F* liegt hierbei in zwei Nuten des aus Blechen aufgebauten Eisenkörpers *E*. Der Eisenkörper besitzt in der Mitte einen kreisrunden Ausschnitt, der zum größten Teil durch einen feststehenden runden Eisenkern ausgefüllt wird, so daß nur noch ein schmaler Luftspalt übrigbleibt, in dem die

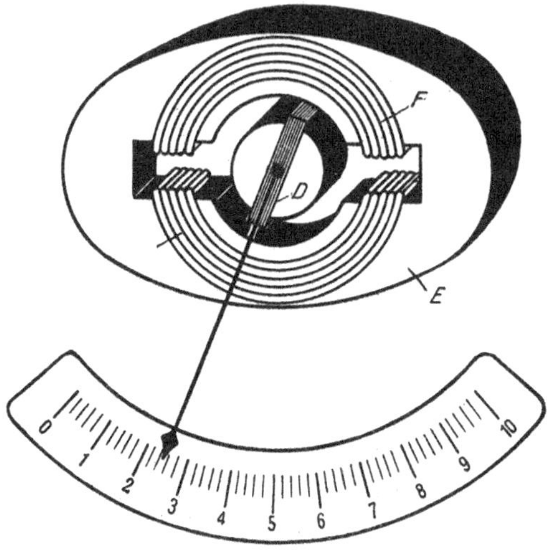

Bild 29. Die Feldspulen F sind in einem aus Blechen aufgebauten Eisenkörper E eingebettet. Die konzentrische Bohrung des Blechkörpers wird zum größten Teil durch einen feststehenden Eisenkern ausgefüllt. In dem auf diese Weise entstehenden schmalen Luftspalt dreht sich die Drehspule D. Als Gegenkraft dienen die Stromzuführungsfedern zur Drehspule.

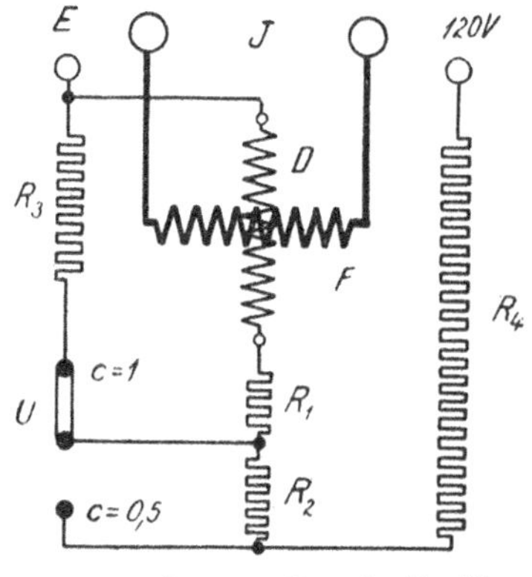

Bild 30. Innenschaltung. Durch die Umschaltung des Spannungskreises werden zwei Leistungsmeßbereiche erzielt (vergl. Seite 54).

Tafel 11. Eisengeschlossenes, elektrodynamisches Meßwerk.

Kraftlinien in gleicher Dichte radial verlaufen. In diesem Luftspalt ist die an die zu messende Spannung angeschlossene Drehspule D beweglich gelagert. Als Gegenkraft für die Drehspule dienen die Spiralfedern, die den Strom zur Drehspule zuführen. Die Bewegungen der Drehspule werden durch eine Wirbelstromdämpfung gedämpft.

Die Leistungsmesser für Drehstrom beliebiger Belastung erhalten zwei der vorbeschriebenen Meßwerke, die mechanisch durch eine Bandübertragung gekuppelt und entsprechend der Zweileistungsmesser-Methode geschaltet sind.

b. Charakteristische Eigenschaften des Meßwerkes.

Die durch das Eisen verursachte Verstärkung des wirksamen magnetischen Feldes ermöglicht es, bei geringem Gewicht der Drehspule ein sehr kräftiges Drehmoment zu erzeugen. Dies ist gerade bei Betriebsmeßgeräten, die naturgemäß einer derberen Behandlung ausgesetzt sind, von Wichtigkeit, da hierdurch eine ungenaue Zeigereinstellung infolge von Reibungsfehlern vermieden wird.

Weiterhin ist durch den Eisenkörper des Meßwerks ein sehr guter Schutz gegen Störungen durch magnetische Streufelder gegeben. Eine gegenseitige Beeinflussung nebeneinanderstehender Instrumente ist daher nicht mehr zu befürchten, ebenso erfordert die Führung der Zuleitungen zum Instrument keine besondere Sorgfalt. Neben Apparaten, die stärkere magnetische Felder erzeugen, sowie neben Starkstrom führenden Leitungen wird man das Instrument ohnehin nicht aufstellen, jedoch werden auch bei Nichtbeachtung dieser Vorsichtsmaßregel keine erheblichen Fehler auftreten.

Das Meßwerk besitzt eine weitgehende Unabhängigkeit von der Frequenz. Die normalen Instrumente mit mehreren Meßbereichen können ohne weiteres für alle Frequenzen zwischen 10 und 100 Perioden in der Sekunde verwendet werden. Für Frequenzen bis 1000 Perioden werden die Instrumente als Sonderausführung mit nur einem Meßbereich ausgeführt. Von der Kurvenform des zu messenden Wechselstromes werden die Angaben des Instruments praktisch nicht beeinflußt. Die mit Wechselstrom geeichten Instrumente können bei Wendung der Instrumentströme auch mit Gleichstrom nachgeprüft werden. Die hierbei auftretenden Abweichungen liegen innerhalb der Fehlergrenze.

Spannungsänderungen sind bis herab auf 50% der jeweiligen Nennspannung ohne merklichen Fehler zulässig.

c. Eigenverbrauch des Meßwerkes.

Der Eigenverbrauch des Meßwerks ist sehr gering. Die Feldspule hat bei 5 Ampere und 50 Perioden einen Spannungsabfall von etwa 0,6 Volt. Der Spannungskreis ist auf einen Stromverbrauch von genau 30 Milliampere abgeglichen. Es ergibt sich daher für diese Instrumente bei 120 Volt ein Eigenverbrauch von 3,6 Voltampere für jeden Spannungskreis.

d. Innere Schaltung.

Die innere Schaltung der tragbaren Betriebs-Leistungsmesser mit eisengeschlossenem Meßwerk unterscheidet sich von der der eisenlosen Präzisions-Leistungsmesser wesentlich durch die Art der Meßbereichumschaltung. Während bei den Präzisions-Leistungsmessern die Umschaltung im Stromkreise erfolgt, wird bei den Betriebs-Leistungsmessern nach dem Vorschlag des Verfassers der Spannungskreis umgeschaltet. Diese Umschaltmethode, die bei den eisenlosen Präzisions-Leistungsmessern infolge des erhöhten Stromes in der Drehspule zu einer erhöhten Abhängigkeit der Instrumentangaben von äußeren Magnetfeldern führen würde, kann bei den Betriebs-Leistungsmessern ohne Bedenken angewandt werden, da bei diesen durch den Eisenkörper ein hinreichender Schutz gegen derartige Störungen gegeben ist. Die Umschaltung des Spannungskreises hat den Vorzug, daß sie sich mechanisch viel einfacher ausführen läßt. Da hierbei nur kleinere Ströme umgeschaltet werden und die Widerstände der umzuschaltenden Stromkreise sehr hoch sind, können kleine billige Schalter benutzt werden, die man ohne weiteres einbauen kann.

Die Art der Umschaltung des Spannungskreises ergibt sich aus Bild 30 auf Tafel 11. Die Widerstände sind hierbei so abgeglichen, daß die Beziehungen erfüllt werden:

$$R_D + R_1 = R_3$$

und

$$R_2 = \frac{R_3}{2}$$

wobei R_D der Widerstand der Drehspule ist.

Steht der Umschalter U in der eingezeichneten Stellung $c = 1$, so teilt sich der Spannungsstrom in zwei parallele, gleich große Zweige. Die eine Hälfte des Stromes fließt durch die Spannungsspule, während die andere Hälfte durch den Widerstand R_3 fließt. In der Schaltstellung $c = 0{,}5$ fließt der Spannungsstrom ungeteilt durch die Spannungsspule des Leistungsmessers. Damit hierbei der Gesamtwiderstand des Spannungskreises unverändert bleibt, wird gleichzeitig der Teil R_2 des Vorwiderstandes kurzgeschlossen. Durch die Umschaltung wird also der Strom in der Spannungsspule im Verhältnis 1 : 2 geändert, während der Gesamtstrom und der Gesamtwiderstand des Spannungskreises unverändert bleibt.

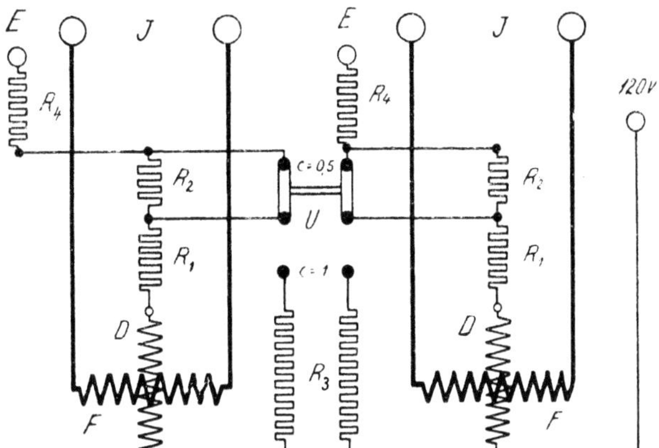

Bild 31. Innenschaltung des Drehstrom-Leistungsmessers.

Bei den Drehstrom-Leistungsmessern mit zwei mechanisch gekuppelten Meßwerken war insofern eine Änderung der Innenschaltung erforderlich, als durch die Metallbandkuppelung, die die beiden Drehspulen mechanisch miteinander verbindet, auch eine elektrische Verbindung der beiden Drehspulen gegeben ist (vgl. Bild 31). Der Verbindungspunkt der beiden Drehspulen muß bei der äußeren Schaltung des Instruments so gelegt werden, daß er mit dem gemeinsamen Punkt der beiden Spannungskreise bei der Zwei-Leistungsmesser-Methode zusammenfällt, d. h. der Verbindungspunkt der beiden Drehspulen muß an die Leitung des Drehstromsystems angelegt werden, in der keine Feldspulen liegen.

Die Drehspulen erhalten demgemäß auch das Potential dieser Leitung, so daß zwischen den Drehspulen und den zugehörigen, in den beiden anderen Leitungen liegenden Feldspulen stets die volle Betriebsspannung auftritt. Diese Potentialdifferenzen im Meßwerk, die bei den Präzisions-Leistungsmessern ganz unzulässig wären, können bei dem eisengeschlossenen Meßwerk ohne Bedenken zugelassen werden, da bei dem kräftigen Drehmoment dieser Instrumente Fehler durch Ladungserscheinungen nicht in Betracht kommen. Da sich jedoch die Isolation zwischen den Feldspulen und den Drehspulen nicht für beliebig hohe Spannungen ausführen läßt, wird durch die Potentialdifferenzen die Nennspannung der Instrumente auf Höchstspannungen von etwa 480 Volt beschränkt.

Während man durch die bei den Präzisions-Leistungsmessern übliche Umschaltung der Feldspulen zwei Nennströme und hierdurch zwei Leistungsmeßbereiche erhält, ergeben sich durch die vorstehend beschriebene Umschaltung der Spannungsspulen unmittelbar zwei Leistungsmeßbereiche. Da durch die Umschaltung lediglich die elektrische Empfindlichkeit des Instruments geändert wird, bleiben die Nennströme und Nennspannungen für beide Meßbereiche die gleichen.

Bedeutet: J_n = Nennstrom des Instruments,
E_n = Nennspannung des Instruments,
c = Instrumentkonstante,

so ergeben sich hieraus folgende Meßmöglichkeiten:

Instrumentart	Meßbereich-umschalter auf Stellung	Strom	Spannung	Leistungsfaktor $\cos \varphi$
Einphasenstrom-leistungsmesser	$c = 1$	J_n	E_n	0,84
	$c = 0{,}5$	$0{,}5\ J_n$ J_n J_n	E_n $0{,}5\ E_n$ E_n	0,84 0,84 0,42
Drehstrom-leistungsmesser	$c = 1$	J_n	E_n	0,96
	$c = 0{,}5$	$0{,}5\ J_n$ J_n J_n	E_n $0{,}5\ E_n$ E_n	0,96 9,96 0,48

Es ist nach dem Vorhergehenden wohl selbstverständlich, daß mit den Angaben der Tabelle die Verwendungsmöglichkeiten dieser Leistungsmesser nicht erschöpft sind. Die obigen Angaben sollen vielmehr lediglich einen Hinweis auf die Verwendungsmöglichkeiten geben, denn im Grund kommt es nur darauf an, daß das Gesamtprodukt aus Strom, Spannung und Leistungsfaktor nicht größer wird als $E_n \cdot J_n \cdot \cos\varphi$ bzw. $0{,}5\, E_n \cdot J_n \cdot \cos\varphi$. Es ist also vollkommen gleichgültig, ob ein kleiner Zeigerausschlag durch Verkleinerung des Stromes, der Spannung oder des Leistungsfaktors, oder schließlich durch gleichzeitige Verkleinerung aller dieser Größen hervorgerufen wird. In jedem Falle wird durch den Übergang auf den kleineren Leistungsmeßbereich der Zeigerausschlag des Instruments verdoppelt. Demgemäß ist auch die Bedienung des Meßbereichumschalters vollkommen unabhängig von den jeweiligen Strom- und Spannungsverhältnissen, sofern die Nennströme und Nennspannungen nicht überschritten sind. Hieraus ergibt sich die folgende, einfache **Bedienungsvorschrift:**

Man schaltet zunächst den Meßbereichumschalter auf die Stellung $c = 1$. Wird hierbei der Zeigerausschlag gleich der Hälfte der Skala oder kleiner, so legt man den Schalter, ohne die Messung zu unterbrechen, auf die Stellung $c = 0{,}5$ und verdoppelt auf diese Weise den Zeigerausschlag.

Da durch das Betätigen des Meßbereichumschalters der Eigenverbrauch des Instruments nicht geändert wird, kann man auch bei Verwendung von Strom- und Spannungswandlern durch Übergang auf den kleineren Meßbereich des Instruments den Zeigerausschlag verdoppeln und somit die Meßgenauigkeit erhöhen.

e. Äußere Schaltung.

Die äußere Schaltung der tragbaren Betriebs-Leistungsmesser ist in den Schaltbildern auf Tafel 12 angegeben. Bei dem Aufbau der Schaltung sind die auf S. 26 angegebenen Schaltregeln zu beachten. Die Schaltregel 1 läßt sich jedoch bei den Leistungsmessern für Einphasenstrom und für Drehstrom nicht in gleicher Weise erfüllen. Bei den Instrumenten für Einphasenstrom ist laut der auf S. 52 angegebenen Innenschaltung die Spannungsspule unmittelbar an die linke Spannungsklemme E angeschlossen. Es können daher durch Verbinden dieser Klemme mit einer Stromklemme alle Potentialdifferenzen zwischen der Spannungsspule und der Feldspule vermieden werden. Bei den Instrumenten für Drehstrom liegen dagegen die beiden Spannungsspulen un-

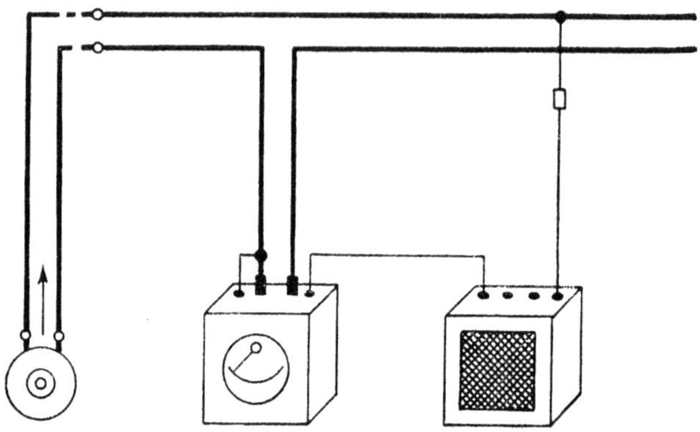

Bild 32. Schaltung des Leistungsmessers für Einphasenstrom mit äußerem Vorwiderstand.

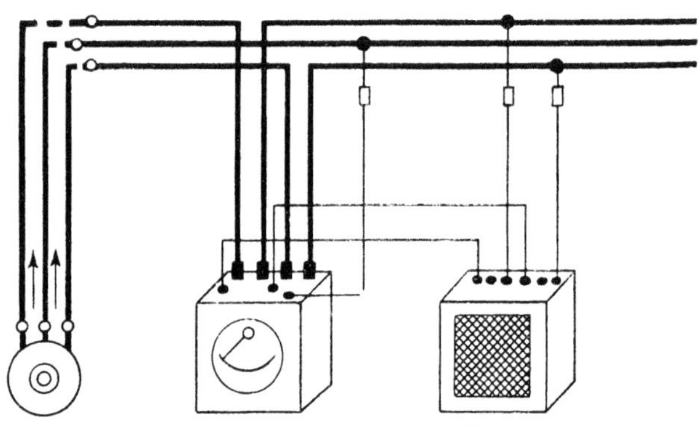

Bild 33. Schaltung des Drehstrom-Leistungsmessers.

Bedeutet:

a = Ablesung am Instrument in Kilowatt

c = am Meßbereich-Umschalter des Instruments abgelesene Instrument-Konstante

C = an den Klemmen des Vorwiderstandes angegebene Widerstands-Konstante

so ist die gemessene Leistung

$$P = C \cdot c \cdot a \qquad \text{Kilowatt.}$$

Tafel 12. Äußere Schaltung der tragbaren Betriebs-Leistungsmesser.

mittelbar an der rechten mit 120 Volt bezeichneten Spannungsklemme. Diese wird aber, wie das Schaltbild zeigt, an die mittlere Leitung des Drehstromsystems angeschlossen. Infolgedessen besteht zwischen den Spannungsspulen und den zugehörigen Feldspulen stets die volle Betriebsspannung. Sofern diese 500 Volt nicht überschreitet, ist diese Potentialdifferenz aber bei den tragbaren Betriebsinstrumenten zulässig (vgl. S. 56). Entsprechend der Schaltregel 2 sind immer benachbarte Strom- und Spannungsklemmen miteinander verbunden. Die Instrumente ergeben daher einen Zeigerausschlag im richtigen Sinne. Endlich ist die nach dem fremden Pol gehende Spannungsleitung entsprechend der Schaltregel 3 gesichert.

Da die Leistungsmesser nur für Spannungen bis 120 Volt ausgeführt werden, sind für höhere Spannungen äußere Vorwiderstände erforderlich. Diese werden bei den Instrumenten für Einphasenstrom für Spannungen bis 600 Volt, bei den Instrumenten für Drehstrom bis 480 Volt ausgeführt. Da die Spannungskreise der Leistungsmesser stets auf einen Stromverbrauch von genau 30 Milliampere abgeglichen sind, können die Vorwiderstände ohne weiteres beliebig vertauscht werden. Die Vorwiderstände für Einphasenstrom werden stets an die rechte, mit 120 Volt bezeichnete Klemme angeschlossen, während die beiden in einen gemeinsamen Kasten eingebauten Vorwiderstände für Drehstrom entsprechend der Innenschaltung auf S. 55 an die linken, mit E bezeichneten Spannungsklemmen angeschlossen werden.

Die im zweiten Teil des Buches angegebenen vollständigen Meßschaltungen für direkte, halbindirekte und indirekte Messungen gelten ohne weiteres auch für die Betriebs-Leistungsmesser, da die Klemmenanordnung und die Polung der Instrumente die gleiche ist, wie die der Präzisions-Leistungsmesser.

f. Verwendung des Drehstrom-Leistungsmessers für Einphasenstrom.

Da sich die beiden eisengeschlossenen Meßwerke des Drehstrom-Leistungsmessers nicht gegenseitig beeinflussen, kann man sie in jeder beliebigen Schaltung benutzen. Hierdurch ergibt sich die Möglichkeit, die Drehstrom-Instrumente auch für Einphasenstrom zu verwenden. Man braucht bei den verschiedenen Schaltungen nur darauf zu achten, daß die Drehmomente der beiden Meßwerke in gleicher Richtung wirken. Es ergeben sich dann

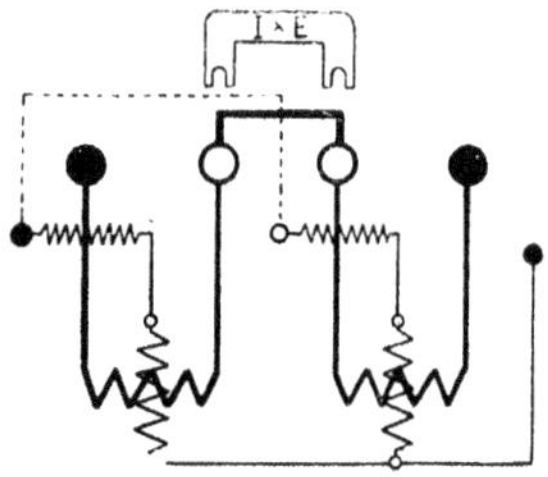

Schaltung 1.

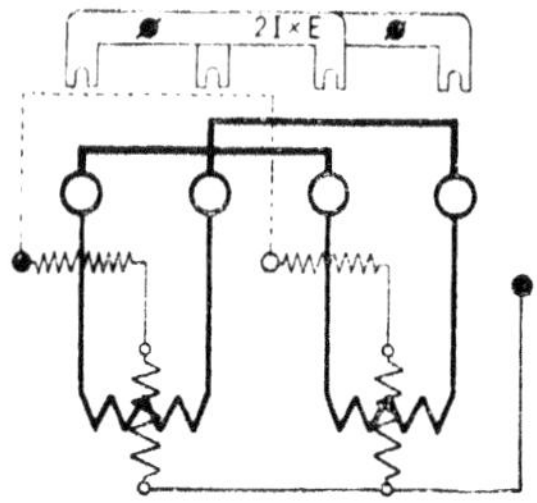

Schaltung 2.

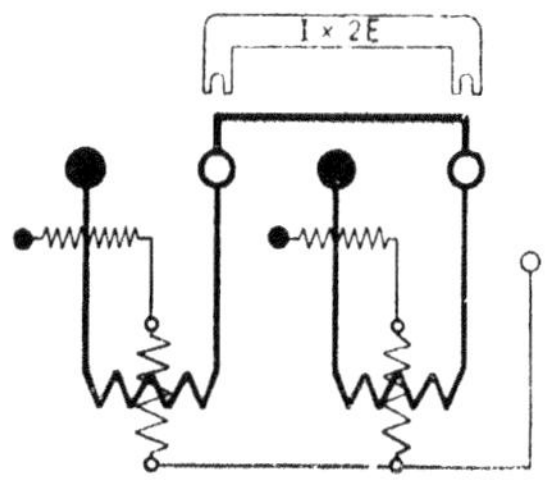

Schaltung 3.

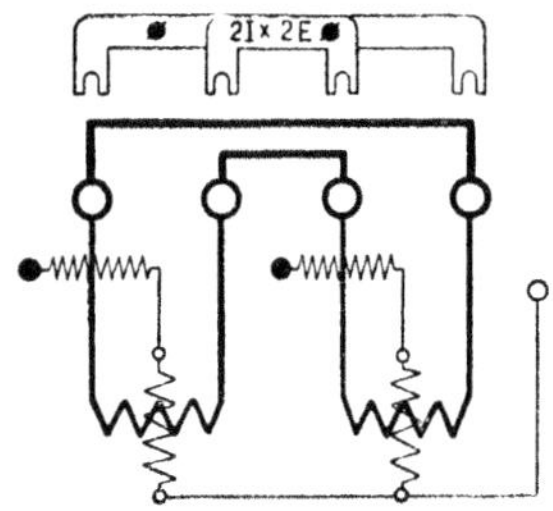

Schaltung 4.

Ansteckbarer Schaltbügel für	Konstante für Einphasenstrom	Meßbereich-Umschalter auf Stellung	Strom	Spannung	Leistungsfaktor $\cos\varphi$
Schaltung 1	$C_e = 0{,}5$	$c = 1$	J_n	E_n	0,84
		0,5	$0{,}5\,J_n$	E_n	0,84
		0,5	J_n	$0{,}5\,E_n$	0,84
		0,5	J_n	E_n	0,42
Schaltung 2	$C_e = 1$	$c = 1$	$2\,J_n$	E_n	0,84
		0,5	J_n	E_n	0,84
		0,5	$2\,J_n$	$0{,}5\,E_n$	0,84
		0,5	$2\,J_n$	E_n	0,42
Schaltung 3	$C_e = 1$	$c = 1$	J_n	$2\,E_n$	0,84
		0,5	$0{,}5\,J_n$	$2\,E_n$	0,84
		0,5	J_n	E_n	0,84
		0,5	J_n	$2\,E_n$	0,42
Schaltung 4	$C_e = 2$	$c = 1$	$2\,J_n$	$2\,E_n$	0,84
		0,5	J_n	$2\,E_n$	0,84
		0,5	$2\,J_n$	E_n	0,84
		0,5	$2\,J_n$	$2\,E_n$	0,42

Bild 34—37.

Tafel 13. Schaltbügel für Drehstrom-Leistungsmesser.

für Einphasenstrom die auf Tafel 13 abgebildeten 4 Schaltungen. Bei den Schaltungen 1 und 2 sind die Spannungskreise der beiden Meßwerke parallel geschaltet, so daß die Nennspannung die gleiche bleibt. Bei Schaltung 1 liegen die beiden Feldspulen in Reihenschaltung, so daß auch der Nennstrom unverändert bleibt. Bei Schaltung 2 liegen die Feldspulen parallel, der Nennstrom wird daher verdoppelt. Bei den Schaltungen 3 und 4 sind die Spannungskreise der beiden Meßwerke in Reihe geschaltet, so daß die Nennspannung verdoppelt wird. Da die beiden Spannungskreise im Instrument einpolig verbunden sind, ändert sich hierbei auch der Stromrichtungssinn im Spannungskreis des zweiten Meßwerks. Demgemäß muß auch bei den Umschaltungen der Feldspulen der Stromrichtungssinn in der zweiten Feldspule geändert werden, um ein Drehmoment im richtigen Sinne zu erhalten. Die beiden Feldspulen sind daher bei Schaltung 3 in umgekehrtem Sinne in Reihe und bei Schaltung 4 in umgekehrtem Sinne parallel geschaltet. Der Nennstrom bleibt also für Schaltung 3 unverändert und wird für Schaltung 4 verdoppelt. Die verschiedenen Schaltungen werden nach dem Vorschlag des Verfassers zwangläufig durch ansteckbare Schaltbügel ausgeführt (vgl. Tafel 13). Die für den äußeren Anschluß des Leistungsmessers zu benutzenden Strom- und Spannungsklemmen sind in den Schaltbildern schwarz ausgezeichnet.

Die aus diesen Umschaltungen folgenden Meßmöglichkeiten werden durch den auf S. 54 beschriebenen Meßbereichumschalter, der die elektrische Empfindlichkeit des Instruments ändert, noch vervielfacht, so daß sich die in der Tabelle auf Tafel 13 angegebenen Verwendungsmöglichkeiten ergeben. Die Auswertung der Meßergebnisse ergibt sich in folgender Weise:

Bedeutet:

α = Ablesung am Instrument in Kilowatt,

c = am Meßbereichumschalter des Instruments abgelesene Instrumentkonstante,

C_e = auf dem Schaltbügel angegebene Konstante für Einphasenstrom,

so ist die gemessene Einphasenleistung:

$$P = C_e \cdot c \cdot \alpha \qquad \text{kW.}$$

Die Zahl der Meßmöglichkeiten ist jedoch durch die vorstehenden Angaben noch nicht erschöpft, da man durch die zu

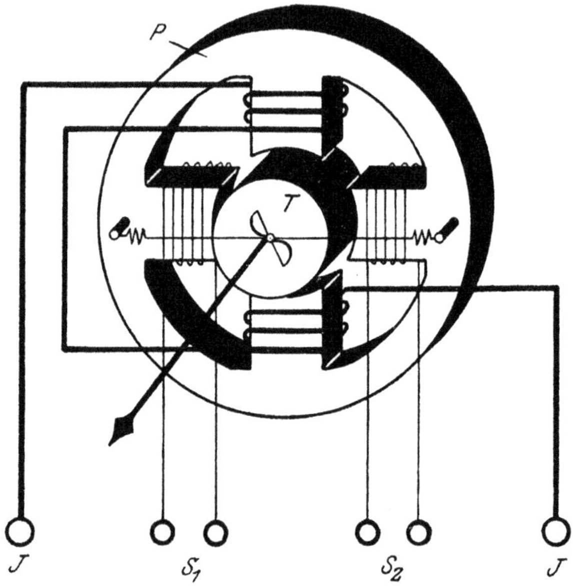

Bild 38. In dem feststehenden Polgestell *P* wird durch phasenverschobene Ströme ein Drehfeld erzeugt, das auf eine Aluminiumtrommel *T* induzierend wirkt und diese im Sinne des Drehfeldes zu drehen sucht. Als Gegenkraft dienen zwei Federn, die einen Spanndraht spannen, der über ein an der Trommel befestigtes Kurvenstück geführt ist.

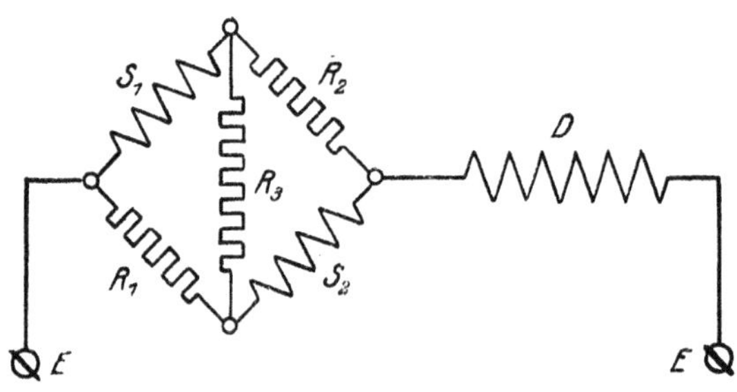

Bild 39. Innenschaltung des Spannungskreises. Durch die Brückenschaltung wird erreicht, daß der Strom in den Spulen S_1 und S_2 um 90° hinter der an den Klemmen *E* angelegten Spannung zurückbleibt.

Tafel 14. Drehfeld-Meßwerk.

den Instrumenten gehörigen äußeren Vorwiderstände die Nennspannungen noch weiter vergrößern kann. Man braucht bei den entsprechenden Schaltungen nur darauf zu achten, daß die Vorwiderstände parallel geschaltet werden müssen, wenn die Spannungskreise parallel sind, daß sie in Reihe geschaltet werden müssen, wenn die Spannungskreise in Reihe sind.

3. Betriebs-Leistungsmesser mit Drehfeld-Meßwerk.

a. Aufbau des Meßwerks.

Das Drehfeld-Meßwerk besteht aus einem vierpoligen, aus Eisenblechen aufgebauten Polgestell und einer innerhalb der Pole liegenden, drehbar gelagerten Aluminiumtrommel (vgl. Tafel 14). An der Aluminiumtrommel ist der Zeiger befestigt. Die vom zu messenden Strom durchflossene Hauptstromwicklung läuft über zwei gegenüberliegende Pole, während die an die zu messende Spannung angeschlossene Spannungswicklung über die anderen beiden Pole geführt ist. Sind die Ströme in der Stromwicklung und in der Spannungswicklung gegeneinander in der Phase verschoben, so wird, ähnlich wie in einem zweiphasigen Motor, ein Drehfeld erzeugt. Die vor den Polen liegende Aluminiumtrommel verhält sich dann wie der Kurzschlußanker eines Induktionsmotors. Die in ihr induzierten Ströme geben zusammen mit dem Drehfeld ein Drehmoment, das die Trommel im Sinne des Drehfeldes zu drehen sucht. Durch die Drehung der Trommel wird eine Feder gespannt. Die Trommel stellt sich dann so ein, daß das von den Strömen ausgeübte Drehmoment gleich dem Gegendrehmoment der Feder ist.

Fließt in der Stromwicklung der Strom J und in der Spannungswicklung der Strom i, so ist das den Zeigerausschlag verursachende Drehmoment

$$M = \text{const} \cdot J \cdot i \cdot \sin \delta$$

wobei δ der Phasenverschiebungswinkel zwischen den beiden Strömen ist. Wird $\delta = 0$, so ist auch das Drehmoment gleich Null, d. h. die Trommel bleibt in Ruhe. Wird $\delta = 90°$, so erreicht das Drehmoment seinen Höchstwert, d. h. das Instrument gibt seinen größten Ausschlag.

Um mit diesem Meßgerät die Leistung eines Wechselstromes bestimmen zu können, muß man die Schaltung so wählen, daß bei der Phasenverschiebung $\varphi = 0$ zwischen dem Strom und der zu messenden Spannung eine Phasenverschiebung von 90° zwischen den beiden Strömen J und i im Instrument herrscht. Man erreicht dies dadurch, daß man den Strom i künstlich um 90° gegen die ihn erzeugende Spannung E verschiebt. Bei einer Phasenverschiebung φ zwischen Strom und Spannung herrscht dann zwischen den Strömen J und i im Meßgerät eine Phasenverschiebung $\delta = 90° - \varphi$. Das Drehmoment wird daher

$$M = \text{const} \cdot J \cdot i \cdot \sin(90° - \varphi).$$

Da i der Spannung E proportional ist, kann man hierfür auch schreiben

$$M = \text{const} \cdot J \cdot E \cdot \sin(90° - \varphi)$$
$$= \text{const} \cdot J \cdot E \cdot \cos\varphi.$$

Das Drehfeld-Meßgerät kann also zu Wechselstrom-Leistungsmessungen nur dann benutzt werden, wenn zwischen dem Spannungsstrom und der Spannung eine künstliche Phasenverschiebung von 90° erzeugt wird.

b. Charakteristische Eigenschaften des Meßwerkes.

Die künstliche Phasenverschiebung ist ein Hauptnachteil der Drehfeld-Instrumente, da sie stets eine komplizierte 90°-Schaltung im Instrument bedingt (vgl. Bild 39). Diese hat aber wiederum eine Abhängigkeit der Instrumentangaben von der Frequenz zur Folge und bringt außerdem noch den Nachteil, daß man die Nennspannungen der Leistungsmesser nicht mehr durch äußere Vorwiderstände vergrößern kann. Weiterhin lassen sich die Temperaturfehler bei den Drehfeld-Instrumenten nicht so klein machen, als man es bei den elektrodynamischen Instrumenten gewohnt ist. Einesteils ändert sich der Widerstand der aus Kupfer bestehenden Spannungswickelung und damit die Größe und Phasenverschiebung des Spannungsstromes, andernteils aber erwärmt sich auch die Aluminiumtrommel, so daß der Widerstand der Kurzschlußbahnen mit steigender Temperatur wächst und auch seinerseits Veränderungen der Instrumentangaben verursacht. Diesen Nachteilen der Drehfeld-Instrumente steht der Vorteil gegenüber, daß die Instrumente ein besonders großes Drehmoment besitzen und sich daher sehr sicher einstellen. Diese Vorteile, die das Instrument besonders für schreibende Meßgeräte und für

Kontaktinstrumente geeignet machen, reichen jedoch nicht aus, um ihre Verwendung als tragbare Anzeigeinstrumente neben dem vorstehend beschriebenen besseren eisengeschlossenen Meßwerk noch weiter gerechtfertigt erscheinen zu lassen.

4. Strom- und Spannungsmesser mit Dreheisen-Meßwerk.

a. Aufbau und Eigenschaften des Meßwerkes.

Das Meßwerk der Dreheisen-Instrumente besteht im wesentlichen aus einem drehbaren Eisenstückchen, das im Felde einer vom zu messenden Strome durchflossenen Feldspule gelagert ist. Durch die zwischen der Feldspule und dem Eisenstückchen wirkenden elektromagnetischen Kräfte wird das Eisenstückchen bewegt und erzeugt so den Zeigerausschlag. Die Richtung der ausgeübten Kraft ist von der Stromrichtung unabhängig, so daß die Instrumente ohne weiteres für Wechselstrom und Gleichstrom benutzt werden können. Je nach der Form der Feldspule unterscheidet man Rundspul- und Flachspul-Instrumente.

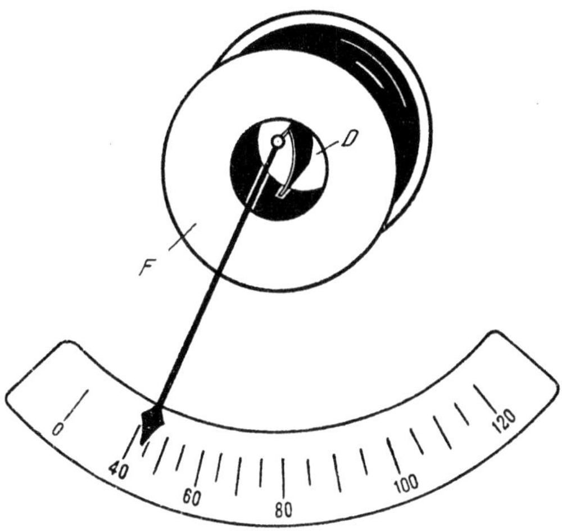

Bild 40. Älteres Rundspul-Instrument.

Die Rundspul-Instrumente lehnen sich ihrem Aufbau nach im wesentlichen an die von H u m m e l angegebene, seinerzeit von der Firma Schuckert ausgeführte Bauform an. Bei dieser

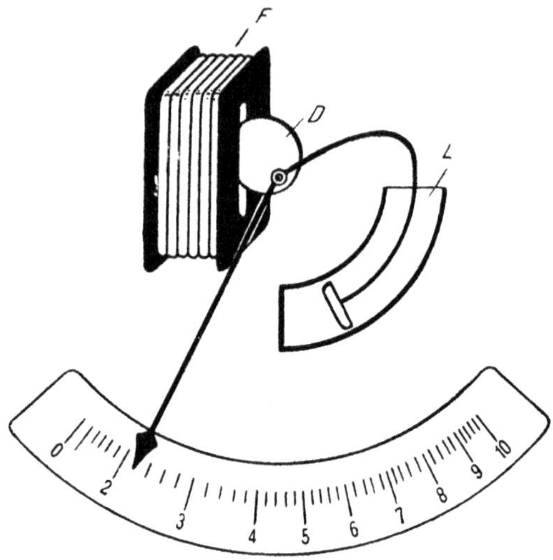

Bild 41. Normale Bauart. Das Eisenblättchen D wird in den Schlitz der flachen Feldspule F hineingezogen und erzeugt so den Zeigerausschlag. Als Gegenkraft dient eine Spiralfeder. Die Bewegungen werden durch die Luftdämpfung L gedämpft.

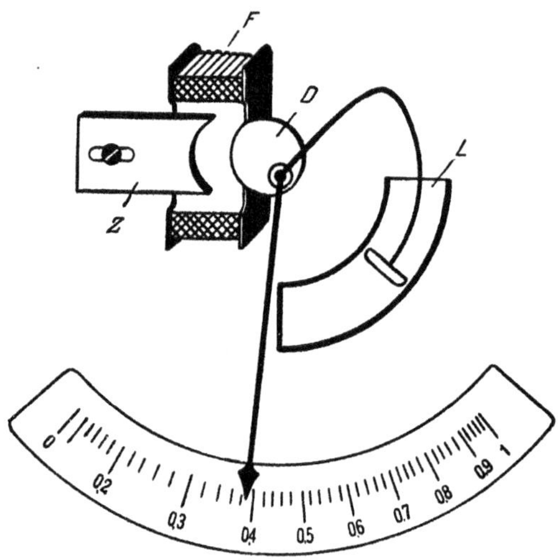

Bild 42. Bauart mit Zusatzkern. Zur Erzielung einer größeren Empfindlichkeit ist in der Feldspule F ein Zusatzkern Z angebracht.

Tafel 15. Dreheisen-Meßwerke mit Flachspule.

ist, wie Bild 40 zeigt, innerhalb einer feststehenden, runden Feldspule *F* ein bewegliches Eisenblättchen *D* exzentrisch gelagert. Bei Stromdurchgang durch die Spule wird dieses Eisenblättchen an die Spulenwand angezogen und erzeugt so den Zeigerausschlag. Als Gegenkraft dient entweder eine Spiralfeder oder kleine Gewichte. Bei der modernen Ausführung der Rundspul-Instrumente wird das bewegliche Eisenstück konzentrisch gelagert. Die für die Bewegung erforderliche Unsymmetrie wird hierbei durch ein feststehendes konisches Eisenstückchen erzeugt, das im Innern der Feldspule angeordnet ist. Das bewegliche Eisenstück und das feststehende Eisenstück werden in gleichem Sinne magnetisiert und stoßen daher einander ab. Infolgedessen verschiebt sich das bewegliche Eisenstück mit wachsendem Strom so, daß die gegenüberliegenden Eisenflächen immer kleiner werden. Der Skalencharakter des Instruments kann durch die Formgebung der beiden Eisenstückchen in beliebiger Weise beeinflußt werden.

Die Flachspul-Instrumente sind erstmalig von S. & H. gebaut worden. Die für die Betriebsinstrumente verwendete Anordnung ist in Bild 41 auf Tafel 15 schematisch dargestellt. Hierbei ist *F* die Feldspule und *D* das bewegliche, auf der Zeigerachse befestigte Eisenstückchen. Dieses wird unter der Einwirkung des in der Feldspule fließenden Stromes in den Hohlraum der Feldspule hineingezogen und erzeugt so die Drehbewegung des Zeigers. Als mechanische Gegenkraft dient eine kleine Spiralfeder, die jedoch der Einfachheit halber im Bild nicht eingezeichnet ist. Die Bewegungen des Zeigers werden durch die Luftdämpfung *L* gedämpft. Die Art der Skalenteilung hängt im wesentlichen von der Form und Lage des Eisenstückchens *D* ab und kann daher willkürlich geändert werden. Das Bild zeigt auch den normalen Verlauf der Skala. Die vom ersten Fünftel des Meßbereiches an weitgeteilte Skala wird gegen das Ende zu immer mehr zusammengedrängt, so daß für den ganzen Meßbereich eine annähernd gleiche prozentuale Meßgenauigkeit erreicht wird. Bild 42 zeigt eine Ausführung des Flachspul-Meßwerkes, die besonders für kleine Stromstärken benutzt wird. Hierbei ist die elektrische Empfindlichkeit durch einen Zusatzkern *Z* erhöht. Da sich bei dieser Anordnung innerhalb der Spule ungleichnamige Pole gegenüberstehen, wird das Eisenstückchen *D* von dem feststehenden Zusatzkern *Z* angezogen.

Das Dreheisen-Meßwerk zeichnet sich gegenüber den anderen Meßwerken besonders durch seine kräftige Bauart und seine Unempfindlichkeit gegen Überlastungen aus. Die Dreheiseninstrumente werden daher mit Vorteil auch dann benutzt werden, wenn mit einer rauheren Behandlung durch ungeübte Personen zu rechnen ist.

b. Strommesser mit Dreheisen-Meßwerk.

Die tragbaren Betriebs-Strommesser mit Dreheisen-Meßwerk werden für Stromstärken bis etwa 300 Ampere ausgeführt. Der Eigenverbrauch der Instrumente beträgt bei den Meßbereichen über 1 Ampere durchschnittlich etwa 1,5 bis 2 Watt. Es ergibt sich demnach für die niederen Strommeßbereiche ein höherer und für die höheren Strommeßbereiche ein entsprechend niederer Spannungsabfall. Außer den einfachen Instrumenten mit nur einem Meßbereich werden auch umschaltbare Instrumente mit 2 Meßbereichen ausgeführt. Die beiden Meßbereiche werden hierbei durch Reihen- und Nebeneinanderschaltung von zwei elektrisch gleichwertigen Windungsgruppen hergestellt. Die Umschaltung geschieht mittels eines im Instrument eingebauten Umschalters ohne Stromunterbrechung und kann deshalb während der Messung vorgenommen werden. Die umschaltbaren Strommesser werden für Stromstärken bis 40 Ampere hergestellt. Soll ein und derselbe Strommesser für eine größere Reihe von Meßbereichen benutzt werden, so verwendet man ein 5-Ampere-Instrument in Verbindung mit den tragbaren Präzisions-Stromwandlern für 5 Ampere Sekundärstrom. Diese können dann auch gleichzeitig für die etwa in der Schaltung befindlichen Leistungsmesser benutzt werden. Die Benutzung von äußeren Nebenwiderständen ist bei den Dreheisen-Instrumenten nicht möglich, da die Wickelung des Dreheisen-Meßwerks nur aus Kupfer besteht. Wollte man ein solches Meßwerk für Nebenwiderstände geeignet machen, so müßte man, um Temperatur- und Frequenzfehler zu vermeiden, einen verhältnismäßig hohen Manganinwider-

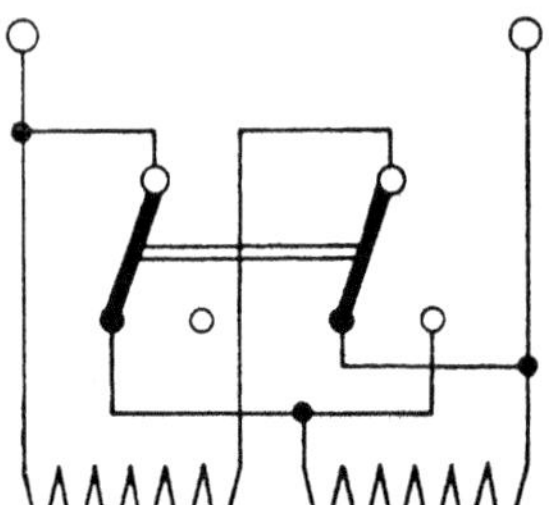

Bild 43. Umschaltbarer Strommesser.

stand vorschalten, der dann wieder einen so großen Eigenverbrauch bedingen würde, daß die Nebenwiderstände meßtechnisch nicht zu gebrauchen wären und außerdem ganz unverhältnismäßig groß und teuer ausfallen würden.

c. Spannungsmesser mit Dreheisen-Meßwerk.

Die tragbaren Betriebs-Spannungsmesser mit Dreheisenmeßwerk werden für Spannungen bis etwa 600 Volt mit eingebauten Vorwiderständen ausgeführt. Der Eigenverbrauch der Spannungsmesser beträgt für alle Meßbereiche bei vollem Zeigerausschlag durchschnittlich etwa 10 bis 12 Watt. Hiervon entfallen etwa 1,2 Watt auf die Feldspule, während der Rest in den eingebauten Vorwiderständen verbraucht wird. Da der Wattverbrauch für alle Meßbereiche annähernd gleich groß ist, wird der Stromverbrauch für die kleineren Spannungsmeßbereiche höher und für die höheren Spannungsbereiche entsprechend niedriger ausfallen. Für einen Spannungsmeßbereich 130 Volt ergibt sich z. B. bei vollem Zeigerausschlag ein Stromverbrauch von etwa 0,08 Ampere, während der Stromverbrauch eines Instruments für 600 Volt etwa 0,02 Ampere beträgt.

Bei den Instrumenten mit zwei Meßbereichen muß die Feldspule stets für den größeren der beiden Meßbereiche bemessen werden, da sonst der Eigenverbrauch des Instruments zu hoch würde. Man kann daher den zweiten Meßbereich nur durch Unterteilung des Vorwiderstandes erreichen. Hierbei wird naturgemäß der Temperaturkoeffizient für den kleineren Meßbereich ungünstiger als für den großen Meßbereich. Man darf daher den kleineren Meßbereich nicht kleiner als etwa die Hälfte des großen Meßbereiches wählen. In vielen Fällen reicht jedoch die einfache Halbierung des Meßbereiches nicht aus, da man häufig mit demselben Instrument auch wesentlich kleinere Spannungen messen will. Um dies zu ermöglichen, baut S. & H. nach dem Vorschlag des Verfassers auch umschaltbare Spannungsmesser. Bei diesen besteht die Feldspule, wie Bild 44

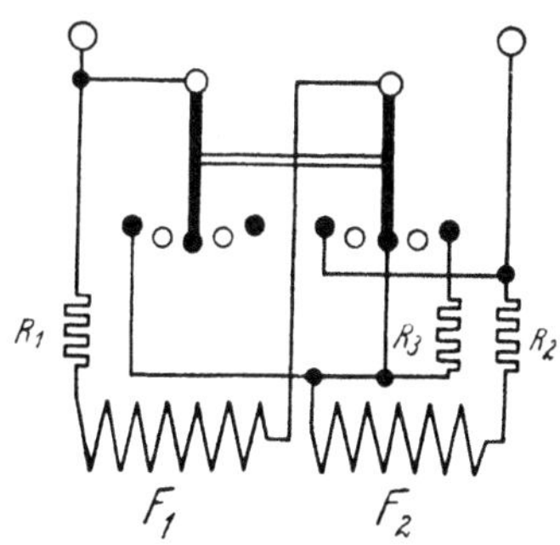

Bild 44. Umschaltbarer Spannungsmesser.

zeigt, aus zwei elektrisch gleichwertigen Wickelungsgruppen F_1 und F_2 mit den zugehörigen Vorwiderständen R_1 und R_2, die durch einen Umschalter nebeneinander und in Reihe geschaltet werden können. In der ersten Stellung des Schalters sind die beiden Gruppen $F_1 + R_1$ und $F_2 + R_2$ nebeneinander, in der zweiten Stellung in Reihe geschaltet. In der dritten Stellung bleibt die Reihenschaltung bestehen, es wird nur noch ein weiterer Widerstand R_3 vorgeschaltet. Sind bezüglich der Widerstandswerte der einzelnen Gruppen die Bedingungen erfüllt:

$$F_1 + R_1 = F_2 + R_2$$
$$R_3 = F_1 + R_1 + F_2 + R_2\,,$$

so ergeben sich für die drei Schalterstellungen drei Meßbereiche, die sich wie 1 : 2 : 4 verhalten. Hierbei ist der Stromverbrauch des kleinsten Meßbereichs doppelt so hoch wie der Stromverbrauch der beiden höheren Meßbereiche. Infolgedessen bleibt auch der Eigenverbrauch für die beiden höheren Meßbereiche in den zulässigen Grenzen, und die Vorwiderstände können ohne weiteres in das Instrument eingebaut werden. Die Temperaturkoeffizienten sind für alle drei Meßbereiche ausreichend günstig. Die beiden kleineren Meßbereiche haben den gleichen Temperaturkoeffizienten, da das Verhältnis Kupfer zu Manganin für beide Meßbereiche gleich groß ist. Für den höchsten Meßbereich ist der Temperaturkoeffizient infolge des größeren Manganinvorwiderstandes etwas günstiger. Der Übergang von einem Meßbereich zum anderen kann ohne weiteres während der Messung erfolgen, indem man den zwischen den beiden Anschlußklemmen angeordneten isolierten Schaltergriff auf den gewünschten Meßbereich einstellt.

5. Strom- und Spannungsmesser mit Hitzdraht-Meßwerk.

a. Aufbau und Eigenschaften des Meßwerks.

Das Hitzdraht-Meßwerk besteht im wesentlichen aus einem dünnen, zwischen zwei Punkten ausgespannten Draht, der von dem zu messenden Strom durchflossen und erhitzt wird. Infolge der Erwärmung dehnt sich dieser Hitzdraht aus und biegt sich in der Mitte etwas durch. Die Durchbiegung des Hitzdrahtes wird durch einen Spanndraht, an dem wiederum ein Kokonfaden an-

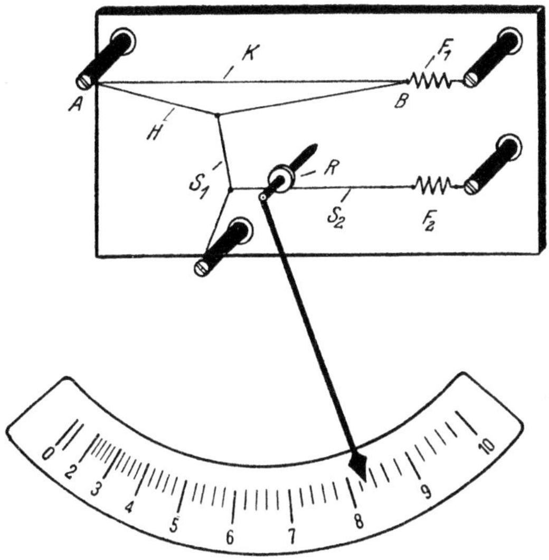

Bild 45. Der Hitzdraht *H* wird von dem zu messenden Strome erwärmt und dehnt sich aus. Der Durchhang des Drahtes wird durch den Spanndraht S_1 und einen, über die Rolle *R* geführten Kokonfaden S_2 auf den Zeiger übertragen. Der Kompensationsdraht *K*, der den Abstand der Punkte *A* und *B* bestimmt, ist vom Hitzdraht isoliert, so daß er nicht mit vom Strome durchflossen wird. Seine Längenänderung hängt daher lediglich von der Raumtemperatur ab.

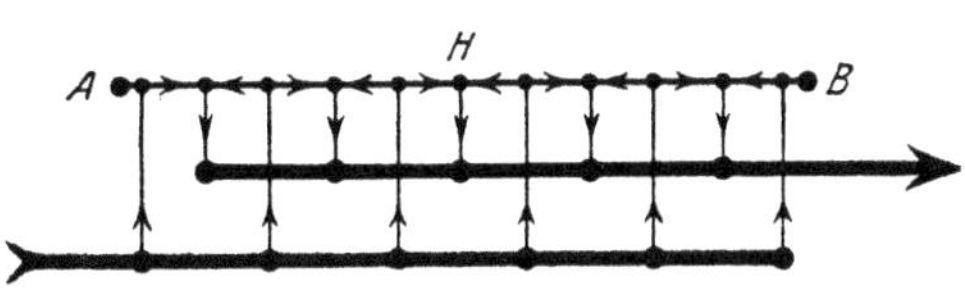

Bild 46. Mehrfach unterteilter Hitzdraht für Strommesser. Der Strom wird dem Hitzdraht an mehreren Stellen zugeführt, so daß jedes Teilchen des Hitzdrahtes nur einen Teil des Stromes zu tragen hat.

Tafel 16. Hitzdraht-Meßwerk.

greift, auf den Zeiger übertragen und erzeugt so einen, der Erwärmung des Hitzdrahtes entsprechenden Zeigerausschlag. Damit der Zeigerausschlag nicht durch Längenänderungen des Hitzdrahtes, die durch Änderungen der Raumtemperatur verursacht werden, beeinflußt wird, ist es erforderlich, die Einflüsse der Raumtemperatur durch eine besondere Vorrichtung zu kompensieren. Dies kann dadurch geschehen, daß man das Meßwerk auf einer Grundplatte mit bestimmtem Ausdehnungskoeffizienten aufbaut. Dann ändert sich der Abstand der beiden Aufhängepunkte des Hitzdrahtes in gleicher Weise wie die Länge des Hitzdrahtes, so daß die Spannung des Hitzdrahtes bei allen Temperaturen die gleiche bleibt. Da die große Masse der Grundplatte jedoch den Änderungen der Raumtemperatur nicht so rasch folgen kann, wie der dünne Hitzdraht, ergibt sich bei dieser Anordnung leicht der Nachteil, daß der Zeiger erst nach einer bestimmten Zeit die richtige Lage einnimmt. Um dies zu vermeiden, verwendet S. & H. einen Kompensationsdraht. Die prinzipielle Anordnung eines solchen ist in Bild 45 auf Tafel 16 dargestellt. Zwischen den beiden Aufhängepunkten A und B ist hierbei neben dem Hitzdraht H noch ein Kompensationsdraht K gespannt, der den gleichen Ausdehnungskoeffizienten besitzt wie der Hitzdraht. Am Aufhängepunkt B greift eine Feder F_1 an, die den Kompensationsdraht K anspannt. Bei Änderungen der Raumtemperatur dehnt sich der Kompensationsdraht und der Hitzdraht gleichmäßig aus, so daß die Spannung des Hitzdrahtes die gleiche bleibt.

Da die vom elektrischen Strom erzeugte Wärme vom Quadrate der Stromstärke abhängt, wird die Skala eines Hitzdrahtinstruments stets einen quadratischen Charakter haben, d. h. die Skalenteile werden am Anfang kleiner und am Ende der Skala größer sein (s. Bild 45). Da ferner die Stromwärme von der Stromrichtung unabhängig ist, gilt für Gleich- und Wechselstrom die gleiche Skala. Die Angaben der Hitzdraht-Instrumente sind innerhalb weiter Grenzen von der Periodenzahl und der Kurvenform des zu messenden Stromes unabhängig. Auch bei Wellenströmen, d. h. bei Gleichströmen mit übergelagertem Wechselstrom können die Effektivwerte der Ströme und Spannungen mit dem Hitzdraht-Meßwerk einwandfrei gemessen werden. Eine Beeinflussung der Instrumente durch benachbarte magnetische Streufelder findet praktisch nicht statt.

b. Strommesser mit Hitzdraht-Meßwerk.

Bei den Strommessern bis zu etwa 1 Ampere kann man die verschiedenen Meßbereiche durch verschiedene Stärke des Hitzdrahtes erreichen. Da der Eigenverbrauch für den Hitzdraht etwa 0,5 Watt beträgt, ergibt sich hieraus ohne weiteres der Spannungsabfall für die verschiedenen Strommeßbereiche. Ein Instrument für 0,1 Ampere hat demnach bei vollem Strom einem Spannungsabfall von etwa 5 Volt, während ein solches für 1 Ampere nur einen Spannungsabfall von etwa 0,5 Volt aufweist. Da man jedoch die Stärke des Hitzdrahtes nicht beliebig vergrößern kann, verwendet man für höhere Stromstärken, etwa bis 5 Ampere herauf, einen unterteilten Hitzdraht, wie es Bild 46 zeigt. Der Strom wird hierbei dem Hitzdraht an verschiedenen Stellen durch dünne Silberbänder zugeführt, so daß jeder Teil des Hitzdrahtes nur einen Teil des Stromes zu tragen hat. Durch diese Unterteilung erreicht man gleichzeitig den für den Anschluß äußerer Nebenwiderstände erwünschten kleinen Spannungsabfall. Bei den zum Anschluß an äußere Nebenwiderstände bestimmten tragbaren Hitzdraht-Strommessern beträgt der Spannungsabfall beim vollen Zeigerausschlag 5 Ampere nur noch 0,15 Volt. Hierbei ist die Abgleichung so vorgenommen, daß dieser Spannungsabfall an den freien Enden der an das Instrument angeschlossenen normalen Kupferzuleitungen von 1 m Länge und 10 qmm Querschnitt auftritt.

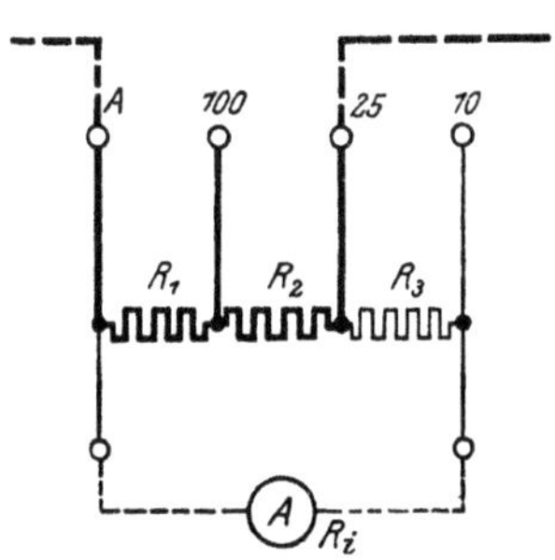

Bild 47.
Normale Schaltung.

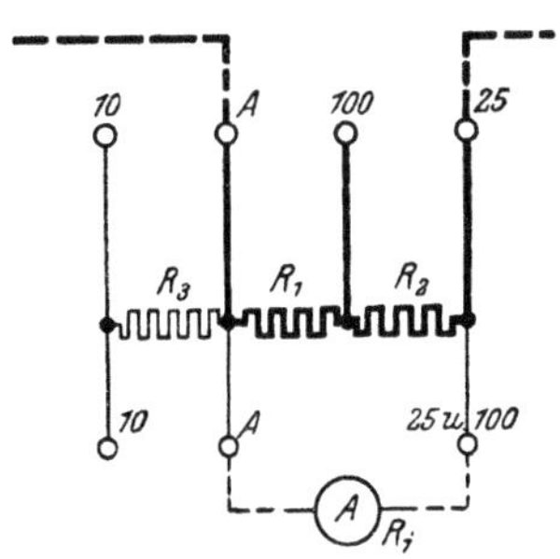

Bild 48.
Abgeänderte Schaltung.

Um die zu diesen Instrumenten gehörigen Mehrfachwiderstände möglichst klein und handlich zu machen, ist ihre Innenschaltung nach dem Vorschlag des Verfassers gegenüber der

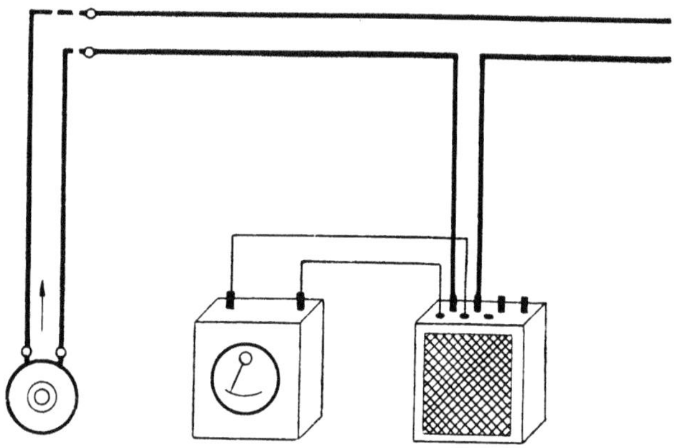

Bild 49. Kleinster Nennstrom.

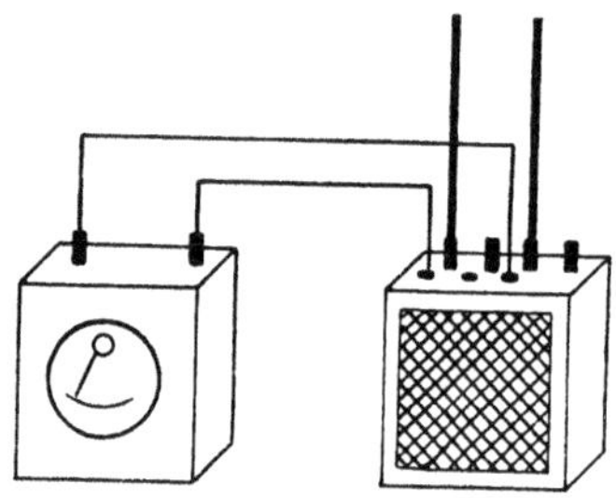

Bild 50. Mittlerer Nennstrom.

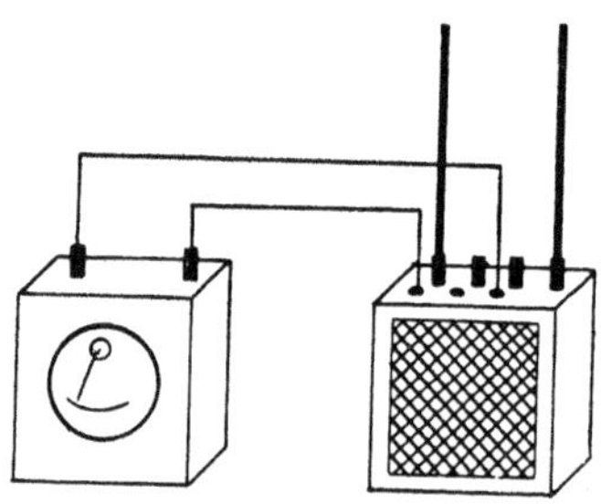

Bild 51. Größter Nennstrom.

Tafel 17. Äußere Schaltung der Dreifach-Nebenwiderstände für Hitzdraht-Strommesser.

bekannten, bei Gleichstrom-Instrumenten üblichen Anordnung etwas abgeändert worden. Die Unterschiede gehen aus den vorstehenden Schaltbildern hervor. In Bild 47 ist ein Nebenwiderstand normaler Bauart dargestellt. Da der kleinste Nennstrom des Nebenwiderstandes 10 Ampere und der Instrumentstrom 5 Ampere beträgt, ist der Widerstand R_3 annähernd ebenso groß wie der Instrumentwiderstand R_1. Bei dem eingezeichneten Anschluß der Leitungen an die Klemmen für 25 Ampere Nennstrom liegt der Widerstand R_3 in Reihenschaltung vor dem Instrument. Der für 25 Ampere dienende Nebenwiderstand $R_1 + R_2$ muß daher anstatt für den Spannungsabfall $5 \cdot R_i$ für $5 \cdot (R_i + R_3)$, also für annähernd den doppelten Spannungsabfall bemessen werden. Das gleiche gilt für den größten Nennstrom 100 Ampere. Bild 48 zeigt die neue Innenschaltung der Mehrfach-Nebenwiderstände für Hitzdraht-Instrumente. Hierbei ist der Nebenwiderstand R_3 für den kleinsten Nennstrom 10 Ampere so angeordnet worden, daß er bei den höheren Nennströmen 25 und 100 Ampere nicht mehr in Reihe mit dem Instrumentwiderstand R_i liegt. Hierzu war es aber erforderlich, eine dritte Klemme für den Anschluß des Meßinstrumentes vorzusehen, die nur für den Nennstrom 10 Ampere gilt. Die Widerstände R_1 und R_2 brauchen bei dieser neuen Anordnung nur etwa halb so groß zu sein, als bei der vorherbeschriebenen, bei Gleichstrom-Instrumenten üblichen Schaltweise.

Bei der Ausführung dieser Nebenwiderstände sind die Anschlußklemmen etwas anders angeordnet als bei dem vorstehenden, möglichst übersichtlich gezeichneten Prinzipbild der Innenschaltung. Da es bei dem ausgeführten Nebenwiderstand in erster Linie darauf ankommt, eine möglichst einfache und übersichtliche Außenschaltung zu erreichen, sind die Anschlußklemmen so angeordnet, daß die Nennströme in der üblichen Weise von links nach rechts ansteigen. Hieraus ergibt sich ohne weiteres die auf Tafel 17 angegebene äußere Schaltung der Nebenwiderstände im Stromkreis.

c. Spannungsmesser mit Hitzdraht-Meßwerk.

Auch bei den Spannungsmessern ist die Stärke des Hitzdrahtes für die verschiedenen Meßbereiche verschieden. Für die kleinen Meßbereiche wählt man hierbei einen etwas stärkeren, für die höheren Meßbereiche dagegen einen möglichst dünnen Hitzdraht. Demgemäß ist auch der Stromverbrauch für die verschiedenen Meßbereiche verschieden. S. & H. verwendet beispielsweise für die Spannungsmesser von 2,5 bis 10 Volt einen Hitzdraht, der bei einem Strom von 0,25 Ampere den vollen Zeigerausschlag erzeugt, dagegen für alle Meßbereiche über 10 Volt einen feinen Draht, der nur etwa 0,08 Ampere benötigt. Dies entspricht bei allen Meßbereichen bis 10 Volt einem Instrumentwiderstand von etwa 4 Ohm und bei allen Meßbereichen über 10 Volt einem solchen von etwa 12,5 Ohm für jedes Volt. Die tragbaren Spannungsmesser werden für Spannungen bis 130 Volt mit eingebauten, für höhere Spannungen mit äußeren Vorwiderständen versehen.

6. Leistungsfaktormesser mit Kreuzspul-Meßwerk.

a. Eisenloses Kreuzspul-Meßwerk.

Das für Leistungsfaktormesser jetzt fast ausschließlich benutzte Kreuzspul-Meßwerk besteht aus zwei um 90° gegeneinander versetzten, starr verbundenen Drehspulen, die im Felde einer vom Hauptstrom durchflossenen Feldspule drehbar gelagert sind.

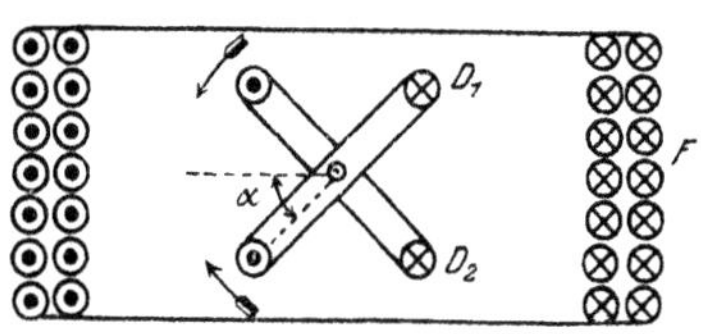

Bild 52. Eisenloses Kreuzspul-Meßwerk.

Die Wirkungsweise dieses Meßwerks ist im Prinzip folgende: Fließt in der Feldspule F ein Wechselstrom J und in der Drehspule D_1 ein Wechselstrom i_1, so ist das zwischen beiden Spulen wirkende Drehmoment für eine bestimmte gegenseitige Lage der Spulen nach der bekannten Leistungsmesser-Gleichung:

$$M_1 = \text{const} \cdot J \cdot i_1 \cdot \cos\varphi$$

wobei φ der Phasenverschiebungswinkel zwischen J und i_1 ist. Dreht sich die Spule D_1 unter der Einwirkung dieses Drehmomentes in dem homogenen Felde der Feldspule F, so ändert sich die Größe des Drehmomentes mit dem Sinus des Winkels α zwischen der Feldspule und der Drehspule D_1. Das Drehmoment erreicht seinen Höchstwert, wenn beide Spulen senkrecht aufeinanderstehen, es wird Null, wenn die beiden Spulen in einer Ebene liegen. Das Drehmoment zwischen der Feldspule und der Drehspule D_1 wird daher ganz allgemein:

1) $$M_1 = \text{const} \cdot J \cdot i_1 \cdot \cos\varphi \cdot \sin\alpha \,.$$

Die Drehspule D_2 ist mit D_1 mechanisch starr verbunden, jedoch räumlich um 90° gegen D_1 versetzt. Der in der Drehspule D_2 fließende Strom i_2 sei durch einen induktiven Widerstand zeitlich um annähernd 90° gegen den in der Drehspule D_1 fließenden Strom i_1, also um $90° - \varphi$ gegen den Hauptstrom J verschoben. Das auf die Drehspule D_2 wirkende Drehmoment wird dann:

2) $$M_2 = \text{const} \cdot J \cdot i_2 \cdot \cos(90° - \varphi) \cdot \sin(90° - \alpha)$$
$$M_2 = \text{const} \cdot J \cdot i_2 \cdot \sin\varphi \cdot \cos\alpha \,.$$

Die Stromrichtung in den beiden Drehspulen ist so gewählt, daß die beiden erzeugten Drehmomente einander entgegenwirken. Es ergibt sich dann als Gleichgewichtsbedingung:

$$M_1 = M_2$$
$$\text{const} \cdot J \cdot i_1 \cdot \cos\varphi \cdot \sin\alpha = \text{const} \cdot J \cdot i_2 \cdot \sin\varphi \cdot \cos\alpha \,.$$

Hieraus folgt:

$$\operatorname{tg}\varphi = \frac{i_1}{i_2} \cdot \operatorname{tg}\alpha$$

Das Verhältnis der Spannungsströme $i_1 : i_2$ hängt lediglich von den Ohmschen und den induktiven Widerständen der beiden Spannungskreise ab, es ist daher eine Konstante des Instruments. Die Gleichung erhält daher die einfache Form:

3) $$\operatorname{tg}\varphi = \text{const} \cdot \operatorname{tg}\alpha$$

Das heißt in Worten:

Der Drehungswinkel α der Kreuzspule, also der Zeigerausschlag des Instruments, ist eine direkte Funktion des zu messenden Phasenverschiebungswinkels φ. Die Skala des Instruments kann daher direkt in Werten des Leistungsfaktors geeicht werden.

Aus den obigen Gleichungen geht weiter hervor, daß der Ausschlag α des Instruments auch dann noch eine Funktion des Phasenverschiebungswinkels φ bleibt, wenn die Phasenverschiebung δ zwischen den beiden Spannungsströmen i_1 und i_2 nicht

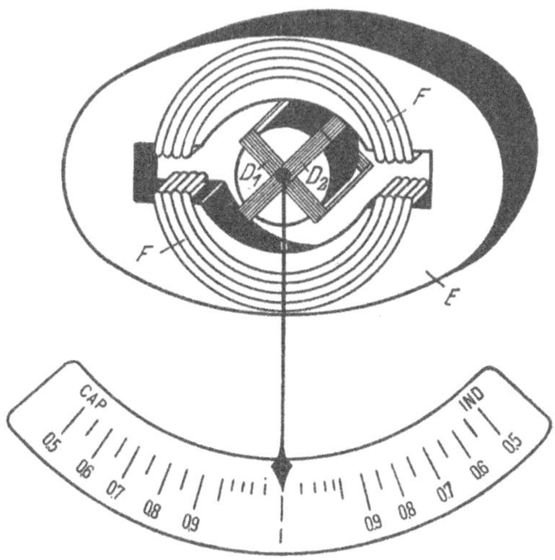

Bild 53. Die vom Hauptstrom durchflossene Feldspule F ist in einen Eisenkörper E eingebettet. Das Meßorgan besteht aus zwei senkrecht aufeinander stehenden gekreuzten Spulen D_1 und D_2 (vergl. S. 76). Es stellt sich so ein, daß sich die von den beiden Drehspulen erzeugten Drehmomente das Gleichgewicht halten.

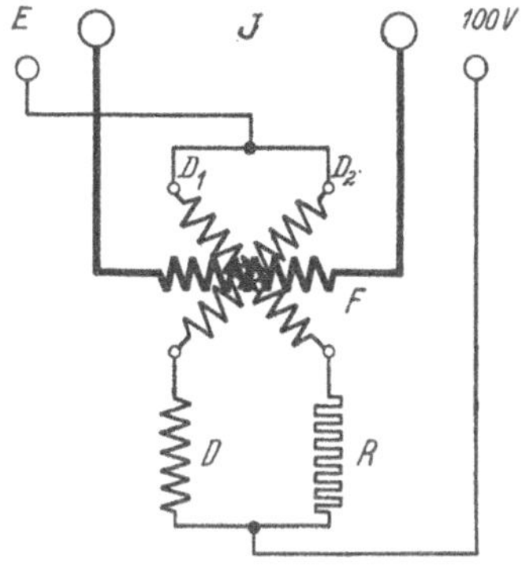

Bild 54 a. Innenschaltung des Leistungsfaktormessers für Einphasenstrom.

Tafel 18. Eisengeschlossenes Kreuzspul-Meßwerk.

gleich 90° ist. Allerdings wird sich in diesem Falle das Skalengesetz des Instruments ändern, da an die Stelle der Funktion $\operatorname{tg}\varphi = \frac{\cos(90° - \varphi)}{\cos\varphi}$ die Funktion $\frac{\cos(\delta - \varphi)}{\cos\varphi}$ tritt. Es besteht aber die Möglichkeit, den Ausschlag des Instruments durch passende Wahl des Verhältnisses der beiden Spannungsströme $i_1 : i_2$ in gewünschter Weise zu verändern, so daß man in jedem Falle eine passende Skala erhalten kann (vgl. S. 81 u. 83).

b. Eisengeschlossenes Kreuzspul-Meßwerk.

Der Unterschied des von S. & H. gebauten eisengeschlossenen Meßwerkes gegenüber dem vorher beschriebenen eisenlosen Meßwerk liegt darin, daß die Kraftlinien im wesentlichen durch Eisen geschlossen sind. Um dies zu erreichen, ist die Feldspule ebenso wie beim eisengeschlossenen Leistungsmesser in einen aus Blechen aufgebauten Eisenkörper eingebettet. Die Bohrung des Eisenkörpers ist jedoch hierbei so gewählt, daß der Luftspalt zwischen der Bohrung und dem in dieser angebrachten feststehenden Eisenkern in der Mitte am kleinsten ist und gegen die beiden Seiten hin allmählich größer wird. Die Kreuzspule bewegt sich also hierbei in einem veränderlichen Luftspalt. Um einen einfachen Einbau der Kreuzspule in das Meßwerk zu ermöglichen, ist diese auf der Mantelfläche einer Metalltrommel von hohem spezifischen Widerstand angeordnet. Die Stromzuführung zur Kreuzspule erfolgt durch dünne Metallbändchen, die praktisch keine Richtkraft ausüben.

Während beim eisenlosen elektrodynamischen Meßwerk die wirksamen Kraftlinien innerhalb der Feldspule annähernd in gleicher Dichte senkrecht zur Spulenebene verlaufen und von den beweglichen Spulen unter verschiedenen Winkeln geschnitten werden, verlaufen die Kraftlinien des eisengeschlossenen Meßwerks im Luftspalt radial, d. h. sie treten senkrecht aus dem feststehenden Eisenkern aus. Die beweglichen Spulen schneiden daher die Kraftlinien stets rechtwinkelig. Infolge des veränderlichen Luftspaltes ist jedoch die Dichte der Kraftlinien in der Polmitte am größten und nimmt nach beiden Seiten hin allmählich ab, d. h. die Kraftliniendichte ändert sich annähernd nach einem Sinusgesetz. Infolgedessen ändert sich auch das Drehmoment der Kreuzspulen bei ihrer Drehung nach dem Sinusgesetz. Die in Abschnitt a) entwickelten Gleichungen gelten also in derselben Weise für das eisengeschlossene Meßwerk.

c. Charakteristische Eigenschaften des Meßwerkes.

Aus Gleichung 3 des Abschnittes a) geht hervor, daß die Gleichgewichtslage der Kreuzspule, also der Zeigerausschlag α, von der Größe der in den drei Spulen fließenden Ströme theoretisch unabhängig ist.

Andererseits zeigen die Gleichungen 1 und 2, daß das resultierende Drehmoment, also die Kraft, mit der die Kreuzspule ihrer Gleichgewichtslage zustrebt, den in den Spulen fließenden Strömen direkt proportional ist. Durch das Einbringen von Eisen in den Kraftlinienweg werden die wirksamen Magnetfelder außerordentlich verstärkt, so daß sich eine wesentlich größere Richtkraft ergibt als bei dem eisenlosen Meßwerk. Die Richtkraft ist bei dem eisengeschlossenen Meßwerk so groß, daß sie selbst dann, wenn der Strom in der Feldspule auf 10% seines normalen Wertes gesunken ist, noch für eine sichere Zeigereinstellung ausreicht. Wird der Strom noch kleiner, so wird die Einstellung unsicher, da sie dann durch die Lagerreibung und die Elastizität der dünnen Stromzuführungsbänder beeinflußt werden kann. Bei stromlosem Instrument hat der Zeiger keine bestimmte Ruhelage, da die schwachen Stromzuführungsbänder auf die Kreuzspule nur eine sehr geringe Richtkraft ausüben.

Weiterhin ist durch den Eisenkörper des eisengeschlossenen Meßwerks noch ein sehr guter Schutz gegen Störungen durch magnetische Streufelder gegeben. Eine gegenseitige Beeinflussung nebeneinanderstehender Instrumente ist daher nicht mehr zu befürchten; ebenso erfordert die Führung der Zuleitungen zum Instrument keine besondere Sorgfalt. Neben Apparaten, die stärkere magnetische Felder erzeugen, sowie neben Starkstrom führenden Leitungen wird man das Instrument ohnehin nicht aufstellen, jedoch werden auch bei Nichtbeachtung dieser Vorsichtsmaßregel keine erheblichen Fehler auftreten.

d. Eigenverbrauch des Meßwerks.

Bei den Leistungsfaktormessern mit eisengeschlossenem Meßwerk beträgt der Spannungsabfall in der für 5 Ampere Nennstrom bemessenen Feldspule für Frequenz 50 etwa 3,5 Volt, für Frequenz

25 etwa 2 Volt. Der Stromverbrauch im Spannungskreis beträgt bei den Instrumenten für Einphasenstrom etwa 0,06 Ampere, bei den Instrumenten für Drehstrom etwa 0,03 Ampere für jeden Spannungskreis. Für 100 Volt Nennspannung ergibt sich demnach für den Spannungskreis der Instrumente für Einphasenstrom ein Eigenverbrauch von etwa 6 Voltampere; bei den Instrumenten für Drehstrom gleicher Belastung etwa 3 Voltampere für jeden der beiden Spannungskreise.

e. Innere Schaltung der eisengeschlossenen Leistungsfaktormesser.

Nach den Ausführungen auf S. 76 müssen die in den beiden räumlich um 90° versetzten Spannungsspulen fließenden Wechselströme auch zeitlich gegeneinander verschoben sein. Um eine möglichst gute Skala zu erzielen, ist eine Phasenverschiebung von 90° zwischen den beiden Spannungsströmen anzustreben.

Bei den Instrumenten für Einphasenstrom muß diese Phasenverschiebung künstlich erzeugt werden. Es ergibt sich dann die in Bild 54a auf Tafel 18 dargestellte Innenschaltung des Instruments. Die Spannungsspule D_1 ist über einen Ohmschen Widerstand R an die Spannung angeschlossen. Der Strom in dieser Spule ist dann mit der angelegten Spannung phasengleich. In der Spannungsspule D_2 wird mit Hilfe einer Kunstschaltung, die aus der Drosselspule D und einigen in das Schaltbild nicht eingezeichneten Ohmschen Widerständen besteht, ein Strom erzeugt, der um etwa 90° hinter der angelegten Spannung zurückbleibt. Die Ströme in den Spulen D_1 und D_2 sind demnach auch gegeneinander um 90° zeitlich verschoben. Die Größe der beiden Spannungsströme i_1 und i_2 ist hierbei so gewählt, daß $i_2 = \sqrt{3} \cdot i_1$ ist.

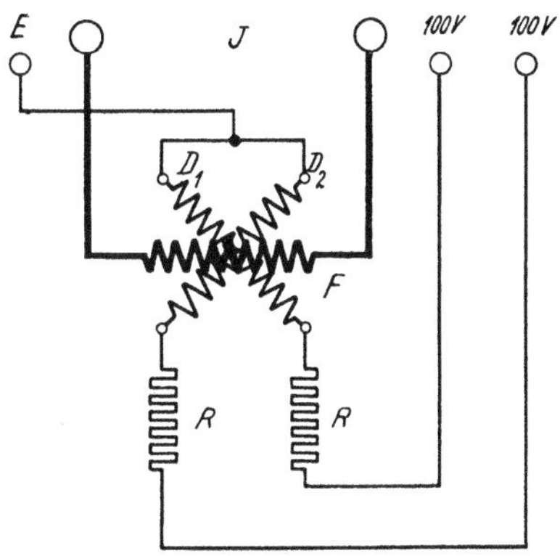

Bild 54b.
Innenschaltung für Drehstrom.

Bei den Leistungsfaktormessern für Drehstrom gleicher Belastung ist es nicht erforderlich, im Instrument selbst eine künstliche Phasenverschiebung zwischen den beiden Spannungsströmen

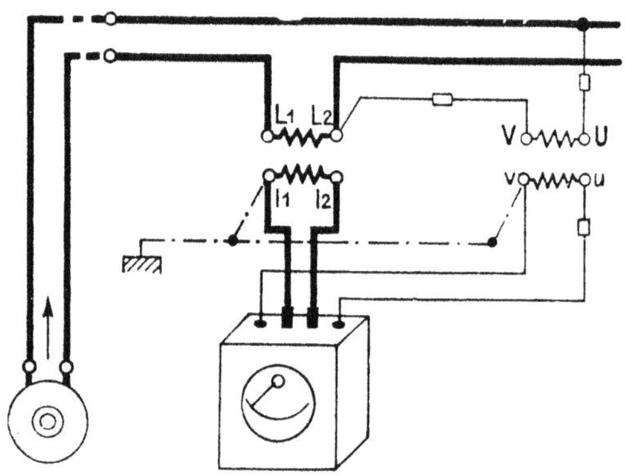

Bild 55. Schaltung für Einphasenstrom.

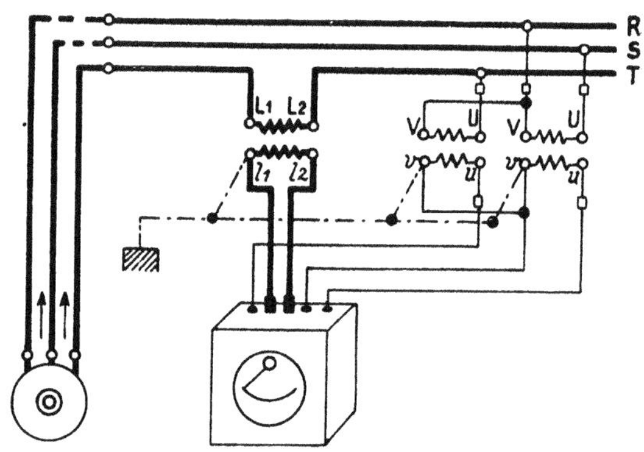

Bild 56. Schaltung für Drehstrom gleicher Belastung. Beim Anschluß des Instruments ist die im Schaltbild eingezeichnete Phasenfolge zu beachten, da von dieser die Ausschlagsrichtung des Zeigers abhängt.

Tafel 19. Äußere Schaltung der Leistungsfaktormesser mit eisengeschlossenem Kreuzspul-Meßwerk.

herzustellen. Es genügt vielmehr, wenn man die im Drehstromnetz vorhandene Phasenverschiebung im richtigen Sinne benutzt. Die im Netz vorhandenen Phasenverschiebungen zwischen den drei Spannungen betragen 120°. Schließt man die eine der Spannungen mit vertauschten Polen an, so erhält man eine Phasenverschiebung von 60°. Diese genügt aber, um für das Instrument annähernd die gleichen Wirkungen hervorzubringen wie die in der Ableitung auf S. 77 geforderten 90°. Für das Instrument ergibt sich dann die in Bild 54 b dargestellte Innenschaltung. Die beiden Spannungsspulen erhalten hierbei nur Ohmsche Vorwiderstände R, die an zwei getrennte Spannungsklemmen angeschlossen sind. Um bei der Phasenverschiebung von 60° die gleiche Skala wie bei den Instrumenten für Einphasenstrom zu erhalten, sind die beiden Spannungsströme hierbei gleich groß gewählt worden. Außerdem ist die Stellung der Kreuzspule gegen den Zeiger um 45° gegenüber der Zeigerstellung der Einphasenstrominstrumente gedreht worden.

Die Skalen der Instrumente für Einphasenstrom und für Drehstrom gleicher Belastung sind nach vorstehendem gleich. Sie werden entweder so ausgeführt, daß der Punkt $\cos\varphi = 1$ am Ende oder in der Mitte der Skala liegt. Liegt der Punkt $\cos\varphi = 1$ am Ende der Skala, so gilt die Skala für induktive Belastung.

f. Äußere Schaltung.

Die Leistungsfaktormesser sind zum Anschluß an Strom- und Spannungswandler bestimmt. Die Feldspulen sind daher bei allen Ausführungen für einen Nennstrom 5 Ampere bemessen, während die Spannungskreise für eine Nennspannung von 100 Volt berechnet sind.

Die äußere Schaltung der Instrumente für Einphasenstrom ist in Bild 55 auf Tafel 19 dargestellt. Bei der Messung ist zu beachten, daß die Angaben des Instruments von der Frequenz und in gewissem Grade auch von der Spannung abhängig sind. Diese Abhängigkeit ist durch die im Instrument eingebaute 90°-Schaltung bedingt. Die Abweichungen von der Frequenz dürfen daher nicht mehr als $\pm 5\%$ betragen, dagegen sind Spannungsschwankungen von $\pm 10\%$ zulässig.

Die äußere Schaltung der Leistungsfaktormesser für Drehstrom gleicher Belastung ergibt sich aus Bild 56. Beim Anschluß des

Instruments an das Netz ist die Phasenfolge zu beachten, da von dieser die Ausschlagsrichtung des Zeigers abhängt. Man bestimmt die Phasenfolge mittels des auf S. 87 beschriebenen Drehfeldrichtungsanzeigers. In den meisten Fällen wird sich jedoch eine besondere Messung der Phasenfolge erübrigen, da es meist im voraus bekannt ist, ob die Belastung eines Netzes induktiv oder kapazitiv ist. Man kann dann unmittelbar aus der Ausschlagsrichtung ersehen, ob das Instrument richtig angeschlossen ist. Da die Spannungskreise des Leistungsfaktormessers für Drehstrom im wesentlichen nur Ohmsche Widerstände enthalten, sind seine Angaben nur wenig von der Frequenz und der Spannung abhängig. Die Frequenz kann um $\pm 20\%$ von dem normalen Werte abweichen und Spannungsschwankungen von selbst $\pm 50\%$ verursachen keine erheblichen Fehler. Allerdings sind Spannungserhöhungen über 10% wegen der Erwärmung des Instruments nur kurzzeitig zulässig. Da die Spannungskreise, wie bereits anfangs erwähnt, nur Ohmsche Widerstände enthalten, sind bei den Drehstrom-Leistungsfaktormessern auch äußere Vorwiderstände zulässig. Die Nennspannungen dieser Widerstände brauchen jedoch kein Vielfaches von 100 Volt zu sein, da die Skala des Instruments von der Nennspannung vollkommen unabhängig ist.

7. Zungenfrequenzmesser.

Das Meßwerk der Zungenfrequenzmesser beruht auf dem Resonanzprinzip. Es besteht aus einer Reihe abgestimmter Federn, sog. Zungen, die auf verschiedene Eigenschwingungszahlen mechanisch abgestimmt sind. Die Zungen stehen unter der Einwirkung eines Elektromagneten. Wird dieser vom zu untersuchenden Wechselstrom durchflossen, so geraten diejenigen Zungen, deren Eigenschwingungszahl mit der Frequenz der Impulse übereinstimmt, infolge der Resonanzwirkungen in sehr heftige Schwingungen, so daß ein deutlich sichtbares Schwingungsbild entsteht (vgl. Bild 58 auf Tafel 20). Die übrigen Zungen, deren Eigenschwingungszahl von der Frequenz der Impulse abweicht, schwingen nur sehr wenig mit, so daß sie praktisch in Ruhe erscheinen. Die verschiedenen Bauformen der Frequenzmesser unterscheiden sich durch die Art der Übertragung der Schwingungen des Wechselstromes auf die Zungen, die entweder direkt oder indirekt erfolgen kann. Bei der direkten Übertragung

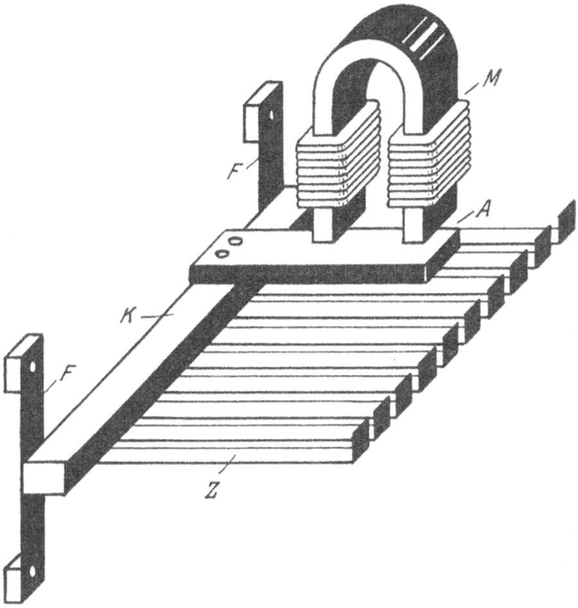

Bild 57. Bauart Frahm (S. & H.). Die Zungen *Z* sind an einem Zungenkamm *K* befestigt, der auf zwei Federn *F* beweglich gelagert ist. Am Zungenkamm ist außerdem noch ein Anker *A* angebracht, der dem erregenden Elektromagneten *M* gegenüber steht. Die Impulse des Wechselstromes werden daher durch den Anker zunächst auf den Zungenkamm und von diesem auf die Zungen übertragen.

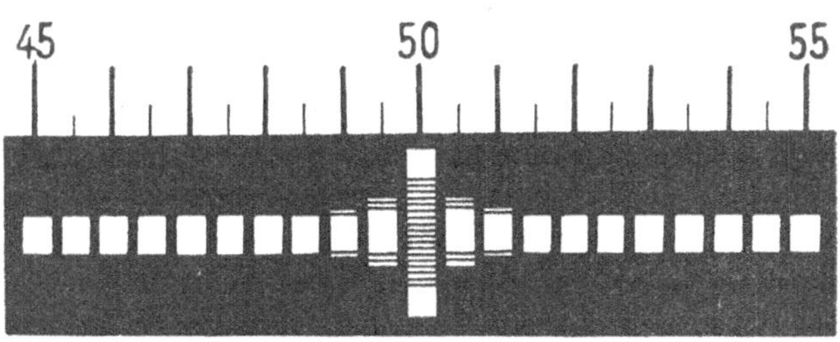

Bild 58. Schwingungsbild eines Zungen-Frequenzmessers. Ablesung 50,0.

Tafel 20. Meßwerk des Zungen-Frequenzmessers.

werden die Stahlzungen feststehend angeordnet und durch einen längs der ganzen Zungenreihe verlaufenden Elektromagneten in Schwingungen versetzt. Bei der von S. & H. angewandten indirekten Übertragung sind sämtliche Zungen an einem gemeinsamen, auf zwei Blattfedern *F* beweglich gelagerten Steg, dem Zungenkamm, befestigt (s. Bild 57). Der Zungenkamm trägt einen Anker *A*, der einem feststehenden Elektromagneten gegenübersteht. Bei Erregung des Elektromagneten werden daher die Impulse des Wechselstroms zunächst auf den Zungenkamm und von diesem auf die Zungen übertragen. Es gerät demnach der ganze Zungenkamm mit allen daran befestigten Zungen in leichte Schwingungen. Diejenige Zunge jedoch, deren Eigenschwingungszahl mit der Frequenz der Impulse übereinstimmt, gerät infolge der Resonanzwirkung in besonders heftige Schwingungen, so daß das gleiche Schwingungsbild entsteht, wie bei den direkt erregten Zungen. Die Erregung des Zungenkammes kann entweder durch einen gewöhnlichen oder einen polarisierten Elektromagneten erfolgen. Bei Verwendung eines gewöhnlichen Elektromagneten wird der Anker des Zungenkammes in jeder vollen Periode des Wechselstromes zweimal angezogen. Es entsprechen daher jeder Periode des Wechselstroms zwei volle Schwingungen der Zungen. Bei einem polarisierten Elektromagneten dagegen erfolgt während einer Periode des Wechselstroms nur e i n e Verstärkung und Schwächung des Magnetfeldes. Es tritt somit in der gleichen Zeit nur eine einmalige Anziehung auf, so daß hier eine volle Periode des Wechselstromes nur einer vollen Schwingung der Zungen entspricht. Man kann daher durch abwechselnde Verwendung eines gewöhnlichen und eines polarisierten Elektromagneten zwei Meßbereiche herstellen, die im Verhältnis von 1 : 2 stehen. Da die Zungen für Schwingungszahlen von 15 bis 600 Schwingungen in der Sekunde hergestellt werden können, ergibt sich für Wechselstrom bei Verwendung eines gewöhnlichen Elektromagneten ein ausführbarer Frequenzmeßbereich von 7,5 bis 300 Perioden, bei Verwendung eines polarisierten Elektromagneten dagegen ein Frequenzmeßbereich von 15 bis 600 Perioden in der Sekunde. Die Verdoppelung des Meßbereiches läßt sich naturgemäß nur bei Wechselstrom, nicht aber bei intermittierendem Gleichstrom anwenden. In diesem Falle können die Instrumente daher nur für Impulszahlen von 15 bis 600 Perioden in der Sekunde hergestellt werden. Um in jedem Falle gut ablesbare Schwingungsbilder zu erhalten, ist es erforderlich, bei Frequenzen unter 30 für jede Fünftelperiode, bei Frequenzen von 30 bis 80 für jede halbe Periode und bei Frequenzen von 80 bis 140 für jede ganze Periode eine Zunge zu verwenden. Größere Intervalle sind nicht zulässig, da es sonst vorkommen könnte, daß bei dazwischenliegenden Frequenzen überhaupt keine Zunge anspricht.

Die tragbaren Frequenzmesser werden für die Nennspannungen 100 und 130 Volt mit eingebauten, und für die Nennspannungen 180; 250; 350 und 500 Volt mit äußeren Vorwiderständen versehen. Um zu erreichen, daß die Frequenzmesser bei allen zwischen diesen Nennspannungen liegenden Spannungen genügend große Anschläge geben, sind sie noch mit einer mechanischen Reguliervorrichtung versehen, durch die die elektrische Empfindlichkeit des Meßwerks um $\pm 20\%$ geändert werden kann. Die Instrumente mit den Nennspannungen 100 und 130 Volt sind demgemäß ohne weiteres für einen Nennspannungsbereich von 80 bis 150 Volt verwendbar.

Der Eigenverbrauch beträgt für die Nennspannung 100 Volt etwa 1 bis 2 Voltampere; er ändert sich bei den anderen Nennspannungen proportional mit der Spannung.

8. Drehfeldrichtungsanzeiger.

Bild 59. Ansicht.

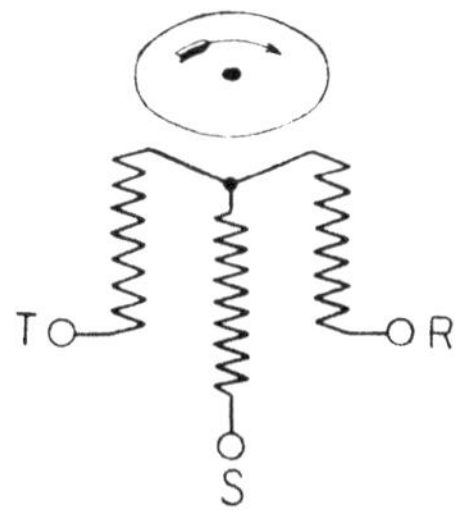

Bild 60. Innenschaltung.

Der Drehfeldrichtungsanzeiger dient zur Bestimmung der Phasenfolge in einem Drehstromnetz. Der Apparat ist im wesentlichen ein kleiner Induktionsmotor, der aus einem Elektromagneten mit drei um 120° versetzten Magnetpolen und einem Kurzschlußanker besteht. Die Wickelungen des Elektromagneten sind einer-

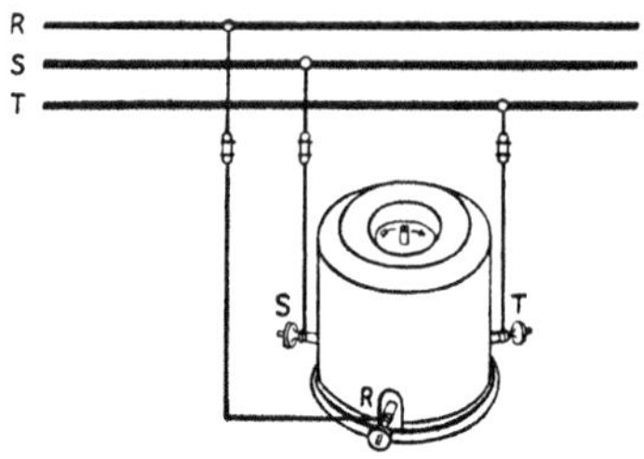

Bild 61. Drehfeldrichtungsanzeiger in direkter Schaltung.

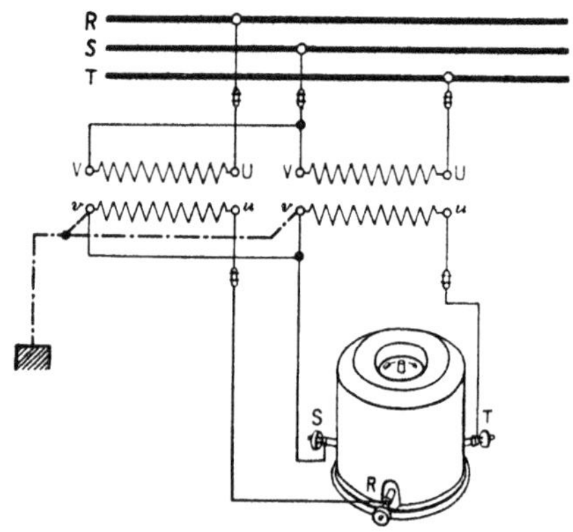

Bild 62. Drehfeldrichtungsanzeiger mit zwei Spannungswandlern in V-Schaltung.

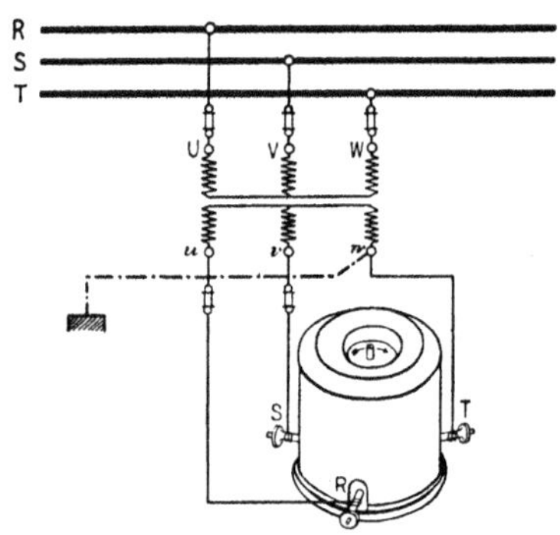

Bild 63. Drehfeldrichtungsanzeiger mit Drehstrom-Spannungswandler.

Tafel 21. Schaltungen des Drehfeldrichtungsanzeigers.

seits in Sternschaltung verbunden und andererseits zu drei mit *R*, *S*, *T* bezeichneten Anschlußklemmen geführt. Als Kurzschlußanker dient eine kleine Metallscheibe, die leicht drehbar über den Magnetpolen angeordnet ist. Schließt man die drei Klemmen des Apparates an ein Drehstromnetz an, so erzeugen die drei Magnetpole ein Drehfeld. Durch dieses werden in der Metallscheibe Ströme induziert, und es entsteht ein Drehmoment, das die Scheibe im Sinne des Drehfeldes mitnimmt. Da die Drehrichtung durch die Phasenfolge bestimmt wird, kann man rückwärts aus der Drehrichtung der Scheibe auf die Phasenfolge des angeschlossenen Drehstromes schließen.

Bei **direktem Anschluß** des Drehfeldrichtungsanzeigers an das Netz ist die Bestimmung der Phasenfolge in folgender Weise auszuführen: Man verbindet die drei Leitungen des Drehstromnetzes mit den drei Klemmen des Drehfeldrichtungsanzeigers (vgl. Bild 61 auf Tafel 21) und beobachtet, ob sich dessen Scheibe in der auf ihr angegebenen Pfeilrichtung bewegt. Ist dies nicht der Fall, so müssen zwei Leitungen an dem Drehfeldrichtungsanzeiger vertauscht werden. Stimmt die Drehrichtung der Scheibe, also des Drehfeldes, mit der Pfeilrichtung überein, so gilt die an den Klemmen des Drehfeldrichtungsanzeigers angegebene Phasenfolge. Man bezeichnet dann die Leitung, die an die Klemme *R* des Drehfeldrichtungsanzeigers führt, mit *R*, die Leitung, die an die Klemme *S* führt, mit *S* und endlich die Leitung, die an die Klemme *T* führt, mit *T*. Damit ist die Phasenfolge *RST* des Drehstromnetzes bekannt.

Stimmen die so gefundenen Bezeichnungen nicht mit den bereits für die Sammelschienen vorgesehenen Bezeichnungen überein, so kann man alle drei Anschlüsse am Drehfeldrichtungsanzeiger um eine Klemme nach vorwärts oder nach rückwärts verschieben, bis die gewünschte Übereinstimmung erreicht ist. Der Drehsinn wird durch eine solche zyklische Klemmenvertauschung nicht beeinflußt.

Bei Benutzung von **Einphasen-Spannungswandlern** in *V*-Schaltung ergibt sich die in Bild 62 dargestellte Schaltung. Die auf der Sekundärseite bestimmte Phasenfolge *RST* gilt ohne weiteres auch für die Primärleitungen, die an die entsprechenden Klemmen der Spannungswandler angeschlossen sind (vgl. S. 99).

Bei Verwendung von **Drehstrom-Spannungswandlern** ist darauf zu achten, daß der Phasenfolge RST der Leitungen die Phasenfolge UVW der Transformatorklemmen entsprechen muß. Der Drehfeldrichtungsanzeiger ist daher stets so anzuschließen, daß seine Klemmen R mit u, S mit v und T mit w verbunden sind (vgl. Bild 63). Ergibt sich hierbei eine verkehrte Drehrichtung der Scheibe des Drehfeldrichtungsanzeigers, so sind stets zwei Primäranschlüsse zu vertauschen. Dreht sich hierauf die Scheibe des Drehfeldrichtungsanzeigers in der Pfeilrichtung, so entspricht die Phasenfolge RST auf der Primärseite der primären Klemmenbezeichnung UVW des Spannungswandlers.

E. Präzisions-Meßwandler.

1. Allgemeines.

Man unterscheidet zwei Gruppen von Meßwandlern, Stromwandler und Spannungswandler. Die Stromwandler sind zur Messung von Strömen bestimmt. Sie werden daher mit ihrer Primärwickelung in die Hauptleitung eingeschaltet, so daß sie vom gesamten zu messenden Strome durchflossen werden. Ihre Sekundärwickelung ist so bemessen, daß der sekundäre Nennstrom stets 5 Ampere beträgt. Demgemäß können an die Stromwandler nur Instrumente mit einem Meßbereich 5 Ampere angeschlossen werden. Bei Anschluß mehrerer Instrumente sind diese stets in Reihe zu schalten. Die Spannungswandler dienen zur Messung der Spannung. Ihre Primärwickelung wird daher stets an die Punkte angelegt, deren Spannungsunterschied gemessen werden soll. Die Sekundärwickelung der Spannungswandler ist für eine Nennspannung von 100 bzw. bei Schalttafelmeßwandlern von 110 Volt bemessen. Da die Spannungswandler überlastet werden können, müssen die anzuschließenden Spannungsmeßgeräte stets für einen Meßbereich von mindestens 130 Volt bemessen sein. Bei Anschluß mehrerer Spannungsmeßgeräte sind diese parallel zu schalten.

a. Anwendungsgebiet der Meßwandler.

Die Meßwandler sind in erster Linie für Hochspannungsmessungen bestimmt. Sie ermöglichen es, eine Hochspannungsmessung auf eine Niederspannungsmessung zurückzuführen, indem man alle Meßinstrumente auf der Sekundärseite dieser Meßwandler anschließt. Da die Sekundärspannung der Spannungswandler nur etwa 100 Volt beträgt, fallen hierbei alle persönlichen Gefahren für den Beobachter sowie alle bei direkten Hochspannungsmessungen auftretenden meßtechnischen Schwierigkeiten weg. Durch die Verwendung der Stromwandler ergibt sich weiterhin der Vorteil, daß man alle Messungen nur mit der niedrigen Stromstärke von etwa 5 Ampere ausführen kann und daher für alle Meßbereiche mit dem gleichen Satz Meßinstrumente auskommt. Die Meßgenauigkeit wird durch die Zwischenschaltung der Meßwandler praktisch nicht herabgedrückt, weil die durch die Meßwandler verursachten Fehler unter normalen Verhältnissen nicht größer als die bei den direkten Hochspannungsmessungen auftretenden Fehler sind. Überdies sind die Fehler der Meßwandler der Größe nach bekannt, so daß man sie bei besonders genauen Messungen berücksichtigen kann. Diese Vorteile rechtfertigen an sich schon eine möglichst weitgehende Verwendung der Meßwandler bei allen Hochspannungsmessungen. Aber auch bei Niederspannungsmessungen ist die Verwendung von Stromwandlern sehr vorteilhaft, da man durch sie alle größeren Stromstärken in der Meßschaltung vermeiden kann, indem man die Stromwandler lediglich als Meßbereichwähler für die Wechselstrom-Meßinstrumente in ähnlicher Weise wie die Nebenwiderstände bei Gleichstrom-Instrumenten benutzt.

b. Allgemeine Schaltregeln für Meßwandler.

Für alle Schaltungen mit Meßwandlern gelten folgende Schaltregeln:

1. Falls der Primärkreis Hochspannung führt, ist jede Berührung der Meßwandler zu vermeiden.
2. Die Sekundärwickelung von Stromwandlern muß, sobald die Primärwickelung eingeschaltet ist, entweder durch die Meßinstrumente oder durch eine Kurzschlußverbindung geschlossen sein.
3. Spannungswandler dürfen, sobald sie unter Spannung gesetzt werden, im Gegensatz zu den Stromwandlern, sekundär nur über einen hohen Widerstand geschlossen werden; sie können aber ebensogut offen bleiben.
4. Die Spannungswandler sind auf der Hochspannungsseite allpolig zu sichern; auf der Niederspannungsseite sind alle nicht geerdeten Leitungen zu sichern.
5. Werden in einer Meßschaltung Strom- und Spannungswandler verwendet, so sind die Sekundärwickelungen und die Gehäuse aller Meßwandler einpolig zu erden. Der kleinste zulässige Querschnitt für Erdleitungen aus Kupfer beträgt 16 mm^2.
6. Werden Stromwandler als Meßbereichwähler für Leistungsmesser in Verbindung mit Vorwiderständen für den Spannungskreis benutzt, so darf man nicht erden; die Sekundärwickelung des Stromwandlers muß vielmehr mit einem

geeigneten Punkte des Netzes derart verbunden werden, daß die Potentialdifferenzen innerhalb des angeschlossenen Meßinstruments möglichst klein werden.

Zum besseren Verständnis der Schaltregeln und ihrer Tragweite sind im nachstehenden noch einige Erläuterungen gegeben.

Zu Schaltregel 1. Nicht nur die unmittelbare Berührung der Primärklemmen der Meßwandler ist zu vermeiden, auch das Hantieren an den Sekundärklemmen der Meßwandler ist wegen der Nähe der unter Hochspannung stehenden Teile lebensgefährlich. Sollen Meßwandler, die unter Spannung stehen, auf einen anderen Meßbereich umgeschaltet werden, so sind sie vorher allpolig vom Netz abzutrennen und zu erden.

Zu Schaltregel 2. Bei Unterbrechung des Sekundärstromes eines Stromwandlers entstehen einerseits lebensgefährliche Spannungen an den Sekundärklemmen, andererseits aber kann durch die hierdurch auftretende übermäßige Erhitzung des Transformatoreisens eine Beschädigung des Meßwandlers erfolgen. Dieses eigenartige Verhalten des Stromwandlers ist durch seine äußere Schaltung bedingt. Da der Stromwandler unmittelbar in die Hauptleitung eingeschaltet wird, fließt in seiner Primärleitung notgedrungen der volle in der Hauptleitung fließende Strom, ganz unabhängig davon, ob die Sekundärwickelung des Stromwandlers geschlossen oder offen ist. Das von der Primärwickelung erzeugte magnetische Feld wird daher nur durch die Größe des Primärstromes bestimmt und ist von den sekundären Belastungsverhältnissen unabhängig. Ist der Stromwandler sekundär durch ein Meßinstrument belastet, so fließt ein Sekundärstrom, der nahezu um 180° gegen den Primärstrom verschoben ist. Das von diesem Sekundärstrom erzeugte Feld wirkt daher dem vom Primärstrom erzeugten Feld entgegen. Das aus diesen beiden Feldern resultierende, tatsächlich vorhandene Feld ist daher sehr klein. Bei dem normalen Betriebszustand des Stromwandlers ist somit das Eisen des Transformators nur wenig gesättigt. Es handelt sich nur um einige hundert Kraftlinien pro Quadratzentimeter. Wird aber die Sekundärwickelung des Stromwandlers geöffnet, so fällt die Gegenwirkung des vom Sekundärstrom erzeugten Feldes weg, so daß nur noch das Primärfeld in seiner vollen Stärke bestehen bleibt. Bei diesem Feld ist aber das Eisen des Transformators hoch gesättigt, so hoch, daß es sich hierbei ganz unzulässig erwärmt. Mit dieser hohen Sättigung steigt aber in gleichem Maße die in der Primärwickelung induzierte Elektromotorische Gegenkraft und mit ihr die zu ihrer Überwindung erforderliche primäre Klemmenspannung. Die Primärwickelung wirkt dann wie eine Drosselspule und erzeugt in der Leitung einen ganz unzulässig hohen Spannungsabfall. In der Sekundärwickelung wird durch die hohe Eisensättigung ebenfalls eine hohe Spannung erzeugt, die um so vielmal größer ist als die Sekundärwickelung mehr Windungen besitzt. Bei den Präzisions-Stromwandlern Type A 83 b 24 beträgt die Sekundärspannung bei offener Sekundärwickelung etwa 120 Volt. Bei den kurzschlußsicheren Stromwandlern mit Ringwickelung dagegen gehen die Spannungen bis in die 1000 Volt, so daß ein Öffnen der Sekundärwickelung lebensgefährlich wird. Meßtechnisch ergibt sich aus der hierbei auftretenden unzulässig hohen Sättigung des Transformatoreisens noch der Fehler, daß der Stromwandler unmittelbar nachher infolge der zurückbleibenden Magnetisierung des Kernes nicht mehr so genau übersetzt. Es ist daher erforderlich, ihn erst wieder langsam zu entmagnetisieren, um ihn wieder auf seinen alten Zustand zurückzubringen. Aus diesen Gründen ist die Wichtigkeit der vorstehenden Regel ohne weiteres zu ersehen. Man wird daher stets dringend darauf achten müssen, daß diese Regel eingehalten wird.

Zu Schaltregel 3. Bei den Spannungswandlern liegen die Verhältnisse wesentlich anders als bei den Stromwandlern. Der Spannungswandler liegt mit seiner Primärwickelung an einer festen, von ihm unabhängigen Klemmenspannung. Infolgedessen muß, abgesehen von Nebenumständen, auch die in der Primärwickelung auftretende Elektromotorische Gegenkraft von konstanter Größe sein. Dies bedingt aber, daß auch das induzierende Feld konstant sein muß. Ist der Spannungswandler sekundär offen, so wird in der Sekundärwickelung eine Elektromotorische Kraft von beispielsweise 100 Volt induziert. Diese Spannung ist so lange unveränderlich, als die Primärspannung unveränderlich bleibt. Wird der Spannungswandler jetzt sekundär über ein Meßinstrument geschlossen, so fließt in der Sekundärwickelung ein durch den Widerstand des Meßinstrumentes bedingter Strom. Dieser Strom erzeugt seinerseits ein dem Primärfeld entgegenwirkendes Feld. Gleichzeitig mit dem Sekundärstrom wächst aber auch entsprechend der Belastung des Transformators der

Primärstrom und mit ihm das von diesem erzeugte Primärfeld, und zwar um so viel, daß die von der Sekundärseite verursachte Schwächung gerade aufgehoben wird. Auf diese Weise bleibt das resultierende Feld konstant und demgemäß bleibt auch die Spannung bei offener und geschlossener Sekundärwickelung des Spannungswandlers praktisch unverändert. Es kann daher auf den Spannungswandler auch keinen nachteiligen Einfluß haben, wenn die Sekundärwickelung dauernd offen bleibt.

Zu Schaltregel 4. Die Hochspannungssicherungen auf der Primärseite dienen dazu, die Anlage gegen Beschädigungen durch etwa auftretende Kurzschlüsse zu sichern. Um dies zu erreichen, muß die Sicherung auf der Primärseite für Wechselstrom zweipolig, für Drehstrom dreipolig ausgeführt werden. Da die hierzu verwendeten Hochspannungssicherungen für 2 Ampere Nennstrom im allgemeinen erst bei einer Stromstärke von 4 Ampere abschmelzen, können sie den Spannungswandler selbst nicht unbedingt vor Beschädigungen durch Überlastung schützen. Trotzdem ist die Wahl schwächerer Sicherungen nicht empfehlenswert, da diese infolge des beim Einschalten des Spannungswandlers auftretenden größeren Stromstoßes zu leicht durchschmelzen würden. Die normalen 2-Ampere-Sicherungen werden indessen durch den Einschaltestromstoß nur in seltenen Fällen zum Abschmelzen gebracht und geben bei Kurzschlüssen immerhin noch einen gewissen Schutz für den Spannungswandler ab.

Die Niederspannungssicherungen auf der Sekundärseite dienen zum Schutze des Spannungswandlers gegen Überlastung infolge falscher Schaltung, falscher Erdung oder Schluß in den Leitungen. Zu sichern sind alle Sekundärleitungen, die nicht geerdet werden. In den allermeisten Fällen genügt die Verwendung der 2-Amperesicherung. Kommen höhere Belastungen als 200 Voltampere in Frage, so richtet sich die Wahl der Sicherung nach der auf S. 116 für die einzelnen Typen angegebenen Grenzleistung; die Sicherungspatrone ist dann für den nächst höheren Nennstrom zu bemessen.

Zu Schaltregel 5. Bei den indirekten Messungen mit Strom- und Spannungswandlern muß stets die Sekundärseite aller Wandler geerdet werden. Die Erdung ist bei richtiger Schaltung stets möglich, da Hochspannung und Niederspannung nur magnetisch, nicht aber elektrisch miteinander verbunden sind. Durch die

Erdung soll verhindert werden, daß Teile der Meßschaltung, die im normalen Zustande nur Niederspannung führen, durch einen Zufall gefährliche Spannungen annehmen und den Beobachter gefährden. Ferner werden durch die Erdung die Meßfehler beseitigt, die durch Potentialdifferenzen zwischen den Feldspulen und Spannungsspulen der Meßinstrumente entstehen können. Die Erdleitung ist daher im wesentlichen nur eine Potentialausgleichleitung, und es würde anscheinend genügen, sie nur so kräftig zu bemessen, daß sie den auftretenden mechanischen Beanspruchungen standhält. Damit die Erdleitung aber auch bei elektrischen Störungen, z. B. Durchschlägen der Isolation der Meßwandler, ihren Zweck erfüllt, muß sie elektrisch so stark bemessen sein, daß sie bei den unter Umständen auftretenden hohen Kurzschlußstromstärken nicht abschmilzt, sondern den Kurzschlußstrom so lange tragen kann, bis die nächstliegenden Starkstromsicherungen abschmelzen. Daher ist bei Meßwandlern für die Erdleitung ein Kupferquerschnitt von mindestens 16 mm^2 vorgeschrieben. Die Erdleitung ist stets unmittelbar an den Meßwandler anzuschließen, und zwar ist sowohl ein Pol der Sekundärwickelung als auch das Gehäuse des Meßwandlers zu erden. Die Erdleitungen sind in den nachstehenden Schaltungen stets durch strichpunktierte Linien dargestellt; die Erdung der Gehäuse der Meßwandler ist der Einfachheit halber in den Schaltbildern nicht angedeutet. Die Erdleitungen dürfen nicht als stromführende Meßleitungen verwendet werden, sie ersetzen aber die zwischen den Strom- und Spannungswickelungen der Leistungsmesser erforderlichen Potentialverbindungen. Schließt man außer den in den Schaltbildern dargestellten Apparaten noch andere mit an, so ist zu beachten, daß bei verschiedenen Apparaten, z. B. bei Zählern, schon einpolige Verbindungen zwischen Strom- und Spannungskreis vorhanden sind. Die Erdung ist dann, um Kurzschlüsse der Meßwandler zu vermeiden, stets genau nach dem entsprechenden Sonderschaltbild auszuführen.

Zu Schaltregel 6. Bei den halbindirekten Messungen darf man nicht erden. Zur Vermeidung von schädlichen Potentialdifferenzen in den Meßinstrumenten muß man vielmehr die Sekundärwickelung des Stromwandlers mit einem geeigneten Punkte des Netzes verbinden. Bei den Leistungsmessern für Einphasenstrom verbindet man die Sekundärwickelung des

Stromwandlers einpolig mit der zugehörigen Primärwickelung, bei den Drehstrom-Leistungsmessern mit zwei und drei Meßwerken verbindet man die Sekundärwickelungen aller Stromwandler einpolig mit der gemeinsamen Spannungsklemme der Meßwerke des Leistungsmessers bzw. mit dem Netzleiter, in den kein Stromwandler eingeschaltet ist. Durch diese Verbindung werden alle Potentialdifferenzen zwischen den Feldspulen und Spannungsspulen des Leistungsmessers vermieden. Die Meßinstrumente erhalten jedoch hierbei das Potential der Primärleitung; es sind daher die gleichen Vorsichtsmaßregeln zu beachten wie bei der direkten Messung. Diese Schaltungen sind für mittlere Spannungen bis etwa 600 Volt mit Vorteil zu verwenden. Man spart hierdurch für die kleineren Spannungen die Spannungswandler und bekommt eine leicht tragbare Meßeinrichtung.

Benutzt man die tragbaren Leistungsmesser in Verbindung mit Schalttafelinstrumenten oder Zählern, die in einer festen Schaltung liegen, so darf die einpolige Verbindung zwischen der Sekundärwickelung und der Primärwickelung der Stromwandler nicht ohne weiteres ausgeführt werden, da die Sekundärwickelungen der Stromwandler in Schaltanlagen stets geerdet sind. In diesem Falle läßt man entweder die Erdung der Stromwandler bestehen und läßt die Potentialausgleichsleitungen zwischen den Primär- und Sekundärwickelungen der Stromwandler weg, oder aber man beseitigt die betriebsmäßige Erdung des Stromwandlers während der Messung und führt die Potential-Ausgleichsleitungen aus. Im ersten Falle muß man die etwaigen kleinen Meßfehler, die in den Präzisions-Instrumenten durch elektrische Ladungserscheinungen verursacht werden können, in Kauf nehmen; im zweiten Falle werden diese Fehler vermieden, so daß die höchste erreichbare Meßgenauigkeit erzielt wird.

c. Berechnung der Meßkonstanten.

Bei Benutzung von Meßwandlern sind die Angaben der Meßinstrumente noch mit der Übersetzung der Meßwandler zu multiplizieren. Ist J_n der primäre Nennstrom eines Stromwandlers und beträgt der sekundäre Nennstrom, wie allgemein üblich, 5 Ampere, so wird

$$\frac{J_n}{5} = \text{Übersetzung des Stromwandlers.}$$

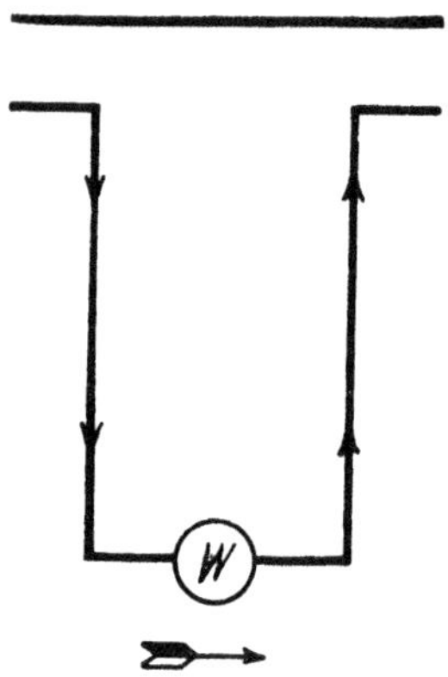

Bild 64.
Direkte Strommessung.

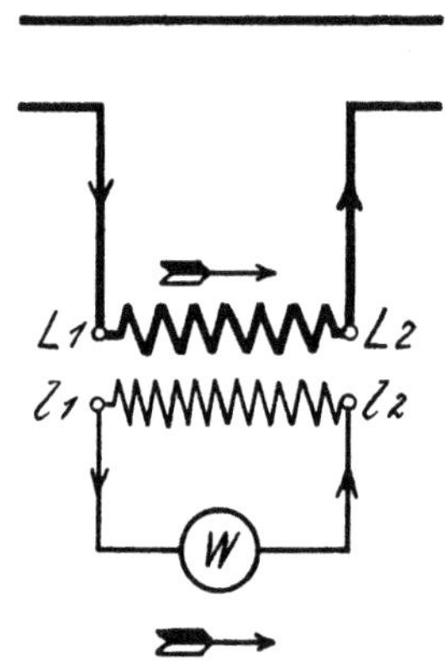

Bild 65.
Indirekte Strommessung.

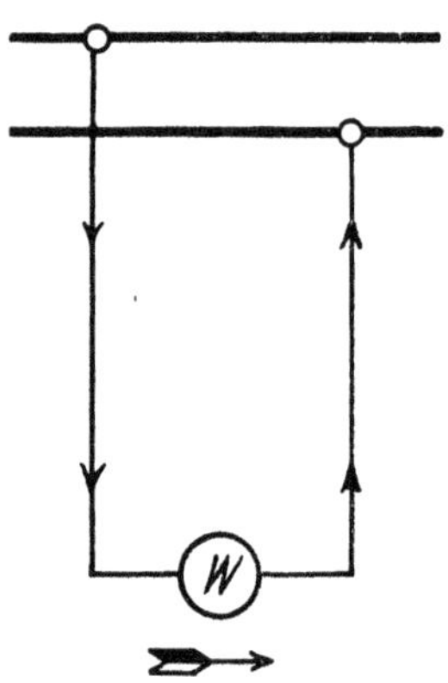

Bild 66.
Direkte Spannungsmessung.

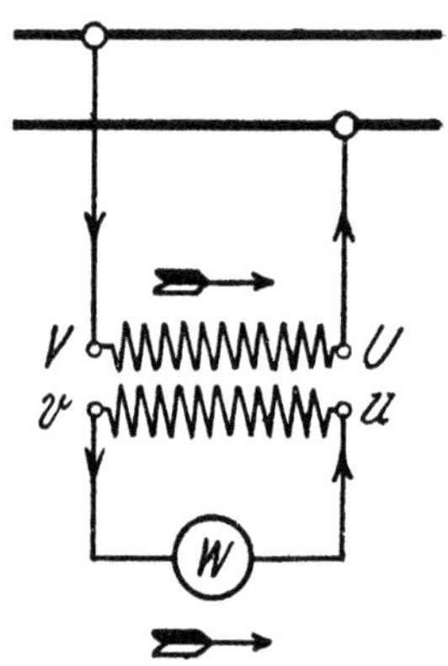

Bild 67.
Indirekte Spannungsmessung.

Die Stromrichtung in dem angeschlossenen Meßinstrument wird durch die Zwischenschaltung des Meßwandlers nicht geändert.

Tafel. 22. Polung der Wickelungen der Meßwandler.

Ist andererseits E_n die primäre Nennspannung eines Spannungswandlers und beträgt die sekundäre Nennspannung 100 Volt, so ist

$$\frac{E_n}{100} = \text{Übersetzung des Spannungswandlers.}$$

Bei besonders genauen Messungen sind noch die Phasenfehler des Stromwandlers zu berücksichtigen (vgl. S. 109). Eine Korrektion der Angaben des Spannungswandlers ist nicht erforderlich, da die durch den Spannungswandler verursachten Fehler verschwindend klein sind.

d. Polung der Wickelungen.

Die Klemmenbezeichnung der Meßwandler ist durch die Vorschriften des Verbandes deutscher Elektrotechniker festgelegt. Bei den Stromwandlern werden die Primärklemmen mit L_1, L_2 und die Sekundärklemmen mit l_1 und l_2 bezeichnet, während bei den Spannungswandlern die Primärklemmen mit V, U und die Sekundärklemmen mit v, u bezeichnet werden. Durch diese Bezeichnungen wird gleichzeitig der gegenseitige Richtungssinn des Primärstromes und des Sekundärstromes in der Weise festgelegt, daß durch das Zwischenschalten des Meßwandlers die Stromrichtung in den angeschlossenen Meßinstrumenten nicht geändert wird. Die gegenseitige Lage der Klemmen und die diesen Klemmen entsprechenden Stromrichtungen sind in den Bildern 64 bis 67 auf Tafel 22 dargestellt. Man kann demgemäß in den Schaltbildern die Stromkreise so verfolgen, als ob die Meßwandler nicht vorhanden wären.

Die im zweiten Teile des Buches angegebenen Schaltungen sind durchweg so ausgeführt, daß die vom Stromerzeuger kommenden Leitungen stets in die Klemmen L_1 der Stromwandler führen. Geerdet wird bei den Stromwandlern die Klemme l_1, bei den Spannungswandlern die Klemme v. Werden bei Drehstrommessungen zwei Einphasen-Spannungswandler in V-Schaltung benutzt, so werden sie auf der Hochspannungsseite so angeschlossen, daß die beiden Klemmen V miteinander verbunden und über eine Sicherung an die gemeinsame Spannungsphase angelegt sind. Die entsprechenden Sekundärklemmen v sind ebenfalls miteinander zu verbinden und an die gemeinsame Erdleitung anzuschließen (vgl. S. 95).

2. Präzisions-Stromwandler.

a. Innerer Aufbau und Isolation.

Zur Erzielung möglichst guter elektrischer Eigenschaften werden die Präzisions-Stromwandler mit einem vollständig geschlossenen stoßfugenfreien Eisenkern ausgeführt. Der hierdurch

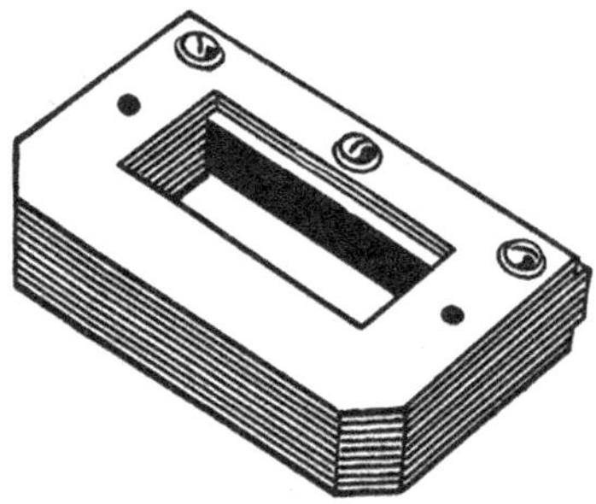

Bild 68. Stoßfugenfreier Eisenkern.

gewonnene gute Eisenschluß gewährleistet die kleinstmöglichen Phasenfehler und ermöglicht eine außerordentlich gleichmäßige Herstellung, so daß die einzelnen Stromwandler vollkommen gleichartig ausfallen. Die Wickelung wird auf diese geschlossenen Eisenkerne mit besonderen Spezialmaschinen aufgebracht. Die Sekundärwickelung für 5 Ampere liegt innen, während die für größere Stromstärken bestimmte, oft mehrfach unterteilte Primärwickelung darüber liegt. Der Eisenkern mit den Wickelungen wird zur Erhöhung der Isolierfestigkeit in ein mit Isoliermasse gefülltes Gehäuse eingesetzt. Zur Durchführung der Starkstromanschlüsse durch den Gehäusedeckel dient bei der gebräuchlichsten Type A 83 b 24 (bisherige Typenbezeichnung Mtr 7) ein unzerbrechlicher Papierisolator, an den sich oben der für die Umschaltung der Meßbereiche erforderliche Schaltkopf anschließt. Auf beiden Seiten des Anschlußkopfes liegen die primären Anschlußklemmen. Die Sekundäranschlüsse sind auf dem Gehäusedeckel angebracht und können durch einen Kurzschlußstöpsel kurz verbunden werden, wie es Bild 69 auf Tafel 23 zeigt.

Die Isolation dieser Wandler reicht für Betriebsspannungen bis 12 000 Volt aus. Die Isolationsprüfung zwischen Primärwickelung und Sekundärwickelung erfolgt mit der doppelten Betriebsspannung während der Dauer von 5 Minuten. Die Sekundärwickelung gegen Gehäuse wird 1 Minute lang mit 2000 Volt geprüft, so daß betriebsmäßig Potentialdifferenzen von 1000 Volt zwischen Sekundärwickelung und Gehäuse zulässig sind. Diese Prüfung ist besonders für halbindirekte Messungen wichtig, da hierbei die Sekundärwickelung die volle Primärspannung führt.

b. Innere Schaltung der umschaltbaren Stromwandler.

Die vorstehend beschriebenen Präzisions-Stromwandler werden umschaltbar für zwei bzw. drei primäre Nennströme ausgeführt, die je nach der Type zwischen 5 und 1200 Ampere liegen. Der sekundäre Nennstrom beträgt stets 5 Ampere. Die Umschaltung auf die verschiedenen primären Nennströme erfolgt durch Umschaltung der Primärwickelung. Diese ist hierzu in vier elektrisch gleichwertige Wickelungsteile zerlegt, die für den kleinsten Nennstrom in Reihe, für den mittleren Nennstrom in Gruppenschaltung und für den höchsten Nennstrom in Parallelschaltung liegen. Um die Umschaltung in einfacher Weise zu ermöglichen, sind die Enden der einzelnen Wickelungsteile nach einem zwischen den Primärklemmen befindlichen Schaltkopf geführt, wie es Bild 70 auf Tafel 23 zeigt. In diesen Schaltkopf wird ein Stecker eingeführt, der alle zur Herstellung der gewünschten Schaltung erforderlichen Verbindungen gleichzeitig herstellt. Demgemäß ist für jeden primären Nennstrom ein Stecker vorhanden. Der Stromlauf ergibt sich aus dem Schaltbild ohne weiteres, wenn man beachtet, daß die Kontaktflächen der Stecker schwarz, die isolierenden Flächen dagegen weiß gezeichnet sind. Beachtenswert ist hierbei, daß bei einigen Lamellen die eine Seitenfläche isoliert ist, während die andere metallisch blank ist. Der gute Kontakt zwischen den einzelnen Lamellen des Schaltkopfes und des Steckers wird durch eine seitlich angeordnete Druckschraube sicher gestellt, die nach Einstecken des Steckers festgezogen wird. Die verschiedenen Umschaltstellungen sind elektrisch vollkommen gleichwertig, da die einzelnen Wickelungsteile selbst elektrisch vollkommen gleichwertig sind und in allen Schaltungen in gleicher Weise beansprucht werden.

c. Eigenverbrauch und zulässige Belastung.

Der Eigenverbrauch der Stromwandler besteht in der Hauptsache aus den Kupferverlusten, die durch die Stromwärme in

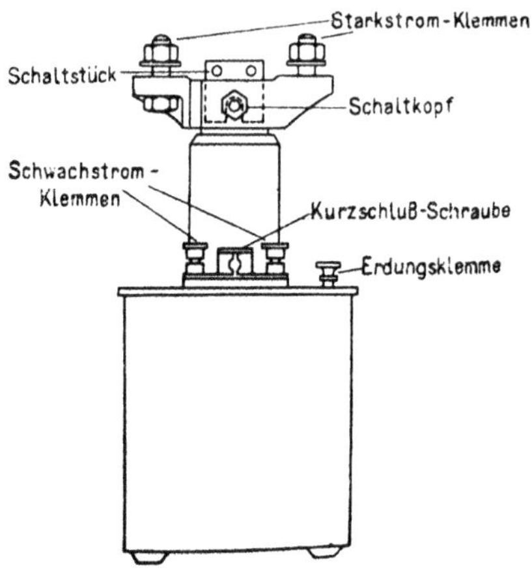

Bild 69. Schematische Darstellung eines Stromwandlers Type A 83 b 24.

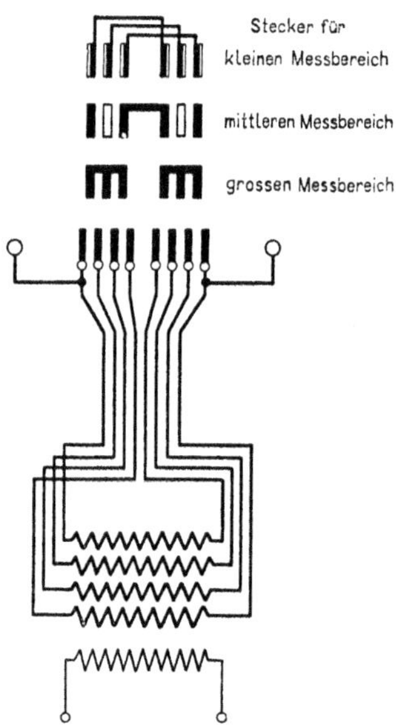

Bild 70. Innenschaltung des obigen Stromwandlers.

Tafel 23. Innenschaltung der Präzisions-Stromwandler.

der Primär- und Sekundärwickelung hervorgerufen werden. Die Eisenverluste sind infolge der geringen Sättigung des Eisens zu vernachlässigen. Bei den Präzisions-Stromwandlern Type A 83 b 24 beträgt der Eigenverbrauch beim vollen Nennstrom etwa 25 Watt. Da dieser Wert im wesentlichen aus Kupferverlusten besteht, ändert er sich mit dem Quadrate der jeweiligen Stromstärke. Man kann daher hieraus ohne weiteres auch den Eigenverbrauch für jeden anderen Strom berechnen.

Die zulässige sekundäre Belastung der obigen Präzisions-Stromwandler beträgt bei Frequenz 50 und vollem Nennstrom 9 Voltampere. Demgemäß darf die Summe der Klemmenspannungen aller anzuschließenden Apparate beim vollen Nennstrom 5 Ampere den Betrag von 1,8 Volt nicht überschreiten. Die Klemmenspannungen der einzelnen Instrumente sind aus der nachstehenden Tabelle ersichtlich.

Art der anzuschließenden Instrumente		Klemmenspannung bei 5 Ampere und Frequenz 50	Klemmenspannung bei 5 Ampere und Frequenz 25	Scheinwiderstand bei Frequenz 50	Scheinwiderstand bei Frequenz 25
		Volt	Volt	Ohm	Ohm
Prüffeldtype	Strommesser	1,3	1,3	0,26	0,26
	Leistungsmesser	0,26	0,24	0,051	0,048
Laboratoriumstype	Strommesser	2,0	2,0	0,40	0,40
	Leistungsmesser	1,2	1,08	0,24	0,22
Betriebstype	Strommesser (Dreheisenmeßwerk)	0,29	0,25	0,058	0,050
	Leistungsmesser (Eisenschlußmeßwerk)	0,6	0,5	0,12	0,10
	Leistungsfaktormesser (Eisenschlußmeßwerk)	3,5	2,0	0,7	0,4
Zähler (SSW)	W 2, W 2 dn	1,5	1,5	0,3	0,3
	W 10	0,6	0,6	0,12	0,12
	D 5	0,3	0,3	0,06	0,06
	D 6	0,6	0,6	0,12	0,12
Zuleitungen	2×1.8 m, 2,5 mm²	0,13	0,13	0,025	0,025
	2×4,5 m, 6 mm²	0,13	0,13	0,025	0,025
	2×7,0 m, 10 mm²	0,13	0,13	0,025	0,025

Die Tabelle zeigt, daß die verfügbare Gesamt-Klemmenspannung für den Anschluß eines Leistungsmessers und eines Strommessers der Prüffeldtype nebst den erforderlichen Anschlußleitungen ausreicht. Sollen noch mehr Instrumente angeschlossen werden, so empfiehlt es sich, die jeweilig nicht benutzten Instrumente kurzzuschließen.

Um an Stelle der vom Strom abhängigen Klemmenspannungen einen festen Wert zu erhalten, wird neuerdings stets mit dem Scheinwiderstand der anzuschließenden Apparate und der zugehörigen Zuleitungen gerechnet (vergl. Tabelle auf S. 103). Es sind demgemäß zur Ermittlung der jeweiligen Belastung des Stromwandlers stets die Scheinwiderstände aller anzuschließenden Apparate und Zuleitungen zu addieren. Den Gesamtwert des Scheinwiderstandes, den man nicht überschreiten darf, ohne die Meßgenauigkeitsgrenzen des betreffenden Stromwandlers zu verletzen, bezeichnet man nach den neuen Regeln des Verbandes deutscher Elektrotechniker als Nennbürde des Stromwandlers. Die Nennbürde der Stromwandler Type A 83 b 24 beträgt demgemäß 0,36 Ohm.

d. Meßfehler der Stromwandler.

Die bei Benutzung eines Stromwandlers auftretenden Meßfehler bestehen aus Stromfehlern und Phasenverschiebungsfehlern.

Die Stromfehler hängen in erster Linie von dem Verhältnis der primären zu der sekundären Windungszahl ab. Sie können daher bei der Herstellung der Stromwandler durch genaues Abgleichen der Windungszahlen genügend klein gehalten werden. Die Abgleichmöglichkeit ist jedoch dadurch begrenzt, daß man immer nur eine Windung hinzufügen bzw. wegnehmen kann. Der durch diese eine Windung verursachte prozentuale Fehler hängt von der sekundären Gesamtwindungszahl ab. Bei den Präzisions-Stromwandlern von S. & H. beträgt der Stromfehler beim Nennstrom und der Nennbürde höchstens 0,5%. Er bleibt von 100% des Nennstromes bis herab auf 20% konstant und kann daher durch einen einfachen Korrektionsfaktor berücksichtigt werden. In den weitaus meisten praktischen Fällen wird man jedoch wegen der geringen Größe des Fehlers auf eine Korrektion verzichten.

Der Phasenverschiebungsfehler wird durch den Fehlwinkel des

Stromwandlers bestimmt. Unter Fehlwinkel versteht man die Phasenverschiebung zwischen dem Primärstrom und dem um 180° herumgeklappten Vektor des Sekundärstromes. Die Größe des Fehlwinkels hängt von der magnetischen Güte des Eisens und von der Bauart des Wandlers ab und kann daher bei der Fabrikation nicht nachträglich geändert werden. Der Fehlwinkel beträgt bei den Präzisions-Stromwandlern bei 50 Perioden und vollem Nennstrom nur etwa ± 40 Minuten, er bleibt bis herab auf 20% des Nennstromes praktisch konstant. Bei Leistungsmessungen mit Stromwandlern ist der Fehlwinkel insofern besonders unangenehm, als er das Meßresultat je nach der Größe und dem Sinne der Phasenverschiebung zwischen dem zu messenden Strom und der zu messenden Spannung verschieden beeinflußt. Man wird sich daher bei Leistungsmessungen mit größeren Phasenverschiebungen stets über die Größe dieser Fehler Rechenschaft geben müssen. Die bei Leistungsmessungen auftretenden Verhältnisse werden durch die nachstehenden Diagramme veranschaulicht.

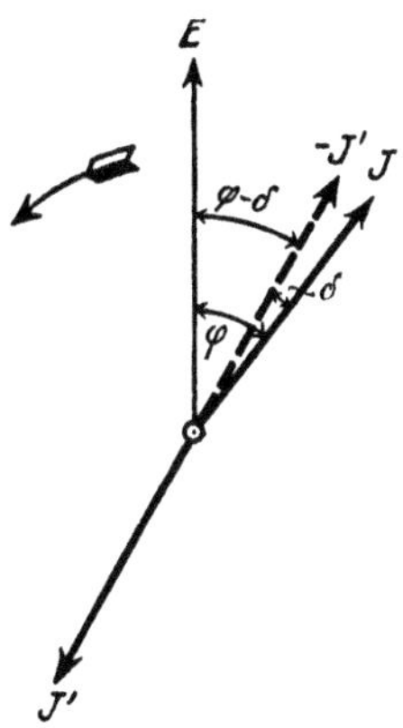

Bild 71. Induktive Belastung (δ positiv).

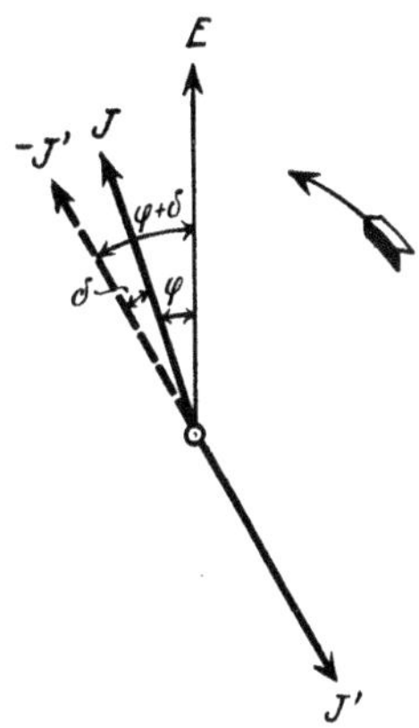

Bild 72. Kapazitive Belastung (δ positiv).

In diesen Bildern bedeutet E die zu messende Spannung und J den zu messenden Strom. Zwischen J und E besteht eine Phasenverschiebung φ. Die zu messende Leistung ist dann

$$P = E \cdot J \cdot \cos \varphi .$$

Der Einfachheit halber sei angenommen, daß der zur Messung

benutzte Stromwandler im Verhältnis 1 : 1 übersetzt. Dann ist der Sekundärstrom J' des Stromwandlers numerisch gleich dem Primärstrom J. Der um 180° herumgeklappte Vektor des Sekundärstromes $-J'$ ist um den Winkel δ gegen den Primärstrom J verschoben. Hierbei wird δ positiv gerechnet, wenn der Vektor $-J'$ vor dem Vektor J voreilt. Der an den Stromwandler angeschlossene Leistungsmesser mißt nun die Leistung, die der Strom $-J'$ und die Spannung E zusammen ergeben. Die vom Leistungsmesser angezeigte Leistung beträgt daher bei induktiver Belastung entsprechend dem Diagramm Bild 71

$$P' = E \cdot J \cdot \cos(\varphi - \delta)\,.$$

Der vom Fehlwinkel δ des Stromwandlers herrührende Fehler in Bruchteilen des Sollwertes beträgt dann

$$\frac{P' - P}{P} = \frac{E \cdot J \cdot \cos(\varphi - \delta) - E \cdot J \cdot \cos\varphi}{E \cdot J \cdot \cos\varphi}$$

$$= \frac{\cos(\varphi - \delta)}{\cos\varphi} - 1$$

$$= \frac{\cos\varphi \cdot \cos\delta + \sin\varphi \cdot \sin\delta}{\cos\varphi} - 1$$

$$= \cos\delta + \operatorname{tg}\varphi \cdot \sin\delta - 1.$$

Da δ sehr klein ist, wird $\cos\delta = 1$ und $\sin\delta = \delta$. Es wird also

$$\frac{P' - P}{P} = \operatorname{tg}\varphi \cdot \delta.$$

Setzt man dann noch δ anstatt im Bogenmaß als Winkel ein, so ist für das Bogenmaß der Wert $\frac{2\pi\delta}{360} = \frac{\pi\delta}{180}$ einzuführen. Wird schließlich δ noch anstatt in Graden in Minuten eingesetzt, was bei den praktisch vorkommenden kleinen Winkeln angebracht ist, so ist der Wert $\frac{\pi\delta}{180 \cdot 60} = \frac{\pi\delta}{10800}$ in obige Gleichung einzuführen. Der prozentuale Fehler wird dann

$$\frac{P' - P}{P} \cdot 100 = \frac{\pi\delta}{108} \cdot \operatorname{tg}\varphi.$$

Der auf diese Weise berechnete prozentische Fehler ist bei induktiver Netzbelastung von der gemessenen Leistung abzuziehen, bei kapazitiver Belastung dagegen zu addieren. Die Formel zeigt, daß sich der durch einen Stromwandler verursachte Meßfehler mit dem Wert von tg φ ändert, d. h. der Fehler ist um so größer, je größer die Phasenverschiebung des untersuchten Wechselstromsystems ist.

Bei **Drehstrommessungen nach der Zwei-Leistungsmesser-methode** kann man den durch den Fehlwinkel des Stromwandlers verursachten Meßfehler in ähnlicher Weise berechnen. Die hierbei auftretenden Verhältnisse ergeben sich aus dem Diagramm Bild 73, das aus den vorhergehenden Diagrammen abgeleitet ist.

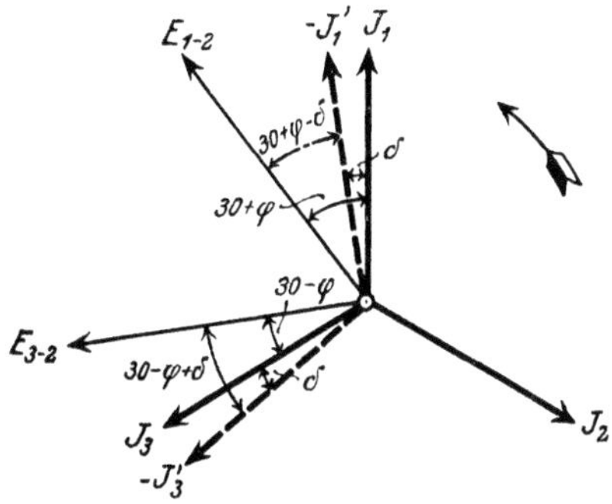

Bild 73. Induktive Belastung (δ positiv).

In diesem Diagramm sind J_1 und J_3 die Vektoren der zu messenden Ströme und E_{1-2} und E_{3-2} die zu messenden Spannungen. Der Sollwert der zu messenden Leistung ist demnach bei einem symmetrischen Drehstromsystem:

$$P = E \cdot J \cdot \cos(30 - \varphi) + E \cdot J \cdot \cos(30 + \varphi) .$$

Tatsächlich werden aber in den beiden Leistungsmessern nicht die Ströme J_1 und J_3, sondern die Ströme $-J_1'$ und $-J_3'$ gemessen. Die von den beiden Leistungsmessern angezeigte Leistung wird dann unter Berücksichtigung der aus dem Diagramm ersichtlichen Phasenverschiebungswinkel

$$P' = E \cdot J \cdot \cos(30 - \varphi + \delta) + E \cdot J \cdot \cos(30 + \varphi - \delta) .$$

Hierbei ist angenommen, daß die Fehlwinkel der beiden in der Schaltung verwendeten Stromwandler gleich groß sind. Der von diesen Fehlwinkeln herrührende Fehler in Bruchteilen des Sollwertes der Leistung ist dann

$$\frac{P'-P}{P} = \frac{E \cdot J \cdot [\cos(30-\varphi+\delta) + \cos(30+\varphi-\delta)]}{E \cdot J \cdot [\cos(30-\varphi) + \cos(30+\varphi)]} - 1$$

$$= \frac{E \cdot J \cdot [\cos(30-\varphi+\delta) + \cos(30+\varphi-\delta)]}{\sqrt{3} \cdot E \cdot J \cdot \cos\varphi} - 1$$

$$= \frac{\cos(30-\varphi+\delta) + \cos(30+\varphi-\delta)}{\sqrt{3} \cdot \cos\varphi} - 1$$

$$= \frac{\cos 30 \cdot \cos(\varphi-\delta) + \sin 30 \cdot \sin(\varphi-\delta) + \cos 30 \cdot \cos(\varphi-\delta) - \sin 30 \cdot \sin(\varphi-\delta)}{\sqrt{3} \cdot \cos\varphi} - 1$$

$$= \frac{2 \cdot \cos 30 \cdot \cos(\varphi-\delta)}{\sqrt{3} \cdot \cos\varphi} - 1$$

Nun ist $\cos 30 = \frac{\sqrt{3}}{2}$, es wird also:

$$\frac{P'-P}{P} = \frac{\cos(\varphi-\delta)}{\cos\varphi} - 1$$

$$= \frac{\cos\varphi \cdot \cos\delta + \sin\varphi \cdot \sin\delta}{\cos\varphi} - 1$$

Bei den kleinen vorkommenden Winkeln ist wieder

$\cos\delta \simeq 1$ und $\sin\delta = \delta$, also wird

$$\frac{P'-P}{P} = \frac{\cos\varphi + \sin\varphi \cdot \delta}{\cos\varphi} - 1$$

$$= \operatorname{tg}\varphi \cdot \delta.$$

Wird δ anstatt im Bogenmaß unmittelbar in Minuten eingesetzt (vgl. S. 106), so ergibt sich:

$$\frac{P'-P}{P} = \frac{\pi\,\delta}{108} \cdot \operatorname{tg}\varphi.$$

Man kommt somit bei der Fehlerberechnung von Drehstromleistungsmessungen zu der gleichen Formel wie bei Einphasenstrom. Es ist nur insofern ein Unterschied, als bei Drehstrom nicht die in den einzelnen Leistungsmessern auftretenden Phasenverschiebungen, sondern die mittlere Phasenverschiebung des Drehstromsystems eingesetzt werden muß. Diese mittlere Phasenverschiebung ergibt sich ohne weiteres aus dem Verhältnis der beiden Zeigerausschläge der Leistungsmesser (vgl. S. 148).

Beispiele: Bei der Untersuchung eines **Einphasensystems** ergab sich ein Leistungsfaktor $\cos\varphi = 0{,}5$. Der zur Messung benutzte Stromwandler war nur etwa mit 20% des Nennstromes belastet. Bei dieser Belastung hat der Stromwandler laut Prüfschein einen Fehlwinkel von $\delta = 30$ Minuten. Der bei der Leistungsmessung durch den Stromwandler verursachte Fehler ergibt sich dann

$$\frac{P' - P}{P} = \frac{\pi\,\delta}{108} \cdot \operatorname{tg}\varphi = \frac{3{,}14 \cdot 30}{108} \cdot 1{,}732 = 1{,}5\% \text{ des Sollwertes.}$$

Da der Leistungsmesser unter den vorliegenden, besonders ungünstigen Verhältnissen nur den zehnten Teil seines Endausschlages gibt, ist die Genauigkeit der Messung hierbei an sich nur gering. Sie wird daher durch den Stromwandler nicht wesentlich verkleinert.

Bei der Untersuchung eines **Drehstromsystems** gab der eine Leistungsmesser einen Ausschlag von 40 und der andere einen von 100 Skalenteilen. Aus der Kurventafel auf S. 148 ergibt sich für ein Verhältnis $\alpha_2 : \alpha_1 = 0{,}4$ ein Leistungsfaktor $\cos\varphi = 0{,}8$, also $\operatorname{tg}\varphi = 0{,}727$. Die zur Messung benutzten beiden Stromwandler haben bei der vorliegenden Strombelastung laut Prüfschein einen Fehlwinkel $\delta = 16$ Minuten. Der durch die Stromwandler verursachte Fehler beträgt dann unter der Voraussetzung, daß die beiden Stromwandler vollkommen gleichartig sind

$$\frac{P' - P}{P} = \frac{\pi\,\delta}{108} \cdot \operatorname{tg}\varphi = \frac{3{,}14 \cdot 16}{108} \cdot 0{,}727 = 0{,}34\% \text{ des Sollwertes.}$$

Dieser Fehler ist aber bei den meisten Messungen vollkommen zu vernachlässigen.

e. Korrektion der Fehler.

Bei den meisten praktisch vorkommenden Messungen kann man die durch den Stromwandler verursachten Meßfehler vernachlässigen, da sie innerhalb der Ablesefehler der Meßinstrumente liegen. Nur bei besonders großen Phasenverschiebungen ist eine gewisse Vorsicht geboten, da hierbei die Meßfehler nach der vorstehend entwickelten Formel eine erhebliche Größe bekommen können. In diesen Fällen und bei besonders genauen Messungen ist daher eine Korrektion der Fehler unter Umständen wünschenswert. Um die Korrektion in möglichst einfacher Weise ausführen zu können, werden den Präzisions-Stromwandlern Korrektionskurven beigegeben, die gleich den Gesamtfehler des Stromwandlers, also Phasenfehler + Stromfehler, berücksichtigen. Die Gesamtfehler sind in diesen Kurven in Form eines Korrektionsfaktors angegeben und als Funktion des Sekundärstromes des Stromwandlers aufgetragen. Da die Größe der von dem Stromwandler bei der Messung verursachten Phasenfehler von dem Phasenverschiebungswinkel (tg φ) des untersuchten Netzes abhängt, ergibt sich für jeden Netzleistungsfaktor cos φ eine besondere Kurve, die ihrerseits wieder nur für eine bestimmte Frequenz und eine bestimmte sekundäre Belastung des Stromwandlers gilt. Als Normalbelastung des Stromwandlers wurde hierbei entsprechend einer vollständigen Meßschaltung ein Leistungsmesser und ein Strommesser der Prüffeldtype angenommen. Man erhält auf diese Weise für jede Stromwandlertype eine Kurvenschar ähnlich der nachstehenden Abbildung:

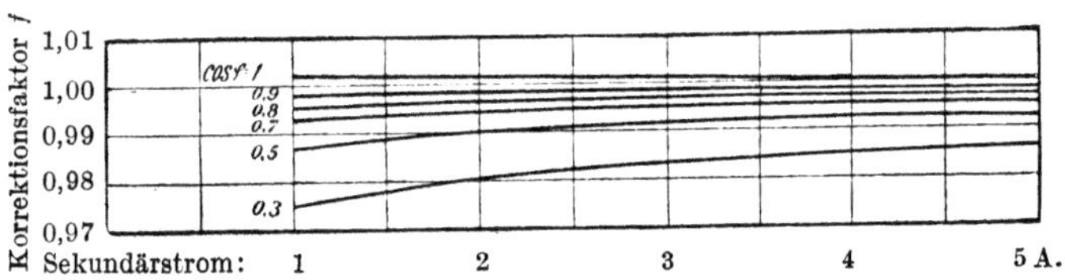

Bild 74. Korrektionskurven für Frequenz 50.

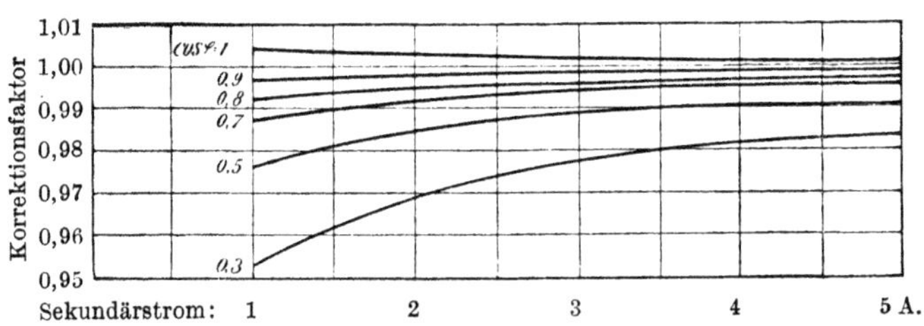

Bild 75. Korrektionskurven für Frequenz 25.

Zur Bestimmung der tatsächlichen Leistung stellt man zunächst den Sekundärstrom des Stromwandlers aus der Ablesung des Strommessers fest und berechnet den Netzleistungsfaktor cos φ. Dann entnimmt man der diesem Leistungsfaktor entsprechenden Kurve den Korrektionsfaktor f für den vorliegenden Sekundärstrom. Mit diesem Korrektionsfaktor f ist dann die gemessene Leistung zu multiplizieren, um die tatsächliche Leistung zu erhalten, also

$$\text{Gemessene Leistung} \cdot f = \text{Tatsächliche Leistung}.$$

Für die Korrektion der Angaben des Strommessers kann die Korrektionskurve für $\cos\varphi = 1$ benutzt werden, da diese im wesentlichen nur den Stromfehler enthält, also

$$\text{Gemessener Strom} \cdot f = \text{Tatsächlicher Strom}.$$

Von der Kurvenform sind die Angaben der Stromwandler praktisch unabhängig, solange die untersuchten Ströme keine Gleichstromkomponente enthalten. Ebensowenig findet eine Verzerrung der Kurvenform statt, so daß die Kurvenformen des Primärstromes und des Sekundärstromes vollkommen übereinstimmen.

3. Präzisions-Spannungswandler.

a. Innerer Aufbau und Isolation.

Auch bei den Präzisions-Spannungswandlern sind die Eisenkerne zur Erzielung möglichst guter elektrischer Eigenschaften vollkommen stoßfugenfrei ausgeführt. Die Wickelung wird auf diese geschlossenen Eisenkerne mittels besonderer Spezialmaschinen aufgebracht. Die Sekundärwickelung für 100 Volt liegt innen, während die für Hochspannung bestimmte, oft mehrfach unterteilte Primärwickelung als Scheibenwickelung darüber liegt. Der Eisenkern mit den Wickelungen wird in ein Eisengehäuse eingesetzt, das bei den Typen bis 15 000 Volt mit Masse ausgegossen wird. Bei höheren Spannungen wird Ölisolation benutzt. Die Durchführung der Leitungsanschlüsse durch den Gehäusedeckel erfolgt mittels zweier glatten Porzellanisolatoren.

Die Isolationsprüfung zwischen Primär- und Sekundärwickelung sowie zwischen Primärwickelung und Gehäuse erfolgt mit der doppelten Nennspannung während der Dauer von 5 Minuten. Die Sekundärwickelung gegen Gehäuse wird 1 Minute lang mit 2000 Volt geprüft.

b. Innere Schaltung der umschaltbaren Spannungswandler.

Die verschiedenen Nennspannungen der umschaltbaren Spannungswandler werden teils durch Umschaltung auf der Primär-

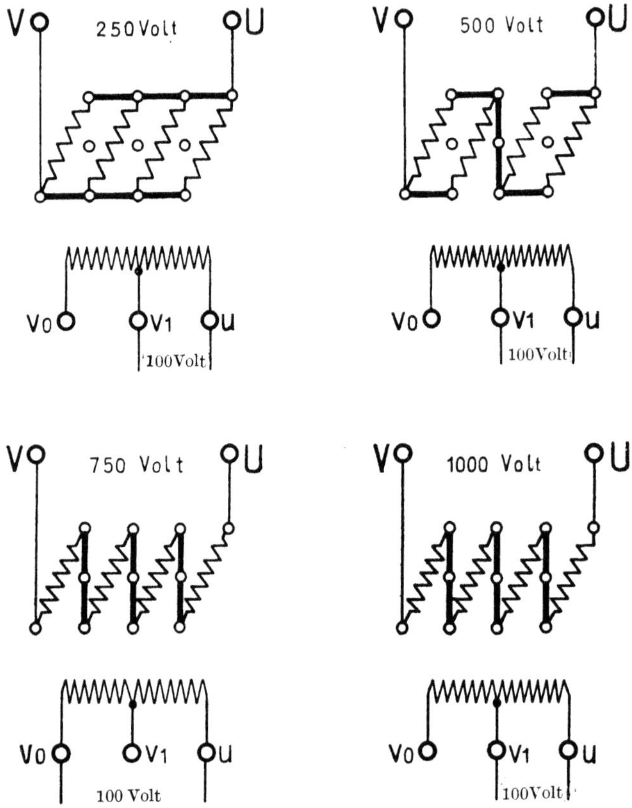

Bild 76 bis 79. Bei den Präzisions-Spannungswandlern der Typenreihe V 121 b erfolgt die Umschaltung im wesentlichen auf der Primärseite. Als Beispiel für die Schaltweise ist oben die Innenschaltung der kleinsten Type V 121 b 2,5 gezeigt. Bei der kleinsten Nennspannung sind alle primären Wickelungsteile parallel geschaltet, bei der mittleren liegen sie in Gruppenschaltung, bei der höchsten Nennspannung in Reihenschaltung. Durch eine sekundäre Zusatzwickelung v_0—v_1 ist noch eine weitere Nennspannung 750 Volt geschaffen.

Tafel 24. Innenschaltung der Präzisions-Spannungswandler.

seite, teils aber auch durch sekundäre Umschaltung erreicht. Die Umschaltung auf der Primärseite bietet den Vorteil, daß das Transformatoreisen für alle Nennspannungen gleich gesättigt ist. Das elektrische Verhalten des Transformators wird demgemäß durch die primäre Umschaltung in keiner Weise geändert. Die sekundäre Umschaltung hat dagegen den Vorzug, daß sie sich in einfacherer Weise und mit geringeren Kosten ausführen läßt. Allerdings muß hierbei der Nachteil in Kauf genommen werden, daß die Leistung für die durch sekundäre Umschaltung gewonnene kleinere Nennspannung erheblich niedriger ist. Dies gilt in gleicher Weise für die Nennspannungen, die durch eine sekundäre Zusatzwickelung erreicht werden. Die sekundäre Umschaltung ist daher nur für Spannungswandler mit großer Leistung zulässig.

Die bei den Typen V 121 b (bisherige Typenbezeichnung Mtr 40) durchgeführte primäre Umschaltung ist in den Schaltbildern auf Tafel 24 dargestellt. Die Primärwickelung ist hierbei in mehrere, elektrisch gleichwertige Wickelungsgruppen zerlegt, die bei der Umschaltung in Parallel-, Gruppen- oder Reihenschaltung verbunden werden. Die hierzu erforderlichen Umschaltungen werden durch kleine Schalthebel, die auf der Marmorplatte des Spannungswandlers angeordnet sind, ausgeführt. Die Umschaltvorrichtung ist derart gebaut, daß auch bei unrichtiger Stellung der Kontakthebel ein Kurzschluß einzelner Spulengruppen nicht vorkommen kann. Zur feineren Unterteilung sind außerdem noch sekundäre Zusatzwickelungen vorgesehen. Die durch diese erzielten zusätzlichen Nennspannungen sind in der Tabelle auf S. 116 dadurch kenntlich, daß die zulässige Sekundärleistung bei ihnen erheblich kleiner ist.

Bei den Typen V 111 b (bisherige Typenbezeichnungen Mtr 222 p und a p) erfolgt die Umschaltung nur auf der Sekundärseite. Hierbei ist die Sekundärwickelung in zwei elektrisch gleichwertige Spulengruppen zerlegt, die entweder parallel oder in Reihe geschaltet werden, wie es die Schaltbilder auf S. 114 zeigen. Man erhält auf diese Weise zwei Nennspannungen, die sich wie 2 : 1 verhalten. Das Umschalten darf auch bei sekundärer Umschaltung keinesfalls unter Spannung erfolgen, da jedes Hantieren am Spannungswandler wegen der Nähe der unter Hochspannung stehenden Teile lebensgefährlich ist.

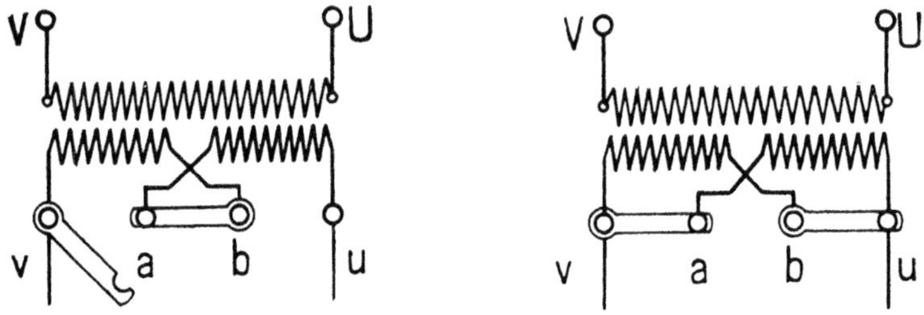

Bild 80 u. 81.
Umschaltung eines Spannungswandlers auf der Sekundärseite.
Links niedere, rechts hohe Nennspannung.

c. Eigenverbrauch und zulässige Belastung.

Da die Spannungswandler im Gegensatz zu den Stromwandlern magnetisch sehr hoch gesättigt sind, besteht ihr Eigenverbrauch in der Hauptsache aus den Eisenverlusten (Leerlaufwatt). Bei den umschaltbaren Spannungswandlern sind die Eisenverluste für alle durch Umschaltung der Primärwickelungen erzielten Nennspannungen gleich groß, da das Transformatoreisen hierbei immer gleich hoch gesättigt ist. Bei sekundärer Umschaltung ändert sich dagegen die Sättigung und demgemäß auch der Verlust im Eisen. Die Kupferverluste können gegenüber den Eisenverlusten vernachlässigt werden, da die Kupferquerschnitte der Wickelungen sehr reichlich bemessen sind, um einen möglichst kleinen Spannungsabfall zu erhalten. In der Tabelle auf S. 116 ist der Gesamteigenverbrauch für die vorstehend beschriebenen Präzisions-Spannungswandler angegeben.

Die Leistung, die der Spannungswandler abgeben kann, ohne daß die Meßgenauigkeitsgrenzen überschritten werden, nennt man die Nennleistung. Diese wird in Voltampere gemessen. Die Zahlenwerte der Nennleistungen sind ebenfalls in der Tabelle auf S. 116 eingetragen. Der Eigenverbrauch der an die Spannungswandler angeschlossenen Meßinstrumente darf die Nennleistung nicht überschreiten. Um feststellen zu können, was an jeden einzelnen Spannungswandler angeschlossen werden kann, ist in der nachstehenden Tabelle der Eigenverbrauch für die wichtigsten tragbaren Meßgeräte angegeben.

Art der anzuschließenden Instrumente		Eigenverbrauch bei 100 Volt und Frequenz 50	25	Leistungsfaktor im Instrument bei Frequenz 50	25
		VA	VA	cos φ	cos φ
Prüffeldtype	Spannungsmesser (Meßbereich 130 Volt)	4,6	4,6	1	1
	Leistungsmesser (Nennspannung 90 V)	3,3	3,3	1	1
Laboratoriumstype	Spannungsmesser (Meßbereich 150 V)	3,3	3,3	1	1
	Leistungsmesser (Nennspannung 120 V)	2,5	2,5	1	1
Betriebstype	Spannungsmesser (Dreheisenmeßwerk, Meßbereich 130 V)	6,3	6,3	1	1
	Leistungsmesser (Eisenschlußmeßwerk, Nennspannung 120 V)	2,5	2,5	1	1
	Leistungsfaktormesser für Einphasenstrom	6,0	5,1	0,82	0,94
	Leistungsfaktormesser für Drehstrom	3,0	3,0	1	1
	Zungenfrequenzmesser	2,0	2,0	1	1
Zähler (SSW)	W 2; W 2 dn	2,6	—	0,45	—
	W 10	2,0	—	0,67	—
	D 5; D 6	2,0	—	0,67	—

Wenn die Einhaltung einer bestimmten Meßgenauigkeit nicht erforderlich ist, können die Spannungswandler noch erheblich höher belastet werden. Die Höchstleistung, die der Spannungswandler abgeben kann, ohne daß die Erwärmung unzulässig hoch wird, bezeichnet man als Grenzleistung. Die Werte für die einzelnen Grenzleistungen und die bei diesen auftretenden Spannungsabfälle sind in der Tabelle auf S. 116 zusammengestellt. Da die Spannungsabfallkurve gradlinig verläuft, kann man sich hieraus auch für jede andere vorkommende Leistung den Spannungsabfall berechnen.

Type	Nennspannungen	Eigenverbrauch bei Leerlauf und Frequenz		Nennleistung bei Frequenz		Grenzleistung bei Frequenz		Spannungsabfall bei Grenzleistung und Frequenz	
		50	25	50	25	50	25	50	25
	Volt	W	W	VA	VA	VA	VA	%	%
V 41 *b* 8	500 bis 4000	8	4,5	20	—	200	—	5	—
V 111 *b* 20	500 bis 5000	—	12	—	25	—	160	—	3,5
	Sekundär umgeschaltet auf 250 bis 2500	—	5	—	8	—	80	—	5,3
	5000 bis 10 000	20	—	75	—	300	—	2	—
	Sekundär umgeschaltet auf 2500 bis 5000	8	—	30	—	150	—	2,5	—
V 111 *b* 30	6000 bis 7500	—	14	—	38	—	300	—	4
	Sekundär umgeschaltet auf 3000 bis 3750	—	6	—	13	—	150	—	6
	12 000 bis 15 000	25	—	100	—	500	—	2,3	—
	Sekundär umgeschaltet auf 6000 bis 7500	10	—	40	—	250	—	3,1	—
V 121 *b* 2,5	250; 500; 1000	6,3	9,5	25	25	300	300	6	6
	750	4	6	20	20	250	250	6	6
V 121 *b* 20	1000; 2000; 4000	4	6	15	15	130	130	4,3	4,3
	1250; 2500; 5000	5	7,5	18	18	170	170	5	5
	1500; 3000; 6000	6,5	9,5	25	25	200	200	4	4
V 121 *b* 30	1000; 2000; 4000; 8000	7	9,5	28	28	270	270	5	5
	1250; 2500; 5000; 10 000	9	14	40	40	330	330	4,1	4,1
	1500; 3000; 6000; 12 000	12	18,5	50	50	400	400	4	4

d. Meßfehler der Spannungswandler.

Die bei Verwendung von Spannungswandlern auftretenden Meßfehler bestehen aus Spannungsfehlern und Phasenverschiebungsfehlern.

Die Spannungsfehler hängen von der Übersetzung und von dem Spannungsabfall des Spannungswandlers ab. Die Übersetzung kann man durch Abnehmen oder Hinzufügen von Windungen stets mit der erforderlichen Genauigkeit abgleichen, um so mehr als die Windungszahlen verhältnismäßig hoch sind. Der bei einer bestimmten Sekundärleistung auftretende Spannungsabfall hängt von dem Querschnitt der Wickelungen und von der Bauart des Wandlers ab. Die vorherbeschriebenen Spannungswandler werden bei Belastung mit der Nennleistung so abgeglichen, daß der Spannungsfehler nicht mehr als 0,5% beträgt. Dieser Fehler bleibt von 100% bis herab auf 20% der Nennspannung praktisch konstant. Vorausgesetzt ist hierbei, daß die angeschlossenen Meßinstrumente stets für die volle Nennspannung des Spannungswandlers bemessen sind. Es ist nicht statthaft, etwa bei halber Spannung die Meßinstrumente auf einen kleineren, halb so großen Meßbereich umzuschalten, da dann der Spannungswandler durch den doppelten Stromverbrauch des Meßinstruments doppelt so stark belastet würde. Die durch die Vergrößerung des Zeigerausschlages erhöhte Ablesegenauigkeit des Meßinstruments würde in diesem Falle durch den größeren Spannungsabfall des Spannungswandlers wieder aufgehoben werden.

Die durch den Fehlwinkel der Spannungswandler verursachten Phasenverschiebungsfehler können praktisch vernachlässigt werden, da der Fehlwinkel im allgemeinen weniger als 20 Minuten beträgt.

Innerhalb des auf den Spannungswandler angegebenen Nennfrequenzbereichs sind die Angaben von der Frequenz unabhängig. Die Kurvenform der Wechselspannung wird durch das Zwischenschalten des Spannungswandlers nicht geändert. Die Kurvenformen des Primärstromes und des Sekundärstromes stimmen daher vollkommen überein. Bedingung ist hierbei nur, daß die Primärspannung keine Gleichstromkomponente enthält.

F. Schalter für Leistungsmessungen.

a. Stromumschalter.

Die Stromumschalter dienen dazu, die Strom-Meßgeräte ohne Stromunterbrechung aus einer Leitung herauszunehmen und in eine andere einzuschalten. Um dies zu ermöglichen, erhalten diese Schalter eine selbsttätige Kurzschlußvorrichtung, durch die die Schalterkontakte beim Herausnehmen der Schaltmesser kurzgeschlossen und beim Einlegen der Schaltmesser getrennt werden. Die nach dem Vorschlag des Verfassers ausgebildete Kurzschlußvorrichtung besteht aus einem segmentförmigen Schaltstück, das durch einen Mitnehmerstift des Schaltmessers betätigt wird. Da die für dieses Schaltstück vorgesehenen Hilfskontakte die gleichen Abmessungen haben wie die Schalterkontakte, kann die Kurzschlußvorrichtung dauernd den vollen Nennstrom des Schalters tragen. Die Ausführung der Schalter ist aus den nebenstehenden Bildern 82 und 83 ersichtlich. Die Schalter werden für Nennströme bis 200 Ampere und Nennspannungen bis 750 Volt hergestellt.

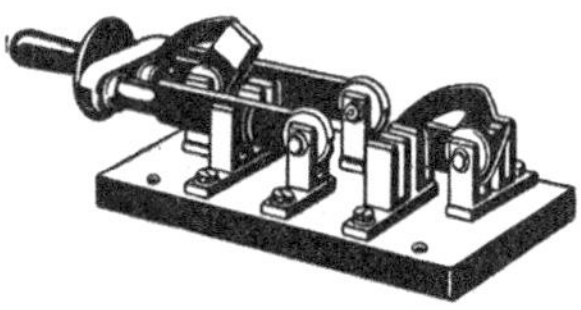

Bild 82.
Zweipoliger Umschalter.

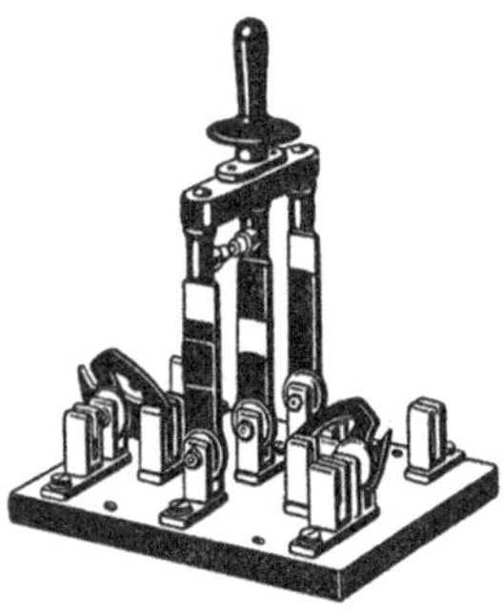

Bild 83.
Dreipoliger Umschalter.

Im Schaltbild *a* auf Tafel 25 ist die normale Verwendung des Stromumschalters dargestellt. Das Meßgerät kann bei dieser Schaltung wahlweise in die obere oder untere Leitung eingeschaltet werden, ohne daß der Strom in diesen Leitungen unterbrochen wird. Die Mittelstellung des Schalters kann bei den Niederspannungsschaltern zum Abschalten des Meßgerätes benutzt werden. Das Schaltbild *b* zeigt die Verwendung des Umschalters als Stromwender. Die Wendung des Instrumentstromes geschieht auch hier ohne Unterbrechung des Hauptstromes. In der Mittelstellung ist das Meßgerät vollständig abgetrennt, also strom- und spannungslos. In Schaltbild *c* endlich dient der Umschalter als Meßbereichwähler. Hierbei können zwei

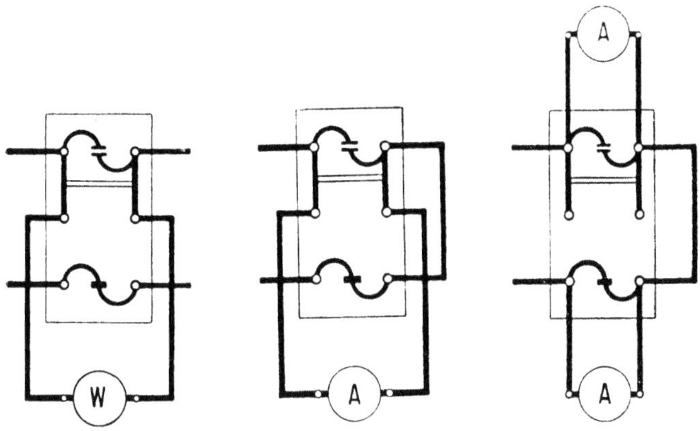

a b c

Bild 84 bis 86. Schaltungen für Stromumschalter.

a) Verwendung als Stromumschalter; b) Verwendung als Stromwender; c) Verwendung als Meßbereichumschalter.

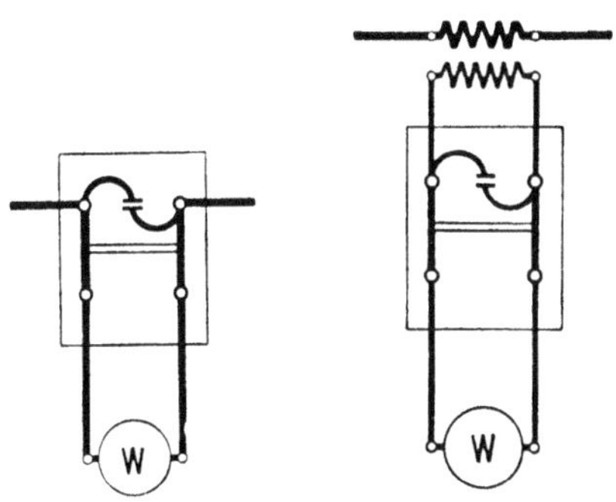

d e

Bild 87 u. 88. Schaltungen für Stromabschalter.

d) Abschalter für direkte Messungen; e) Abschalter auf der Sekundärseite von Stromwandlern.

Tafel 25. Schalter für Leistungsmessungen.

Meßgeräte mit verschiedenen Meßbereichen wahlweise eingeschaltet oder kurzgeschlossen werden.

Außer der normalen zweipoligen Ausführung wird noch ein dreipoliger Stromumschalter zum Anschluß an Strom- und Spannungswandler hergestellt. Der dritte Pol des Schalters dient hierbei zur gleichzeitigen Umschaltung einer Spannungsmeßleitung auf einen anderen Netzpol (vgl. Schaltbild 10 auf S. 159).

b. Stromabschalter.

Die Stromabschalter dienen dazu, die Strommeßgeräte ohne Stromunterbrechung aus einer Leitung herauszunehmen oder sie in dieselbe Leitung einzuschalten. Zu diesem Zweck erhalten die Abschalter eine selbsttätige Kurzschlußvorrichtung, durch die die Schalterkontakte beim Herausnehmen der Schaltmesser kurzgeschlossen und beim Einlegen der Schaltmesser getrennt werden. Die Kurzschlußvorrichtung ist in gleicher Weise ausgebildet wie die im vorhergehenden Abschnitt beschriebene Kurzschlußvorrichtung der Stromumschalter.

Im Schaltbild *d* auf Tafel 25 ist die normale Verwendung des Abschalters für direkte Messungen dargestellt. Hierbei kann der Abschalter dazu benutzt werden, die Meßgeräte während längerer Meßpausen ohne Störung des Betriebes stromlos zu machen, man kann aber die Abschalter auch dazu verwenden, die stromlos gemachten Meßgeräte ohne Betriebsunterbrechung gefahrlos auf einen anderen Meßbereich umzuschalten. Mit Spannungswickelungen versehene Instrumente wie Leistungsmesser und Leistungsfaktormesser müssen allerdings hierbei auch spannungslos gemacht werden, d. h. es müssen die vom anderen Netzpol kommenden Spannungsleitungen abgetrennt werden. Dies geschieht, falls nicht besondere Spannungsabschalter vorgesehen sind, durch Herausnehmen der Sicherungen. Besonders wichtig ist die im Schaltbild *e* dargestellte Verwendung des Abschalters auf der Sekundärseite von Stromwandlern, da hier ein unbeabsichtigtes Öffnen des Sekundärkreises eine Beschädigung des Stromwandlers zur Folge haben würde.

Zweiter Teil.

Meßschaltungen.

A. Allgemeines über Wechselstrom-Leistungsmessungen.

a. Scheinleistung, Wirkleistung und Blindleistung.

Während die Leistung bei Gleichstrom durch das Produkt aus Strom und Spannung eindeutig bestimmt ist, gibt dieses Produkt bei Wechselstrom nur eine scheinbare Leistung, die Scheinleistung, an.

$$P_s = E \cdot J \; .$$

Diese Scheinleistung wird in Voltampere gemessen. Es ist dies die Leistung, die man nach der vorhandenen Größe der Spannung E und des Stromes J zunächst vermuten würde. Zahlenmäßig stellt dieser Wert den Höchstwert der Leistung dar, die mit der gegebenen Spannung und dem gegebenen Strom erreicht werden kann. Die tatsächlich zur Wirkung kommende Leistung, die Wirkleistung, ist indessen meist erheblich kleiner. Sie wird erst durch einen dritten Faktor, den Leistungsfaktor $\cos\varphi$, bestimmt. Die Wirkleistung ist demnach

$$P = E \cdot J \cdot \cos\varphi \; .$$

Die Wirkleistung wird in Watt gemessen und daher oftmals auch als Wattleistung bezeichnet. Erreicht der Leistungsfaktor seinen Höchstwert 1, so wird die Wirkleistung gleich der Scheinleistung. Aus den Formeln für die Scheinleistung und die Wirkleistung ergibt sich die Definition des Leistungsfaktors als das Verhältnis von Wirkleistung zu Scheinleistung

$$\cos\varphi = \frac{P}{P_s} = \frac{P}{E \cdot J}$$

Der Leistungsfaktor kann demgemäß ohne weiteres berechnet werden, wenn man aus einer Messungsreihe die Größen von Wirkleistung, Strom und Spannung kennt. Er kann auch mittels der auf S. 79 beschriebenen Leistungsfaktormesser direkt gemessen werden.

Die Größe des Leistungsfaktors hängt ab von der Größe der Magnetisierungsströme, die zur Erzeugung der Magnetfelder in den Induktionsmotoren und Transformatoren benötigt werden. Diese Ströme sind ihrer Natur nach wattlos, d. h. sie stellen keinen Energiewert dar. Sie werden daher als wattlose oder Blindströme bezeichnet. Diese Blindströme haben den schwerwiegenden Nachteil, daß sie den in den Leitungen fließenden Strom nutzlos vergrößern und damit die durch die Leitungen übertragbare Wirkleistung verkleinern. Das Produkt aus dem Blindstrom $J \cdot \sin\varphi$ und der Spannung E bezeichnet man als Blindleistung.

$$P_b = E \cdot J \cdot \sin\varphi\,.$$

Die im ersten Teile des Buches beschriebenen Leistungsmesser messen durchweg nur die Wirkleistung. Es ist dies insofern angebracht, als bei Wirkungsgradbestimmungen von Maschinen stets die tatsächlich der Maschine zugeführte bzw. von der Maschine abgenommene Leistung in Frage kommt. Die Messung der Blindleistung hat erst in letzter Zeit durch die Tarifpolitik der Elektrizitätswerke, die darauf hinausläuft, den Konsumenten mit den durch den Blindstrom verursachten Kosten zu belasten, an Bedeutung gewonnen. Man kann die Blindleistung ohne weiteres aus den Angaben der bisherigen Leistungsmesser für Wirkleistung berechnen, indem man den Leistungsfaktor $\cos\varphi$ und daraus den Wert $\sin\varphi$ bestimmt. Es werden aber neuerdings auch direkt zeigende Blindleistungsmesser gebaut. Diese unterscheiden sich von den Wirkleistungsmessern nur dadurch, daß der Spannungsstrom durch eine Drosselspule um $90°$ gegen die angelegte Spannung verschoben wird. Das Instrument gibt dann bei $\cos\varphi = 0$ den größten Ausschlag und bei $\cos\varphi = 1$ den Ausschlag 0, so daß der Zeigerausschlag eine Funktion von $\sin\varphi$ wird. Da man jedoch die Blindleistung, wie schon vorher gesagt, aus den Angaben der normalen Präzisions-Leistungsmesser einwandfrei berechnen kann, haben die Blindleistungsmesser als anzeigende Instrumente keine größere praktische Bedeutung. Wichtig sind sie dagegen in der Ausführung als Blindleistungszähler für die tarifmäßige Berechnung der Blindleistung.

b. Direkte Leistungsmessungen.

Bei der Messung einer Wechselstromleistung handelt es sich, abgesehen von vorstehend erwähnten Spezialfällen, stets um die Bestimmung der Wirkleistung oder des Leistungsfaktors. Je nach der Art, wie diese Messungen ausgeführt werden, unterscheidet man zwischen direkten, halbindirekten und indirekten Messungen.

Bei der direkten Messung liegen die Meßinstrumente direkt im Stromkreise bzw. an der zu messenden Spannung. Man verwendet für diese Messungen in erster Linie die elektrodynamischen Präzisionsinstrumente der Laboratoriumstype, die auf S. 9 beschrieben sind. Mit dieser Instrumenttype können Messungen mit Stromstärken bis zu 400 Ampere ausgeführt werden. Für die Spannung gibt es praktisch keine obere Grenze, da die Instrumente dieser Type meist mit einer Hochspannungsausrüstung versehen sind, wodurch die bei höheren Spannungen auftretenden Störungen durch elektrische Ladungserscheinungen vermieden werden. Die normalen Ausführungen sehen Widerstände für Spannungen bis zu 6000 Volt vor. Darüber hinaus wird man schon wegen der Gefahren bei der direkten Hochspannungsmessung kaum gehen, wenn nicht besondere Gründe, wie z. B. das Auftreten von erheblichen Gleichstromkomponenten in der Strom- oder in der Spannungskurve (bei Messungen an Lichtbogenöfen), die Verwendung von Meßwandlern nicht ratsam erscheinen lassen.

c. Halbindirekte Leistungsmessungen.

Für mittlere Spannungen — bis etwa 600 Volt — ist es oft vorteilhaft, den Strom indirekt und die Spannung direkt zu messen. Bei der indirekten Strommessung liegen die Meßinstrumente auf der Sekundärseite von Stromwandlern. Die Stromwandler dienen dann als Meßbereichwähler und ermöglichen es, die Instrumente der Prüffeldtype für alle Strommeßbereiche in ähnlicher Weise zu benutzen, wie dies bei Gleichstrom durch Verwendung eines Instruments mit einer Reihe von äußeren Nebenwiderständen geschieht. Die Spannungen werden bei dieser Schaltung ebenso wie bei der direkten Messung unter Benutzung äußerer Vorwiderstände gemessen. Um Potentialdifferenzen zwischen der Feldspule und der Spannungsspule des Leistungsmessers zu vermeiden, ist es bei einer derartigen Schaltung stets erforderlich, die Primär- und die Sekundärwickelung des Stromwandlers kurz zu verbinden. Hierdurch erhalten die Instrumente das Potential der Primärleitung; es sind daher die gleichen Vorsichtsmaßregeln zu beachten wie bei der direkten Messung.

Die direkte Messung des Stromes und die indirekte Messung der Spannung kommt nur für Messungen mit besonders kleinen Leistungsfaktoren in Frage, da hierbei die Verwendung von Stromwandlern nicht angängig ist (vgl. S. 196). Bei Hochspannung bietet eine derartige Schaltung den Vorteil, daß der Eigenverbrauch der Spannungskreise durch die Verwendung von Spannungswandlern wesentlich kleiner wird als bei Vorwiderständen. Um Potentialdifferenzen in den Meßinstrumenten zu vermeiden, muß man jedoch in jedem Falle die Primär- und Sekundärwickelung des Spannungswandlers kurz verbinden, so daß die Sekundärwickelung und die Meßinstrumente das Potential der Hochspannungsleitung bekommen.

d. Indirekte Leistungsmessungen.

Bei der indirekten Messung werden Strom- und Spannungswandler benutzt. Die Meßinstrumente liegen hierbei durchweg auf der Sekundärseite der Meßwandler. Da diese einen Nennstrom von 5 Ampere und eine Nennspannung von 100 bzw. 110 Volt besitzen, kommt man bei diesen Messungen mit nur einem Satz Instrumente für 5 Ampere und 100 bzw. 130 Volt aus. Man benutzt zweckmäßig die auf S. 41 beschriebenen Präzisionsinstrumente der Prüffeldtype. Die Möglichkeit, mit einem Instrumentsatz sowohl bei der Kontrolle als auch bei der Messung alle Meßbereiche beherrschen zu können, bedeutet namentlich bei ambulanten Messungen einen wesentlichen Vorzug, da man stets nur einen Satz Instrumente mitzuführen braucht. Da ferner bei der indirekten Messung alle abzulesenden Instrumente nur Niederspannung führen und außerdem noch geerdet werden, sind alle Gefahren, Unbequemlichkeiten und meßtechnischen Schwierigkeiten der direkten Hochspannungsmessungen vermieden. Man sollte daher, wenn irgend möglich, für Hochspannung stets die indirekte Messung bevorzugen.

B. Einphasenstrom-Leistungsmessungen.

1. Direkte Messungen.

a. Leistungsformel für direkte Messungen.

Die Leistung eines Einphasenstromes beträgt ganz allgemein:

$$P = E \cdot J \cdot \cos \varphi \qquad \text{Watt.}$$

Bei der direkten Messung ergibt sich der Wert P dieser Leistung unmittelbar aus den Angaben des Leistungsmessers (vgl. S. 28 und 58):

$$P = C \cdot c \cdot \alpha \qquad \text{Watt.}$$

Zur Bestimmung des Leistungsfaktors ist außer der Leistungsmessung noch die Messung des Stromes und der Spannung erforderlich. Ist J der gemessene Strom und E die gemessene Spannung, so ist der Leistungsfaktor

$$\cos \varphi = \frac{P}{E \cdot J}$$

Da der Leistungsfaktor in den meisten Fällen bestimmt werden muß, wird man in einer vollständigen Meßschaltung außer dem Leistungsmesser stets auch noch einen Strom- und einen Spannungsmesser vorsehen.

b. Meßschaltungen.

Die für die Ausführung einer Messung erforderliche vollständige Meßschaltung hängt von der äußeren Schaltung der benutzten Meßinstrumente ab. Man kann für die direkten Messungen je nach der gewünschten Meßgenauigkeit Laboratoriums- oder Betriebsinstrumente verwenden. Zweigt man die Spannungsleitungen vor den Strommeßgeräten ab, so kommt man zu der in Schaltbild 1 A dargestellten Schaltung, zweigt man andererseits die Spannungsleitungen erst hinter den Strommeßgeräten ab, so folgt Schaltung 1 B.

Bei diesen Schaltungen sind die Schaltregeln auf S. 26 in folgender Weise berücksichtigt: Die Vorwiderstände sind an diejenige Spannungsklemme angeschlossen, die nicht mit der Feldspule verbunden ist. Infolgedessen beträgt die Spannung zwischen der Feldspule und der beweglichen Spannungsspule des Leistungsmessers höchstens 30 Volt (entsprechend der 1000-Ohm-Klemme des Leistungsmessers). Die Schaltregel 1 ist also erfüllt. Ent-

A. B.

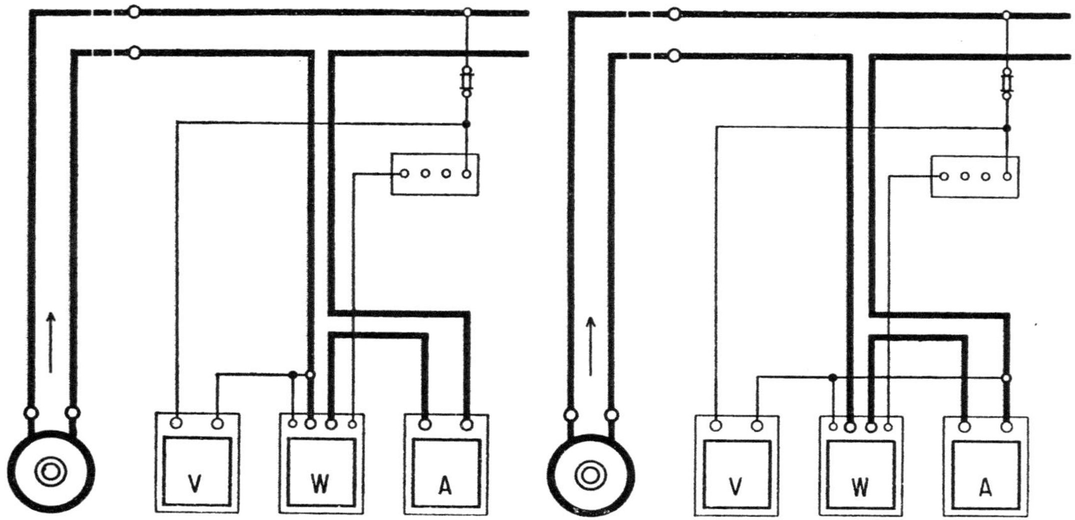

$P = C \cdot c \cdot \alpha$ Watt.

Schaltbild 1. Normalschaltungen für direkte Einphasenstrom-Leistungsmessungen. (Bild 89.)

sprechend der Schaltregel 2 tritt der vom links liegenden Stromerzeuger kommende Strom in zwei benachbarte Strom- und Spannungsklemmen des Leistungsmessers (z. B. die beiden linken Klemmen) ein, so daß der Zeigerausschlag im richtigen Sinne erfolgen muß. Die vom anderen Leitungspol in die Meßschaltung führende Spannungsleitung ist nach Schaltregel 3 gesichert.

c. Eigenverbrauch der Meßschaltung.

Durch den verschiedenen Anschluß der Spannungsleitungen in den Schaltbildern 1 A und 1 B ergeben sich für die Messung folgende Unterschiede. Einesteils unterscheiden sich die bei beiden Schaltungen gemessenen Spannungen durch den Spannungsabfall in den Strommeßgeräten, andernteils sind aber auch die gemessenen Ströme bei beiden Schaltungen verschieden, da der von den Spannungsmeßgeräten verbrauchte Strom bei Schaltung A nicht durch die Feldspule des Leistungsmessers fließt, während er bei Schaltung B mitgemessen wird. Die hierdurch verursachten Meßfehler beeinflussen das Meßergebnis in verschiedener Weise, je nachdem ob die Leistung eines Stromerzeugers oder die eines Stromverbrauchers gemessen wird.

Bei der Untersuchung eines Stromerzeugers wird bei Schaltung A zwar die richtige Spannung gemessen, aber der gemessene Strom ist zu klein, da der Stromverbrauch der Spannungsmeßgeräte nicht mitgemessen wird. Die gemessene Leistung ist also um den Eigenverbrauch des Spannungskreises des Leistungsmessers und den Eigenverbrauch des Spannungsmessers zu klein. Bei Schaltung B wird zwar der gesamte vom Stromerzeuger kommende Strom gemessen, dafür ist aber die gemessene Spannung um den Spannungsabfall in den Strommeßgeräten zu klein. Infolgedessen ist die gemessene Leistung um den Eigenverbrauch der Feldspule des Leistungsmessers und den Eigenverbrauch des Strommessers zu klein.

Bei der Untersuchung eines Stromverbrauchers wird bei Schaltung A der gesamte vom Stromverbraucher aufgenommene Strom gemessen. Die gemessene Spannung ist aber um den Spannungsabfall in den Strommeßgeräten zu hoch. Die vom Leistungsmesser angezeigte Leistung ist also um den Eigenverbrauch der Feldspule des Leistungsmessers und den des Strommessers zu hoch. Bei Schaltung B wird zwar die richtige Klemmenspannung am Stromverbraucher gemessen, dafür ist aber der gemessene Strom um den Stromverbrauch der Spannungsmeßgeräte zu hoch. Die gemessene Leistung ist daher um den Eigenverbrauch des Spannungskreises des Leistungsmessers und den Eigenverbrauch des Spannungsmessers zu hoch.

Um die Wahl der zweckmäßigsten Schaltung zu erleichtern, sind die Korrektionsglieder für beide Schaltungen nachstehend tabellarisch zusammengestellt.

Es soll gemessen werden die Leistung des	Schaltung	Die wirkliche Leistung ergibt sich aus gemessener Leistung	Bei höheren Spannungen treten die kleinsten Fehler auf bei Schaltung
Stromerzeugers	A	+ {Eigenverbrauch des Spannungsmessers und des Spannungskreises des Leistungsmessers}	B
	B	+ {Eigenverbrauch des Strommessers und der Feldspule des Leistungsmessers}	
Stromverbrauchers	A	— {Eigenverbrauch des Strommessers und der Feldspule des Leistungsmessers}	A
	B	— {Eigenverbrauch des Spannungsmessers und des Spannungskreises des Leistungsmessers}	

Für die meisten praktischen Fälle kann man auf eine Korrektion des gemessenen Wertes verzichten, wenn man die Schaltung wählt, die die kleinsten Fehler ergibt. Sollen die Fehler berücksichtigt werden, was namentlich bei der Messung kleinerer Leistungen wünschenswert ist, so sind die Schaltungen vorzuziehen, bei denen der Eigenverbrauch des Spannungskreises des Leistungsmessers und des Spannungsmessers als Korrektionsglieder auftreten. Dies ergibt auf der einen Seite den Vorteil, daß sich die Korrektionsglieder aus den bekannten Widerständen nach der Beziehung $E^2 : R$ leicht berechnen lassen, andererseits aber ist das Korrektionsglied für eine ganze Messungsreihe mit konstanter Spannung konstant.

d. Rechnungsbeispiel.

Es soll die von einem Wechselstrommotor aufgenommene Leistung bestimmt werden. Die Netzspannung beträgt 500 Volt. Nach vorheriger Schätzung ergab sich ein Höchststrom von 50 Ampere. Es wurden daher Instrumente der Laboratoriumstype, und zwar ein Leistungsmesser für 50 Ampere nebst äußerem Vorwiderstand für 600 Volt, ein Strommesser für 50 Ampere und ein Spannungsmesser für 600 Volt gewählt und nach Schaltbild 1 auf S. 126 angeschlossen. Wie groß ist die Leistung, wenn der Leistungsmesser einen Ausschlag von 90 Skalenteilen ergibt?

Instrumentkonstante des Leistungsmessers (vgl. S. 24): $c = \frac{50 \cdot 30}{150} = 10,$

Widerstandskonstante (vgl. S. 25): $C = \frac{600}{30} = 20.$

Die Leistung beträgt also:

$$P = C \cdot c \cdot \alpha = 20 \cdot 10 \cdot 90 = 18\,000 \text{ Watt.}$$

Während der Messung zeigte der Spannungsmesser eine Spannung $E = 500$ Volt, der Strommesser einen Strom $J = 42{,}5$ Ampere. Der Leistungsfaktor des Motors ergibt sich hieraus zu

$$\cos\varphi = \frac{P}{E \cdot J} = \frac{18\,000}{500 \cdot 42{,}5} = 0{,}85.$$

Bei **Schaltung A** betragen die durch den Eigenverbrauch der Instrumente verursachten Fehler:

Eigenverbrauch der Feldspule des Leistungsmessers (bei vollem Strom etwa 4 Watt; vgl. S. 23):	$4 \cdot \frac{42{,}5^2}{50^2} = 2{,}9$ Watt
Eigenverbrauch des Strommessers (bei vollem Strom etwa 15 Watt; vgl. S. 34):	$15 \cdot \frac{42{,}5^2}{50^2} = 10{,}8$ Watt
	Summe 13,7 Watt

Da der Eigenverbrauch des elektrodynamischen Strommessers verhältnismäßig hoch ist, wird man den Strommesser während der Ablesung des Leistungsmessers durch den Kurzschlußstöpsel kurzschließen. Es ist dann als Fehler nur der Eigenverbrauch der Feldspule des Leistungsmessers, also 2,9 Watt, zu berücksichtigen. Der hierdurch verursachte Fehler beträgt nur 0,016% der gemessenen Leistung und kann vernachlässigt werden.

Bei **Schaltung B** ergeben sich folgende Fehler:

Eigenverbrauch des Leistungsmesser-Spannungskreises (Widerstand $C \cdot 1000$ Ohm; vgl. S. 24): $\frac{E^2}{R} = \frac{500^2}{20 \cdot 1000} = 12{,}5$ Watt

Eigenverbrauch des Spannungsmessers (Widerstand etwa 20000 Ohm; vgl. S. 38): $\frac{E^2}{R} = \frac{500^2}{20000} = 12{,}5$ Watt

Summe 25 Watt

Der Leistungsmesser würde also bei Schaltung B um 25 Watt zuviel anzeigen, was einem Fehler von 0,14% entspricht. Der Fehler ist demnach größer als bei Schaltung A.

2. Halbindirekte Messungen.

a. Leistungsformel für halbindirekte Messungen.

Bei der halbindirekten Messung mit Stromwandlern als Strommeßbereichwählern und Vorwiderständen für den Spannungskreis ergibt sich die gemessene Leistung nach den Angaben auf S. 46

$$P = \frac{J_n}{5} \cdot C \cdot c \cdot \alpha \qquad \text{Watt.}$$

Der Leistungsfaktor wird aus dem ebenfalls gemessenen Strome J und der gemessenen Spannung E berechnet

$$\cos \varphi = \frac{P}{E \cdot J}$$

Bei besonders genauen Messungen müssen noch die Stromfehler und Phasenverschiebungsfehler der Stromwandler berücksichtigt werden, wie auf S. 110 gezeigt ist. Die korrigierte Leistung beträgt dann

$$P = \frac{J_n}{5} \cdot C \cdot c \cdot \alpha \cdot f \qquad \text{Watt.}$$

b. Meßschaltungen.

Die zur Ausführung einer Messung erforderliche vollständige Meßschaltung folgt aus der äußeren Schaltung der benutzten

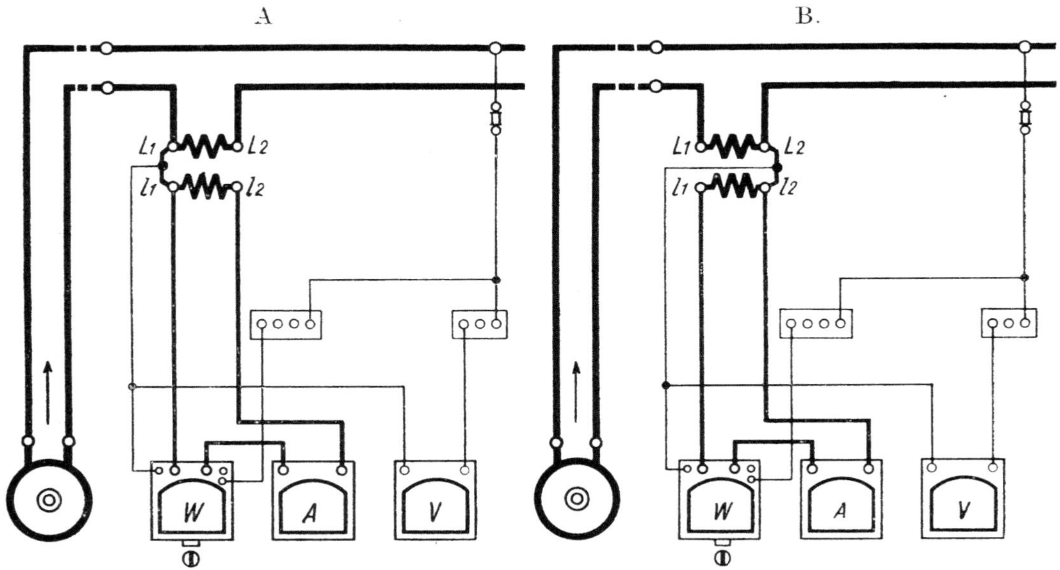

$$P = \frac{J_n}{5} \cdot C \cdot c \cdot \alpha \quad \text{Watt.}$$

Schaltbild 2. Normalschaltungen für halbindirekte Einphasenstrom-Leistungsmessungen. (Bild 90.)

Meßinstrumente. Je nach der gewünschten Meßgenauigkeit wird man bei den halbindirekten Messungen Prüffeld- oder Betriebsinstrumente verwenden. Zweigt man die Spannungsleitungen der Meßinstrumente vor dem Stromwandler an der Klemme L_1 ab, so ergibt sich die in Schaltbild 2 A dargestellte Schaltung. Werden die Spannungsleitungen dagegen erst hinter dem Stromwandler, also an Klemme L_2 abgezweigt, so folgt Schaltung 2 B. Bei diesen Schaltungen sind die auf S. 26 angegebenen Schaltregeln für Meßinstrumente und die auf S. 92 angegebenen Regeln für Meßwandler in folgender Weise berücksichtigt.

Nach der Meßwandler-Schaltregel 6 ist die Primärwicklung des Stromwandlers mit der Sekundärwicklung kurz verbunden, so daß schädliche Potentialdifferenzen im Leistungsmesser vermieden werden (vgl. Schaltregel 1 auf S. 26). Durch diese Verbindung $L_1 - l_1$ bzw. $L_2 - l_2$ erhalten aber auch die angeschlossenen Meßinstrumente das Potential der zugehörigen Primärleitung; es sind daher die gleichen Vorsichtsmaßregeln zu beachten, wie bei der direkten Messung. Da die Klemmen des Stromwandlers stets so bezeichnet sind, daß die Stromrichtung in den Meßinstrumenten durch die Zwischenschaltung des Meßwandlers nicht geändert wird, muß der Leistungsmesser entsprechend der Schaltregel 2 einen richtigen Ausschlag in die Skala hinein geben. Nach Schaltregel 3 ist endlich die vom anderen Leitungspol in die Meßschaltung führende Spannungsleitung gesichert.

Die **Höhe der zulässigen Spannung** ist für diese Schaltung durch die Stärke der Isolation zwischen der Sekundärwicklung und dem Gehäuse des Stromwandlers gegeben. Bei den Präzisions-Stromwandlern wird die Isolation zwischen Sekundärwicklung und Gehäuse mit 2000 Volt geprüft, so daß betriebsmäßig Spannungsdifferenzen bis zu 1000 Volt zulässig sind. Normalerweise wird die Schaltung für Spannungen bis 600 Volt angewendet. Soll die Schaltung ausnahmsweise (z. B. bei sehr niedrigen Frequenzen, für die die Spannungswandler sehr groß und schwer ausfallen) für höhere Spannungen benutzt werden, so sind die Stromwandler und sämtliche angeschlossenen Meßgeräte für die volle Betriebsspannung isoliert aufzustellen. Zur Vermeidung von störenden Ladungserscheinungen sind hierbei die mit Hochspannungsausrüstung versehenen Instrumente der Laboratoriumstype zu benutzen (vgl. S. 13).

c. Eigenverbrauch der Meßschaltung.

Durch den verschiedenen Anschluß der Spannungsleitungen in den Schaltbildern 2 A und 2 B ergeben sich für die Messung folgende Unterschiede. Einerseits unterscheiden sich die bei beiden Schaltungen gemessenen Spannungen durch den Spannungsabfall in dem mit den Strommeßgeräten belasteten Stromwandler, andererseits sind aber auch die gemessenen Ströme verschieden, da der Stromverbrauch der Spannungsmeßgeräte nur bei Schaltung B mitgemessen wird. Die hierdurch verursachten Meßfehler beeinflussen das Meßergebnis in verschiedener Weise, je nachdem ob die Leistung eines Stromerzeugers oder eines Stromverbrauchers gemessen wird. Im allgemeinen gelten hierfür die gleichen Gesichtspunkte wie auf S. 127, jedoch ist zu beachten, daß zu dem Eigenverbrauch der Strommeßgeräte noch der Eigenverbrauch des Stromwandlers hinzukommt.

Um die **Wahl der zweckmäßigsten Schaltung** zu erleichtern, sind in der folgenden Tabelle die Korrektionsglieder für beide Schaltungsmöglichkeiten zusammengestellt.

Es soll gemessen werden die Leistung des	Schaltung	Die wirkliche Leistung ergibt sich aus gemessener Leistung	Die kleinsten Fehler treten auf bei Schaltung
Stromerzeugers	A	+ {Eigenverbrauch des Spannungsmessers und des Spannungskreises des Leistungsmessers}	A
	B	+ {Eigenverbrauch des Stromwandlers, des Strommessers und der Feldspule des Leistungsmessers}	
Stromverbrauchers	A	− {Eigenverbrauch des Stromwandlers, des Strommessers und der Feldspule des Leistungsmessers}	B
	B	− {Eigenverbrauch des Spannungsmessers und des Spannungskreises des Leistungsmessers}	

Für die meisten praktischen Fälle kann man auf eine Korrektion des gemessenen Wertes verzichten, wenn man die Schaltung wählt, die die kleinsten Fehler ergibt. Da für Spannungen bis 1000 Volt der Eigenverbrauch des Stromwandlers erheblich höher ist als der Eigenverbrauch der Spannungskreise, so werden diejenigen Schaltungen die günstigsten sein, bei denen der Eigenverbrauch des Spannungskreises des Leistungsmessers und des Spannungsmessers als Fehlergröße auftritt. Diese Schaltungen sind auch dann vorteilhaft, wenn die Fehler bei besonders genauen Messungen berücksichtigt werden sollen, da sich die Korrektionsglieder einfacher berechnen lassen.

d. Rechnungsbeispiel.

Es soll die von einem Wechselstrommotor aufgenommene Leistung bestimmt werden. Die Netzspannung beträgt 210 Volt. Nach einer Überschlagsrechnung beträgt der Strom etwa 50 Ampere. Zur Messung sollen die Instrumente der Prüffeldtype, und zwar ein Leistungsmesser für 5 Ampere, 90 Volt, mit 1000-Ohm-Klemme und 150-teiliger Skala, ein Strommesser für 5 Ampere mit 100-teiliger Skala und ein Spannungsmesser für 130 Volt benutzt werden. Für den Leistungsmesser ist ein Vorwiderstand für 240 Volt zum Anschluß an die 1000-Ohm-Klemme, für den Spannungsmesser ein Vorwiderstand für 260 Volt zu verwenden. Die Feldspule des Leistungsmessers und der Strommesser werden entsprechend dem Schaltbild 2 auf S. 131 an einen Präzisions-Stromwandler für 50 : 5 Ampere angeschlossen.

Wie groß ist die Leistung, wenn der Leistungsmesser einen Ausschlag von 100 Skalenteilen gibt?

Instrumentkonstante des Leistungsmessers (für 5 Ampere; 1000 Ohm; vgl. S. 24): $c = \frac{5 \cdot 30}{150} = 1$

Widerstandskonstante (für 240 Volt; vgl. S. 25): $C = \frac{240}{30} = 8$

Übersetzung des Stromwandlers (mit 5 Ampere Sekundärstrom): $\frac{J_n}{5} = \frac{50}{5} = 10$

Die Leistung beträgt dann:

$$P = \frac{J_n}{5} \cdot C \cdot c \cdot \alpha = \frac{50}{5} \cdot 8 \cdot 1 \cdot \alpha = 80 \cdot \alpha \quad \text{Watt.}$$

Für einen Ausschlag von 100 Skalenteilen ergibt sich demnach eine Leistung:

$$P = 80 \cdot 100 = 8000 \text{ Watt}.$$

Bei der Messung zeigte der Spannungsmesser einen Ausschlag von 104 Skalenteilen, die Klemmenspannung des Motors betrug also

$$E = 2 \cdot 104 = 208 \text{ Volt}.$$

Der Strommesser gab an der 100-teiligen Skala einen Ausschlag von 90 Skalenteilen, so daß der Strom

$$J = \frac{J_n}{5} \cdot \frac{\alpha}{100} = \alpha \cdot \frac{J_n}{100} = 90 \cdot \frac{50}{100} = 45 \text{ Ampere}$$

betrug. Der Leistungsfaktor des Motors ist demnach

$$\cos\varphi = \frac{P}{E \cdot J} = \frac{8000}{208 \cdot 45} = 0{,}86.$$

Bei **Schaltung B,** die für die vorliegende Messung am günstigsten ist, ergeben sich durch den Eigenverbrauch der Meßgeräte folgende Fehler:

Eigenverbrauch des Spannungskreises des Leistungsmessers (Widerstand $C \cdot 1000$ Ohm; vgl. S. 44):	$\frac{E^2}{R} = \frac{208^2}{8 \cdot 1000} = 5{,}4$ Watt
Eigenverbrauch des Spannungsmessers mit Vorwiderstand (Gesamtwiderstand etwa 4400 Ohm; vgl. S. 48):	$\frac{E^2}{R} = \frac{208^2}{4400} = 9{,}8$ Watt
	Summe 15,2 Watt

Der hierdurch verursachte prozentuale Fehler beträgt nur 0,19%, er kann daher vernachlässigt werden.

Bei **Schaltung A** würden sich folgende Fehler ergeben:

Eigenverbrauch des Stromwandlers (bei voller Last etwa 25 Watt; vgl. S. 103):	$25 \cdot \frac{45^2}{50^2} = 20$ Watt
Eigenverbrauch der Feldspule des Leistungsmessers (bei vollem Strom etwa 1,3 Watt; vgl. S. 45):	$1{,}3 \cdot \frac{45^2}{50^2} = 1{,}1$,,

Eigenverbrauch des Strommessers (bei vollem Strom etwa 6,5 Watt; vgl. S. 48): $6{,}5 \cdot \frac{45^2}{50^2} = 5{,}3$ Watt

Summe 26,4 Watt

Dies entspricht einem Fehler von 0,33% des gemessenen Wertes; die Schaltung ist also für diese Messung ungünstiger als Schaltung B. Die Fehler würden erst bei der für die Prüffeldtype zulässigen Höchstspannung von etwa 600 Volt bei den beiden Schaltungen gleich groß werden.

3. Indirekte Messungen.

a. Leistungsformel für indirekte Messungen.

Bei der indirekten Leistungsmessung mit Strom- und Spannungswandlern sind die Angaben des Leistungsmessers (vgl. S. 46 und 58) noch mit den Übersetzungen der Meßwandler zu multiplizieren (vgl. S. 97 und 99). Die gemessene Leistung beträgt demnach:

$$P = \frac{J_n}{5} \cdot \frac{E_n}{100} \cdot c \cdot \alpha \quad \text{Watt.}$$

Der Leistungsfaktor ergibt sich aus dem gemessenen Strome J und der gemessenen Spannung E

$$\cos\varphi = \frac{P}{E \cdot J}$$

Bei besonders genauen Messungen müssen noch die Stromfehler und die Phasenverschiebungsfehler des Stromwandlers berücksichtigt werden. Den hierzu erforderlichen Korrektionsfaktor f kann man unmittelbar aus den Korrektionskurven des Stromwandlers entnehmen (vgl. S. 110). Die korrigierte Leistung beträgt dann:

$$P = \frac{J_n}{5} \cdot \frac{E_n}{100} \cdot c \cdot \alpha \cdot f \quad \text{Watt.}$$

Eine Korrektion der Angaben des Spannungswandlers ist nicht erforderlich, weil die durch ihn verursachten Fehler verschwindend klein sind.

b. Meßschaltungen.

Die zur Ausführung einer Messung erforderliche vollständige Meßschaltung folgt wieder aus der äußeren Schaltung der benutzten Meßinstrumente. Man wird bei der indirekten Messung vorzugsweise die für den Anschluß an Meßwandler gebauten Prüffeldinstrumente oder, wenn eine geringere Meßgenauigkeit ausreicht, auch die tragbaren Betriebsinstrumente benutzen. Schließt man den Spannungswandler vor dem Stromwandler an das Netz an, so ergibt sich die in Schaltbild 3 A dargestellte Schaltung. Liegt andererseits der Spannungswandler hinter dem Stromwandler, so folgt die Schaltung 3 B.

Bei diesen Schaltungen sind die auf S. 92 angegebenen Schaltregeln für Meßwandler in folgender Weise berücksichtigt. Nach Schaltregel 5 sind die Sekundärwickelungen der Strom- und Spannungswandler geerdet. An diese Erdleitung sind noch die Gehäuse der Meßwandler anzuschließen, die im Schaltbild nicht angedeutet sind. Die Spannungswandler sind nach Schaltregel 4 auf der Primärseite allpolig gesichert, während auf der Sekundärseite nur die nicht geerdete Leitung gesichert ist. Bei der Inbetriebsetzung der Schaltung sind noch die Schaltregeln 1 bis 3 zu beachten. Schaltregel 1 dient der persönlichen Sicherheit des Beobachters, während die Schaltregeln 2 und 3 eine Beschädigung der Meßwandler durch falsche Bedienung verhüten sollen.

c. Eigenverbrauch der Meßschaltung.

Durch den verschiedenen Anschluß der Spannungswandler in den Schaltbildern 3 A und 3 B ergeben sich für die Messung folgende Unterschiede. Einesteils unterscheiden sich die bei beiden Schaltungen gemessenen Spannungen durch den Spannungsabfall, der in dem mit den Strommeßgeräten belasteten Stromwandler auftritt, andernteils aber sind auch die gemessenen Ströme bei beiden Schaltungen verschieden, da der Stromverbrauch des mit den Spannungsmeßgeräten belasteten Spannungswandlers nur bei Schaltung B mitgemessen wird. Die hierdurch verursachten Meßfehler beeinflussen das Meßergebnis in verschiedener Weise, je nachdem ob die Leistung eines Stromerzeugers oder eines Stromverbrauchers gemessen wird. Es gelten hierfür die gleichen Gesichtspunkte, die auf S. 127 entwickelt wurden, jedoch ist zu dem

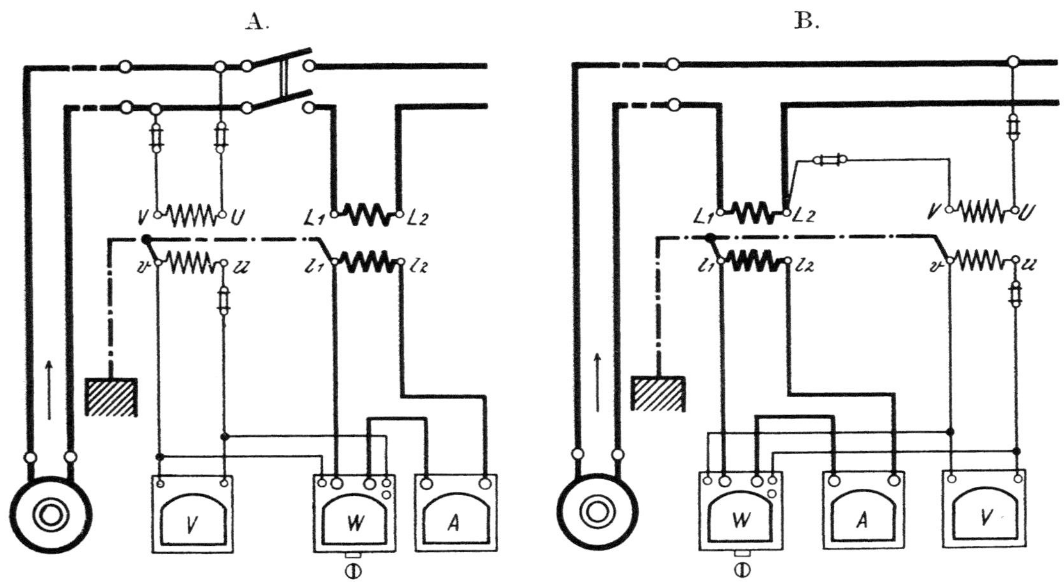

$$P = \frac{J_n}{5} \cdot \frac{E_n}{100} \cdot c \cdot \alpha \quad \text{Watt.}$$

Schaltbild 3. Normalschaltungen für indirekte Einphasenstrom-Leistungsmessungen. (Bild 91.)

Eigenverbrauch der Spannungsmeßgeräte noch der Eigenverbrauch des Spannungswandlers (vgl. S. 114) und zu dem Eigenverbrauch der Strommeßgeräte der Eigenverbrauch des Stromwandlers (vgl. S. 101) zu addieren.

Um die Wahl der zweckmäßigsten Schaltung zu erleichtern, sind die Korrektionsglieder für beide Schaltungsmöglichkeiten nachstehend tabellarisch zusammengestellt.

Es soll gemessen werden die Leistung des	Schaltung	Die wirkliche Leistung ergibt sich aus gemessener Leistung	Die kleinsten Fehler treten auf bei Schaltung
Stromerzeugers	A	+ {Eigenverbrauch des Spannungswandlers, des Spannungsmessers und des Spannungskreises des Leistungsmessers}	A
	B	+ {Eigenverbrauch des Stromwandlers, des Strommessers und der Feldspule des Leistungsmessers}	
Stromverbrauchers	A	− {Eigenverbrauch des Stromwandlers, des Strommessers und der Feldspule des Leistungsmessers}	B
	B	− {Eigenverbrauch des Spannungswandlers, des Spannungsmessers und des Spannungskreises des Leistungsmessers}	

Für die meisten praktischen Fälle kann man auf eine Korrektion des gemessenen Wertes verzichten, sofern die zu messende Leistung nicht zu klein ist. Bei kleineren Leistungen wird man sich am besten durch eine Überschlagsrechnung ein Bild von der Größe der auftretenden Fehler machen. Ergibt sich hierbei, daß man von einer Korrektion der gemessenen Werte absehen kann, so wird man die Schaltung wählen, die die kleinsten Fehler ergibt. Da der Eigenverbrauch des Stromwandlers im allgemeinen größer ist als der des Spannungswandlers, wird man diejenigen Schaltungen nehmen, bei denen der Eigenverbrauch des Spannungswandlers als Fehlergröße auftritt. Bei der Untersuchung von Generatoren ist dies bei Schaltung A der Fall. Diese Schaltung hat für Generatoren den weiteren Vorteil, daß man deren Spannung messen kann, bevor der vor den Stromwandlern liegende Hauptschalter eingelegt ist. Bei der Untersuchung von Motoren gibt Schaltung B die kleineren Fehler. Auch wenn man bei besonders genauen Messungen kleinerer Leistungen die Fehler durch eine Korrektion berücksichtigen will, sind die angegebenen Schaltungen vorzuziehen, da sich die Korrektionsgröße leichter berechnen läßt und bei allen Messungen mit konstanter Spannung die gleiche Größe hat.

d. Rechnungsbeispiel.

Es soll die von einem Wechselstrommotor aufgenommene Leistung bestimmt werden. Die Netzspannung beträgt 6000 Volt, die Frequenz ist gleich 50. Nach vorheriger Schätzung ergibt sich ein Höchststrom von 50 Ampere. Zur Messung werden die Instrumente der Prüffeldtype, und zwar ein Leistungsmesser für 5 Ampere, 90 Volt mit 150-teiliger Skala, ein Strommesser für 5 Ampere mit 100-teiliger Skala und ein Spannungsmesser für 130 Volt benutzt. Diese Instrumente werden an einen Präzisions-Spannungswandler für 6000 : 100 Volt und einen Präzisions-Stromwandler für 50 : 5 Ampere, entsprechend dem Schaltbild 3 auf S. 138, angeschlossen. Wie groß ist die gemessene Leistung, wenn der Leistungsmesser einen Ausschlag von 130 Skalenteilen gibt?

Instrumentkonstante des Leistungsmessers (vgl. S. 45): $c = \frac{5 \cdot 90}{150} = 3$

Übersetzung des Stromwandlers (mit 5 Ampere Sekundärstrom): $\frac{J_n}{5} = \frac{50}{5}$

Übersetzung des Spannungswandlers (mit 100 Volt Sekundärspannung): $\frac{E_n}{100} = \frac{6000}{100}$

Die Leistung beträgt also:

$$P = \frac{J_n}{5} \cdot \frac{E_n}{100} \cdot c \cdot \alpha = \frac{50}{5} \cdot \frac{6000}{100} \cdot 3 \cdot \alpha = 1800 \cdot \alpha \qquad \text{Watt.}$$

Für einen Ausschlag von 130 Skalenteilen beträgt demnach die Leistung

$$P = 1800 \cdot 130 = 234\,000 \text{ Watt.}$$

Bei der Messung zeigte der Spannungsmesser einen Ausschlag von 99,5 Skalenteilen, die Netzspannung betrug also

$$E = \alpha \cdot \frac{E_n}{100} = 99{,}5 \cdot \frac{6000}{100} = 5970 \text{ Volt.}$$

Der Strommesser gab an der 100-teiligen Skala (vgl. S. 48) einen Ausschlag von 88 Skalenteilen, so daß der Strom

$$J = \frac{J_n}{5} \cdot \frac{\alpha}{20} = \alpha \cdot \frac{J_n}{100} = 88 \cdot \frac{50}{100} = 44 \text{ Ampere}$$

betrug.

Der Leistungsfaktor des Motors ergibt sich hieraus

$$\cos\varphi = \frac{P}{E \cdot J} = \frac{234\,000}{5970 \cdot 44} = 0{,}89.$$

Bei **Schaltung B,** die nach dem Vorhergehenden bei dieser Messung am günstigsten ist, ergeben sich durch den Eigenverbrauch der Instrumente und Meßwandler folgende Fehler:

Eigenverbrauch des Spannungswandlers (Leerlaufwatt bei Frequenz 50; vgl. S. 116): 6,5 Watt

Eigenverbrauch des Leistungsmesser-Spannungskreises (Widerstand für 90 Volt 3000 Ohm; vgl. S. 45): $\frac{E^2}{R} = \frac{99{,}5^2}{3000} = 3{,}3$ Watt

Eigenverbrauch des Spannungsmessers (für Meßbereich 130 Volt etwa 2200 Ohm; vgl. S. 48): $\frac{E^2}{R} = \frac{99{,}5^2}{2200} = 4{,}5$ Watt

Summe 14,3 Watt

Der hierdurch verursachte prozentuale Fehler beträgt

$$\frac{14{,}3 \cdot 100}{234\,000} = 0{,}006\%$$

der gemessenen Leistung und kann vollständig vernachlässigt werden.

Bei **Schaltung A** würden sich folgende Fehler ergeben:

Eigenverbrauch des Stromwandlers (bei Vollast 25 Watt; vgl. S. 103):	$25 \cdot \frac{44^2}{50^2} = 19{,}4$ Watt
Eigenverbrauch der Feldspule des Leistungsmessers (bei vollem Strom etwa 1,3 Watt; vgl. S. 45):	$1{,}3 \cdot \frac{44^2}{50^2} = 1{,}0$,,
Eigenverbrauch des Strommessers (bei vollem Strom etwa 6,5 Watt; vgl. S. 48):	$6{,}5 \cdot \frac{44^2}{50^2} = 5{,}0$,,
	Summe 25,4 Watt

Der Fehler ist also größer als bei Schaltung B, kann aber in diesem Falle ebenfalls vernachlässigt werden.

C. Drehstrom-Leistungsmessungen.

1. Zwei-Leistungsmesser-Methode.

a. Entwicklung der Leistungsformel.

Die Leistung eines Drehstromes beträgt ganz allgemein:

$$P = \sqrt{3} \cdot E \cdot J \cdot \cos\varphi \qquad \text{Watt.}$$

Man kann diese Leistung jedoch auch als Summe dreier Einphasenleistungen darstellen. Bezeichnet man mit i_1, i_2, i_3 die Momentanwerte der Ströme in den drei Leitungen und mit e_1, e_2, e_3 die Momentanwerte der Sternspannungen, die bei Sternschaltung zwischen Nullpunkt und Netzleitern auftreten, so wird der Momentanwert der Leistung

$$P = e_1 \cdot i_1 + e_2 \cdot i_2 + e_3 \cdot i_3 \,.$$

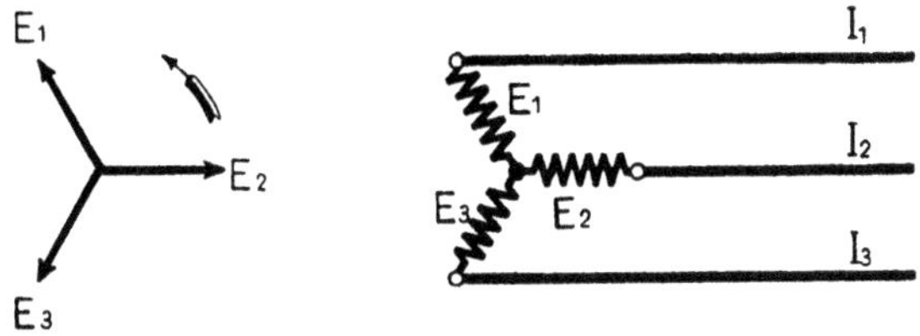

Bild 92.

Für ein Drehstrom-Dreileiter-System gilt stets die Beziehung

$$i_1 + i_2 + i_3 = 0$$
$$i_2 = -(i_1 + i_3) \,.$$

Es wird also

$$P = e_1 \cdot i_1 - e_2 \cdot i_1 - e_2 \cdot i_3 + e_3 \cdot i_3$$
$$P = i_1 \cdot (e_1 - e_2) + i_3 \cdot (e_3 - e_2) \,.$$

Die Klammerausdrücke $(e_1 - e_2)$ und $(e_3 - e_2)$ der obigen Gleichung stellen nichts anderes dar als die verketteten Spannungen, die durch Gegeneinanderschalten von zwei Sternspannungen entstanden sind. Aus der Gleichung folgt daher, daß sich die Leistung eines Drehstromes auch als Summe zweier Einphasenleistungen darstellen läßt, die sich aus zwei Netzströmen und den zugehörigen verketteten Spannungen ergeben. Die Messung der Leistung eines Drehstrom-Dreileiter-Systems muß also auch ganz allgemein mit zwei Leistungsmessern möglich sein,

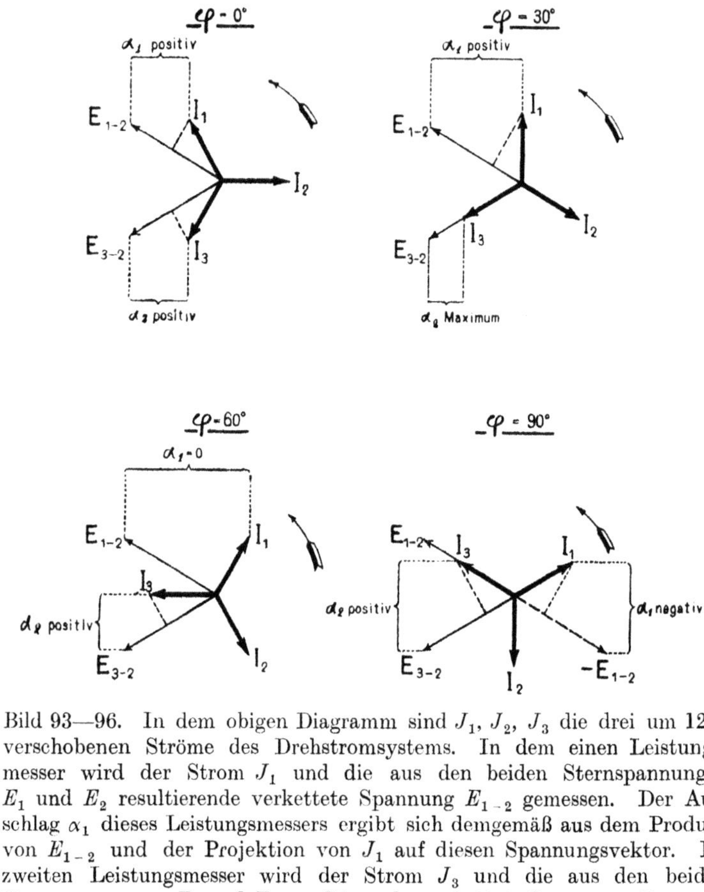

Bild 93—96. In dem obigen Diagramm sind J_1, J_2, J_3 die drei um 120° verschobenen Ströme des Drehstromsystems. In dem einen Leistungsmesser wird der Strom J_1 und die aus den beiden Sternspannungen E_1 und E_2 resultierende verkettete Spannung E_{1-2} gemessen. Der Ausschlag α_1 dieses Leistungsmessers ergibt sich demgemäß aus dem Produkt von E_{1-2} und der Projektion von J_1 auf diesen Spannungsvektor. Im zweiten Leistungsmesser wird der Strom J_3 und die aus den beiden Sternspannungen E_3 und E_2 resultierende verkettete Spannung E_{3-2} gemessen. Der Ausschlag α_2 des zweiten Leistungsmessers ist demgemäß durch das Produkt aus E_{3-2} und der Projektion von J_3 auf den Spannungsvektor bestimmt. Die Ausschläge der Leistungsmesser sind positiv, wenn die Projektion des Stromes in die Richtung des Spannungsvektors fällt; sie sind negativ, wenn die Projektion des Stromes auf dem um 180° herumgeklappten Spannungsvektor liegt. Der Ausschlag ist endlich Null, wenn der gemessene Strom und die gemessene Spannung senkrecht aufeinanderstehen.

Tafel 26. Vektordiagramm der Zwei-Leistungsmesser-Methode.

wobei es ganz gleichgültig ist, ob Stern- oder Dreieckschaltung vorliegt (vgl. Bild 97). Die zur Messung verwendeten Leistungsmesser können natürlich den einzelnen Impulsen der Momentanleistungen nicht folgen, sondern stellen sich auf einen mittleren Wert, die mittlere Leistung, ein. Die mittlere Leistung ergibt sich dann als Summe der Ausschläge α_1 und α_2 der beiden Leistungsmesser

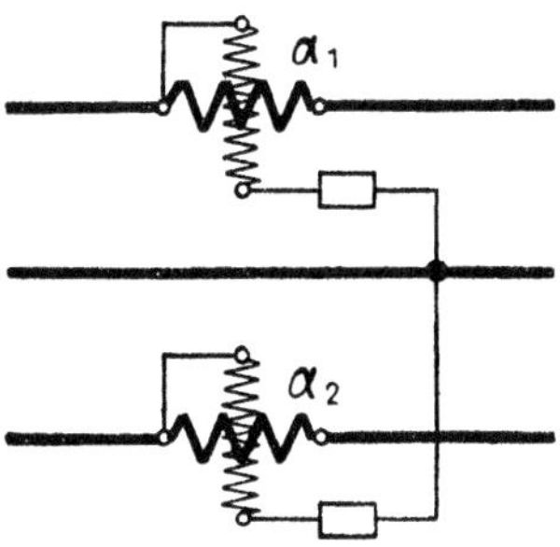

Bild 97.

$$P = C \cdot c \cdot (\alpha_1 + \alpha_2) \qquad \text{Watt.}$$

Die bei der Zwei-Leistungsmesser-Methode vorliegenden Verhältnisse gehen aus dem Vektordiagramm auf Tafel 26 hervor, das allerdings streng nur für gleiche Belastung der drei Zweige gilt. Bei einem Netzleistungsfaktor $\cos\varphi = 1$, also $\varphi = 0$ ist demnach der gemessene Strom um 30° gegen die gemessene Spannung verschoben. Die Leistungsmesser zeigen daher bei vollem Strom und voller Spannung nur 0,866 ihres Höchstausschlages. Bei einem Netzleistungsfaktor $\cos\varphi = 0{,}866$ (entsprechend einer Phasenverschiebung von $\varphi = 30^\circ$ zwischen Strom und Sternspannung) zeigt der eine Leistungsmesser seinen Höchstausschlag, während der andere entsprechend einer tatsächlichen Verschiebung von 60° nur den halben Ausschlag gibt. Bei einem Netzleistungsfaktor $\cos\varphi = 0{,}5$, also $\varphi = 60^\circ$, zeigt der eine Leistungsmesser, entsprechend einer tatsächlichen Phasenverschiebung von 30° zwischen gemessenem Strom und gemessener Spannung, wieder 0,866 des vollen Ausschlags, während der andere entsprechend einer Phasenverschiebung von $60^\circ + 30^\circ = 90^\circ$ auf Null zurückgeht. Bei noch größerer Phasenverschiebung kehrt sich die Ausschlagsrichtung des einen Leistungsmessers um, d. h. die eine Leistung wird negativ. Man muß daher bei der Messung den Spannungskreis des Leistungsmessers wenden, um einen Ausschlag in die Skala hinein zu erhalten. Die Gesamtleistung ergibt sich jetzt als Differenz der beiden gemessenen Leistungen

$$P = C \cdot c \cdot (\alpha_1 - \alpha_2) \qquad \text{Watt.}$$

Die Schaulinien auf Tafel 27 zeigen, wie sich die Ausschläge

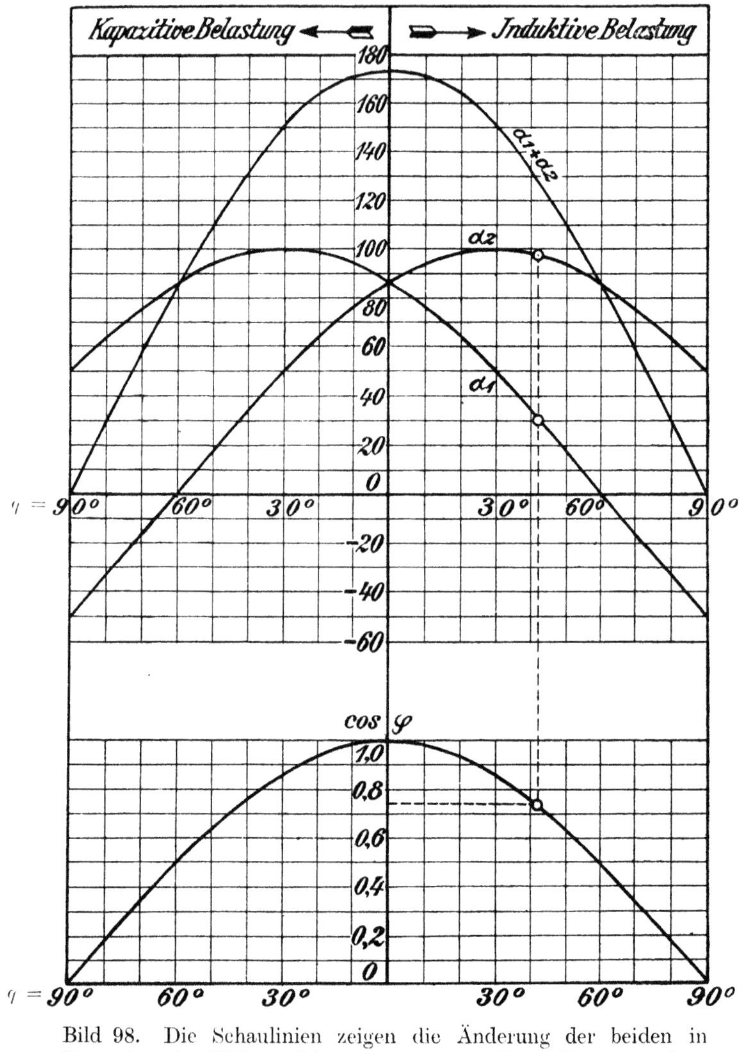

Bild 98. Die Schaulinien zeigen die Änderung der beiden in Prozenten des Vollausschlages gemessenen Ausschläge α_1 und α_2 als Funktion des Phasenverschiebungswinkels φ. Die darunterstehende Cosinuskurve ermöglicht den unmittelbaren Übergang von dem durch die Messung bekannten Leistungsfaktor $\cos\varphi$ auf den Winkel φ.

Tafel 27. Schaulinien der Zwei-Leistungsmesser-Methode.

der beiden Leistungsmesser und die Gesamtleistung des Drehstromes ändern, wenn man unter Konstanthalten von Strom und Spannung die Phasenverschiebung des Netzes von 0 bis 90° Voreilung bzw. Nacheilung ändert. Um während der Messung in jedem Augenblick Klarheit zu haben, ob die Ausschläge der beiden Leistungsmesser zu addieren oder voneinander zu subtrahieren sind, kann man folgende Regel beachten:

Bei vollkommen symmetrischer Schaltung der beiden Leistungsmesser sind die Ausschläge zu addieren, wenn man an beiden Instrumenten gleichgerichtete Ausschläge (in die Skala hinein) erhält. Muß man dagegen an dem einen Leistungsmesser die Spannung wenden, um einen Ausschlag in die Skala hinein zu erhalten, so ist der kleinere Ausschlag von dem größeren abzuziehen.

Bei dieser Regel ist vorausgesetzt, daß die Leistungsmesser vollkommen gleichartig gebaut sind, so daß sie bei gleichsinnigem Anschluß und gleicher Stellung der etwa eingebauten Spannungswender stets einen gleichsinnigen Ausschlag geben. Diese Voraussetzung trifft bei allen neueren Leistungsmessern zu.

b. Bestimmung des mittleren Leistungsfaktors.

Der Begriff des mittleren Leistungsfaktors eines Drehstromes hat naturgemäß nur dann eine physikalische Bedeutung, wenn die drei Phasen annähernd gleichmäßig belastet sind. Zur Bestimmung des mittleren Leistungsfaktors muß man außer der Leistung noch die Ströme und die Spannungen messen. Streng genommen sind hierzu 3 Strommesser und 3 Spannungsmesser erforderlich. Bei reiner Motorenbelastung sind indessen die drei Ströme annähernd gleich groß. Man begnügt sich daher, der einfacheren Schaltung wegen, zumeist mit der Messung nur zweier Ströme und zweier Spannungen. Sind die beiden gemessenen Ströme annähernd gleich groß, so muß bei reiner Motorenbelastung auch der dritte Strom annähernd die gleiche Größe haben. Sind also außer der Leistung P zwei Ströme J_1 und J_2 sowie zwei verkettete Spannungen E_1 und E_2 gemessen, so ergibt sich der mittlere Leistungsfaktor aus der Leistung und den Mittelwerten der abgelesenen Ströme und Spannungen

$$\cos\varphi = \frac{P}{\sqrt{3} \cdot E_{\text{mittel}} \cdot J_{\text{mittel}}}.$$

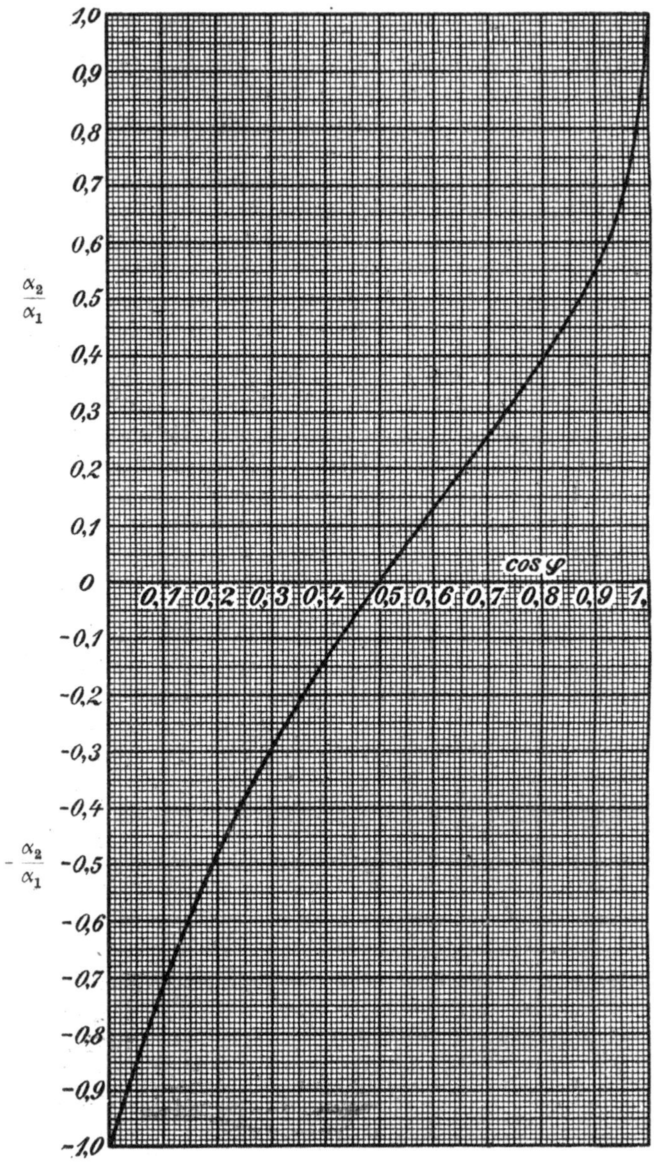

Bild 99.

Tafel 28. Bestimmung des Leistungsfaktors aus dem Verhältnis $\alpha_2 : \alpha_1$.

Man kann jedoch den Leistungsfaktor cos φ auch ohne Strom- und Spannungsmessungen direkt aus den Zeigerausschlägen der beiden Leistungsmesser bestimmen. Aus dem Kurvenbilde auf Tafel 27 geht hervor, daß bei annähernd gleicher Belastung der drei Phasen jedem Netzleistungsfaktor ein bestimmtes Verhältnis der Zeigerausschläge α_1 und α_2 entspricht. Man kann daher die Verhältniswerte $\alpha_2 : \alpha_1$ direkt als Funktion des Netzleistungsfaktors auftragen, wie dies auf dem Kurvenblatt auf Tafel 28 ausgeführt ist. Aus dieser Kurve kann man für jedes beliebige Verhältnis $\alpha_2 : \alpha_1$ unmittelbar den zugehörigen Netzleistungsfaktor entnehmen. Die obere Hälfte der Kurve ist zu benutzen, wenn man bei beiden Messungen gleichgerichtete Ausschläge erhalten hat, während die untere Hälfte dann gilt, wenn man bei einer der beiden Messungen den Strom im Spannungskreis des Leistungsmessers wenden mußte, um einen Ausschlag in die Skala hinein zu erhalten. Hat man das Kurvenblatt nicht zur Hand, so kann man sich den Leistungsfaktor aus der Beziehung

$$\operatorname{tg} \varphi = \sqrt{3} \cdot \frac{\alpha_1 - \alpha_2}{\alpha_1 + \alpha_2}$$

berechnen, wobei α_1 stets den größeren und α_2 den kleineren Ausschlag des Leistungsmessers bedeutet.

Die vorstehende Methode zur direkten Bestimmung des Leistungsfaktors läßt sich auch mit einem Leistungsmesser ausführen, dessen Spannungskreis man mit Hilfe eines Umschalters nacheinander an die beiden anderen Leitungen legt (Bild 100). Man liest dann die bei den beiden Schalterstellungen auftretenden Zeigerausschläge α_1 und α_2 ab, bildet wieder das Verhältnis $\alpha_2 : \alpha_1$ und entnimmt den Leistungsfaktor cos φ dem Kurvenbilde. DieRichtigkeit dieser Schaltung folgt ohne weiteres aus dem Vergleich der Diagramme auf Tafel 29 mit den auf Tafel 26 entwickelten Diagrammen der Zwei-Leistungsmesser-Methode.

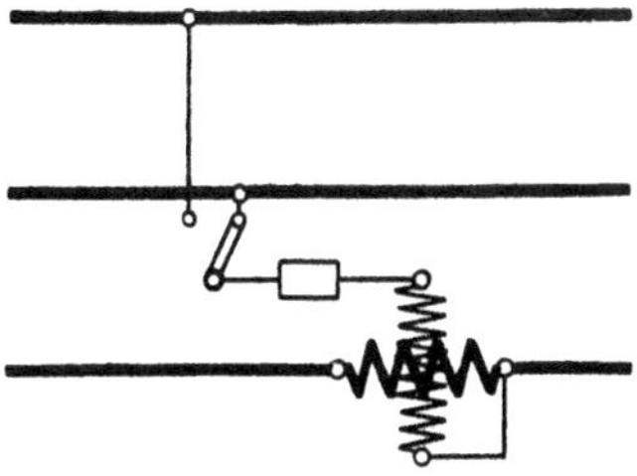

Bild 100.

Handelt es sich nur darum, qualitativ festzustellen, ob eine Phasenverschiebung vorhanden ist und in welchem Sinne sie

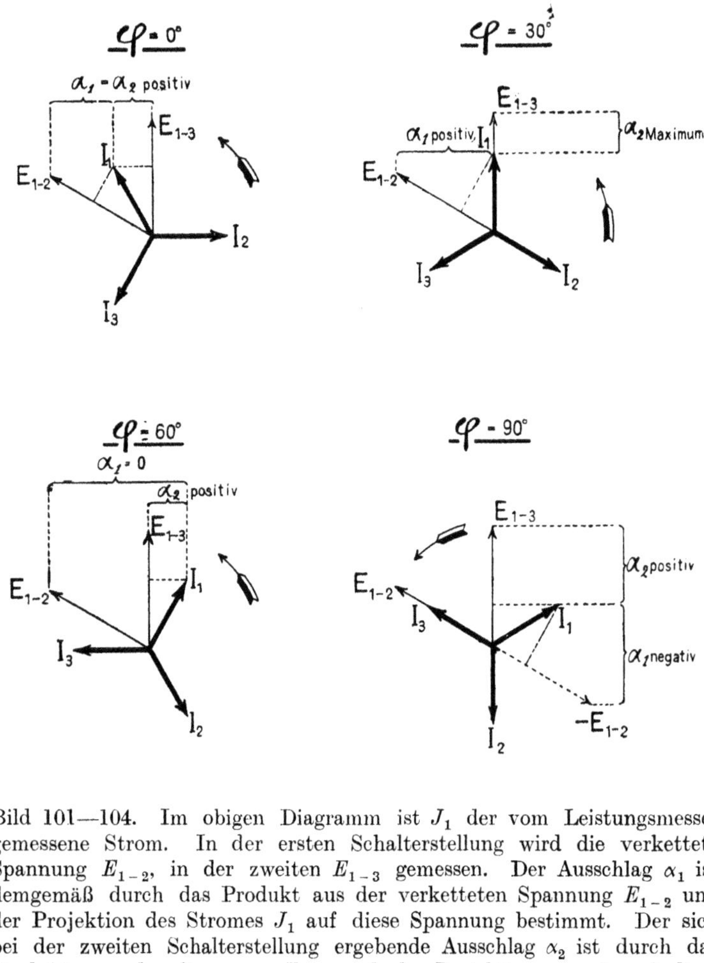

Bild 101—104. Im obigen Diagramm ist J_1 der vom Leistungsmesser gemessene Strom. In der ersten Schalterstellung wird die verkettete Spannung E_{1-2}, in der zweiten E_{1-3} gemessen. Der Ausschlag α_1 ist demgemäß durch das Produkt aus der verketteten Spannung E_{1-2} und der Projektion des Stromes J_1 auf diese Spannung bestimmt. Der sich bei der zweiten Schalterstellung ergebende Ausschlag α_2 ist durch das Produkt aus der Spannung E_{1-3} und der Projektion von J_1 auf diese Spannung bestimmt. Die Diagrammbilder zeigen, daß die Ausschläge α_1 und α_2 bei den verschiedenen Leistungsfaktoren die gleichen Werte haben, wie bei dem auf Seite 144 entwickelten Diagramm der Zwei-Leistungsmesser-Methode.

Tafel 29. Vektordiagramm der Schaltung zur direkten Bestimmung des Leistungsfaktors.

wirkt (z. B. bei Synchronmotoren), so schaltet man die Feldspule des Leistungsmessers in eine Phase und legt den Spannungskreis an die beiden anderen Phasen (Bild 105). Die gemessene Spannung ist dann um 90° gegen den Strom verschoben, d. h. der Leistungsmesser gibt bei einem Netzleistungsfaktor $\cos \varphi = 1$, also bei $\varphi = 0$, keinen Ausschlag. Je nach dem Sinne der im Netz wirkenden Phasenverschiebung schlägt der Leistungsmesser nach rechts oder nach links aus. Die Größe des Zeigerausschlages ist hierbei durch die Funktion $E \cdot J \cdot \sin \varphi$ gegeben. Um ein Überschlagen der Spannung zwischen Feldspule und Spannungsspule des Leistungsmessers zu vermeiden, ist es erforderlich, bei dieser Schaltung einen Spannungswandler zu verwenden.

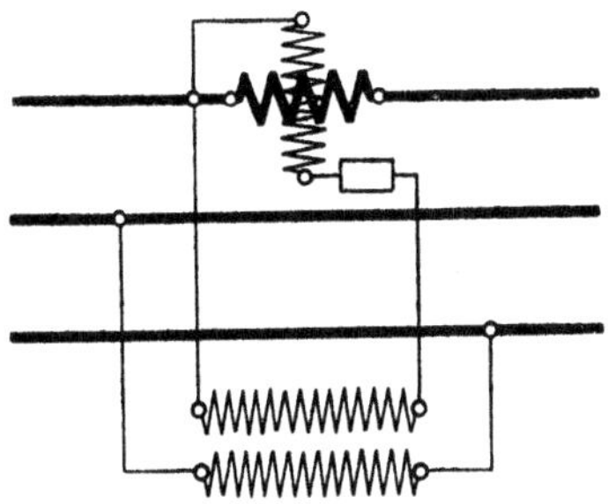

Bild 105.

Alle die vorstehend genannten Methoden zur Bestimmung der mittleren Phasenverschiebung sind nur anwendbar, wenn die Belastung der drei Phasen annähernd gleich groß ist, wie dies bei Motoren zumeist der Fall ist. Treten bei einer Messung erhebliche Verschiedenheiten der drei Phasenbelastungen auf, d. h. sind die gemessenen Ströme erheblich voneinander verschieden, so verliert der Begriff eines mittleren Leistungsfaktors seine physikalische Bedeutung. Da eine bestimmte Definition für diesen jetzt rein rechnerischen Begriff zur Zeit noch nicht vorliegt, soll auch hier nicht näher auf seine Bestimmung eingegangen werden. Es sei nur darauf hingewiesen, daß es in diesem Falle ratsam ist, die Leistungsfaktoren der drei Phasen einzeln zu bestimmen. Bei vorhandenem Nullpunkt des Drehstrom-Systems ist dies mit Hilfe der Drei-Leistungsmesser-Methode leicht möglich (vgl. S. 166).

c. Meßschaltungen für die Zwei-Leistungsmesser-Methode.

Die für die Ausführung der Messungen erforderlichen vollständigen Meßschaltungen ergeben sich aus der Prinzipschaltung auf S. 145 und der äußeren Schaltung der benutzten Meßinstrumente. Hierbei müssen die Schaltregeln für die Meßinstrumente und die Regeln für die etwa benutzten Meßwandler in jedem Falle führend sein, wie dies in den entsprechenden Abschnitten über Einphasenstrom-Leistungsmessungen gezeigt ist. Die Phasenfolge des Drehstromes kann unberücksichtigt bleiben, da die Messung von ihr unabhängig ist. Je nachdem, ob man eine direkte, halbindirekte oder indirekte Messung ausführen will, ergeben sich dann die nachstehenden Schaltbilder.

Schaltbild 4 zeigt die normale Meßschaltung für direkte Messungen. Diese Schaltung wird meist nur für Niederspannung, in Ausnahmefällen jedoch auch für Hochspannung verwendet. Je nach der gewünschten Meßgenauigkeit kann man Laboratoriumsinstrumente oder Betriebsinstrumente benutzen. In jedem Falle sind zwei vollständig gleiche Instrumentsätze erforderlich.

Schaltbild 5 zeigt ebenfalls eine direkte Schaltung, jedoch ist hierbei nur ein Instrumentsatz vorgesehen, der durch einen Stromumschalter einmal in die eine und das andere Mal in die andere Leitung eingeschaltet wird. Die beiden Leistungsmessungen, die bei Schaltbild 4 gleichzeitig ausgeführt werden, erfolgen hierbei nacheinander. Man muß daher stets durch eine Kontrollmessung feststellen, ob sich die Belastung in der Zeit zwischen den beiden Messungen geändert hat.

Schaltbild 6 zeigt die halbindirekte Schaltung mit Stromwandlern als Strommeßbereichwählern und Vorwiderständen für die Spannungskreise. Diese Schaltung wird vorzugsweise in Prüffeldern und bei Abnahmeversuchen für mittlere Spannungen bis etwa 600 Volt benutzt. Als Meßinstrumente können je nach der gewünschten Meßgenauigkeit Prüffeld-Instrumente oder tragbare Betriebsinstrumente verwendet werden. Es sind zwei vollständige Instrumentsätze erforderlich, die gleichzeitig abgelesen werden müssen. Beim Aufbau der Schaltung sind besonders die Potentialausgleichverbindungen $L_2 - l_2$ zu beachten, durch die Potentialdifferenzen im Innern der Leistungsmesser vermieden werden. Da die Meßinstrumente hierbei die volle Betriebsspannung führen, ist bei höheren Spannungen eine Berührung der Instrumente zu vermeiden.

Schaltbild 7 zeigt eine halbindirekte Schaltung mit Stromumschalter auf der Primärseite. Hierbei ist nur ein Satz Instrumente und ein Stromwandler erforderlich. Da die beiden Messungen nacheinander erfolgen, ist wieder die Voraussetzung zu machen, daß sich die Belastung in der Zeit zwischen den beiden Messungen

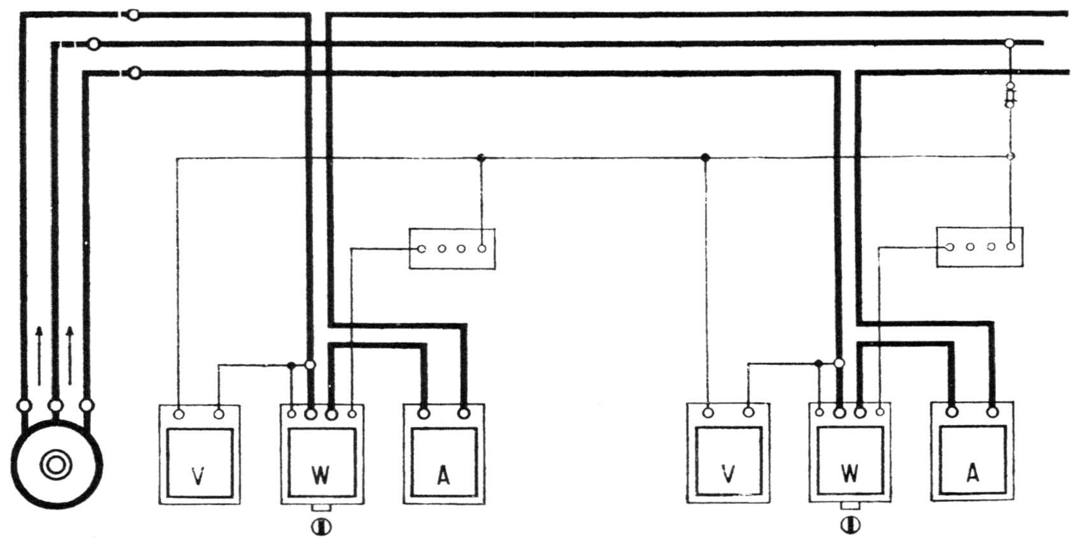

$$P = C \cdot c \cdot (\alpha_1 \pm \alpha_2) \quad \text{Watt.}$$

Die Zeigeranschläge sind zu addieren, wenn die beiden Spannungswender in gleicher Stellung stehen, sie sind voneinander zu subtrahieren, wenn die beiden Spannungswender in verschiedener Stellung stehen.

Schaltbild 4. Direkte Drehstrom-Leistungsmessung nach der Zwei-Leistungsmesser-Methode. (Bild 106.)

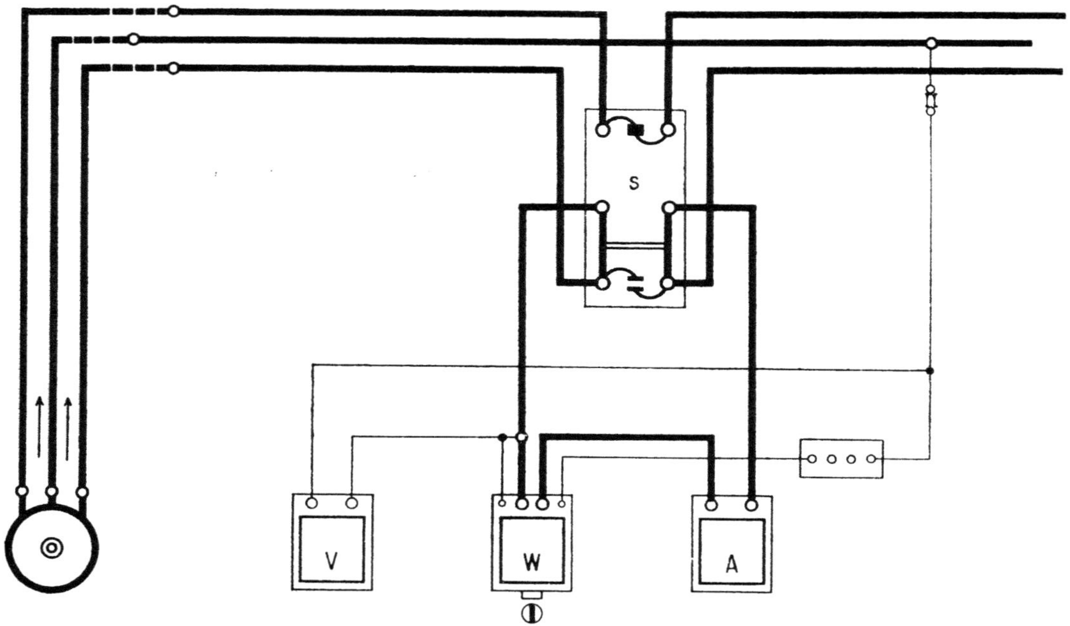

$$P = C \cdot c \cdot (\alpha_1 \pm \alpha_2) \qquad \text{Watt.}$$

Schaltbild 5. Direkte Drehstrom-Leistungsmessung nach der Zwei-Leistungsmesser-Methode, mit Stromumschalter. (Bild 107.)

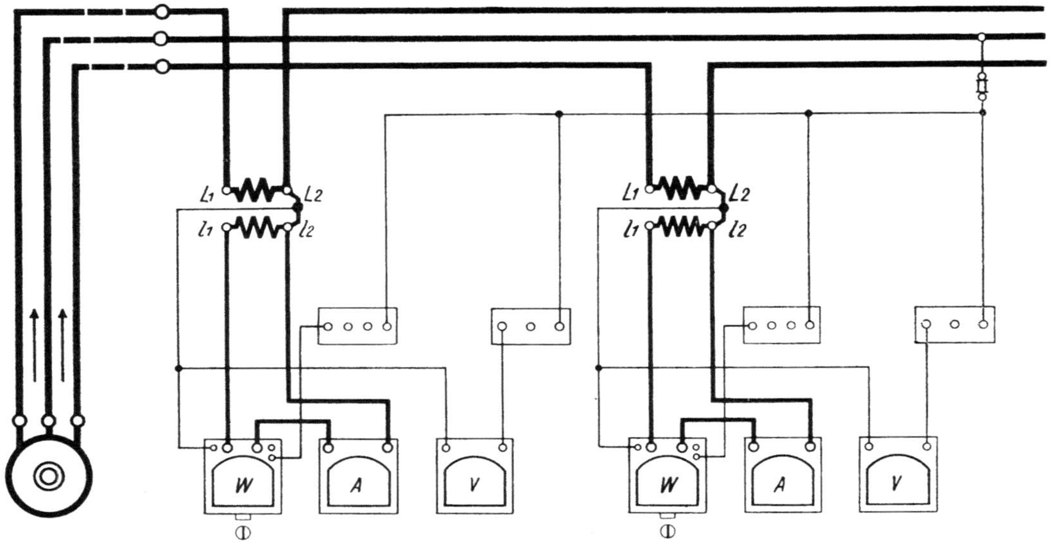

$$P = \frac{J_n}{5} \cdot C \cdot c \cdot (\alpha_1 \pm \alpha_2) \quad \text{Watt.}$$

Bei gleichstehenden Spannungswendern sind die Zeigeranschläge zu addieren, bei ungleich stehenden zu subtrahieren.

Schaltbild 6. Halbindirekte Drehstrom-Leistungsmessung nach der Zwei-Leistungsmesser-Methode. (Bild 108.)

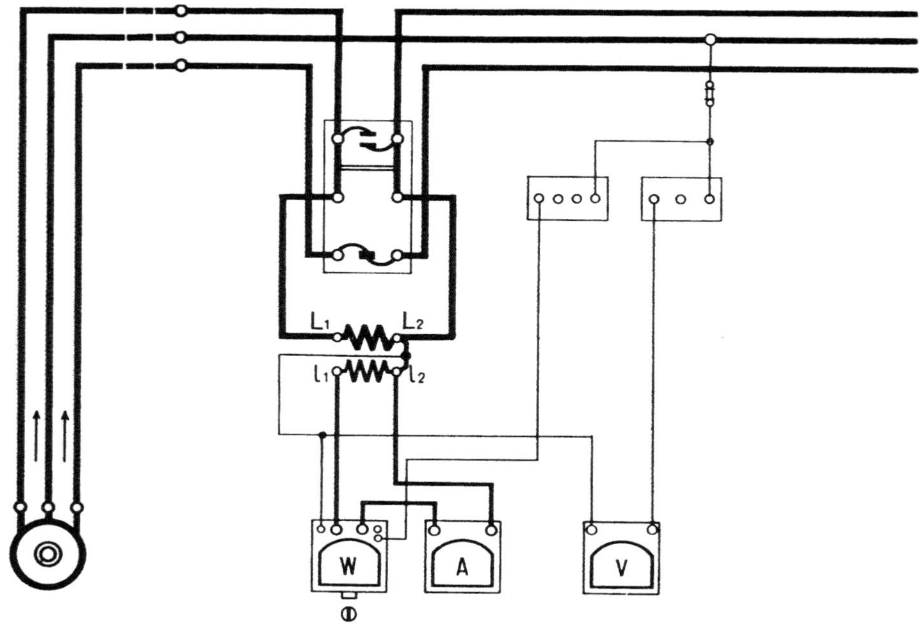

$$P = \frac{J_n}{5} \cdot C \cdot c \cdot (\alpha_1 \pm \alpha_2) \quad \text{Watt.}$$

Schaltbild 7. Halbindirekte Drehstrom-Leistungsmessung nach der Zwei-Leistungsmesser-Methode, mit Stromumschalter auf der Primärseite. (Bild 109.)

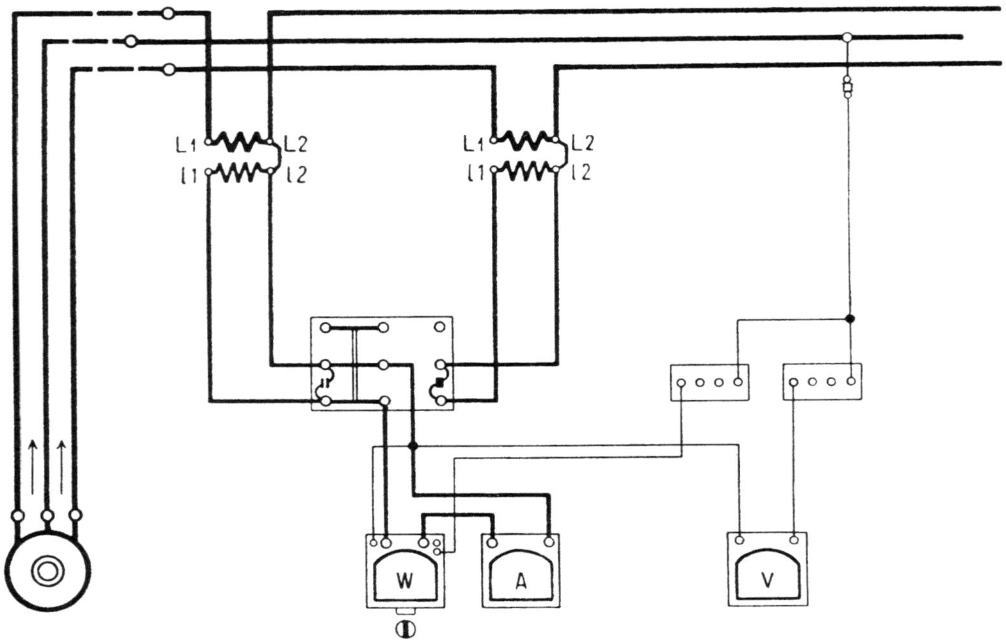

$$P = \frac{J_n}{5} \cdot C \cdot c \cdot (\alpha_1 \pm \alpha_2) \quad \text{Watt.}$$

Schaltbild 8. Halbindirekte Drehstrom-Leistungsmessung nach der Zwei-Leistungsmesser-Methode, mit Stromumschalter auf der Sekundärseite. (Bild 110.)

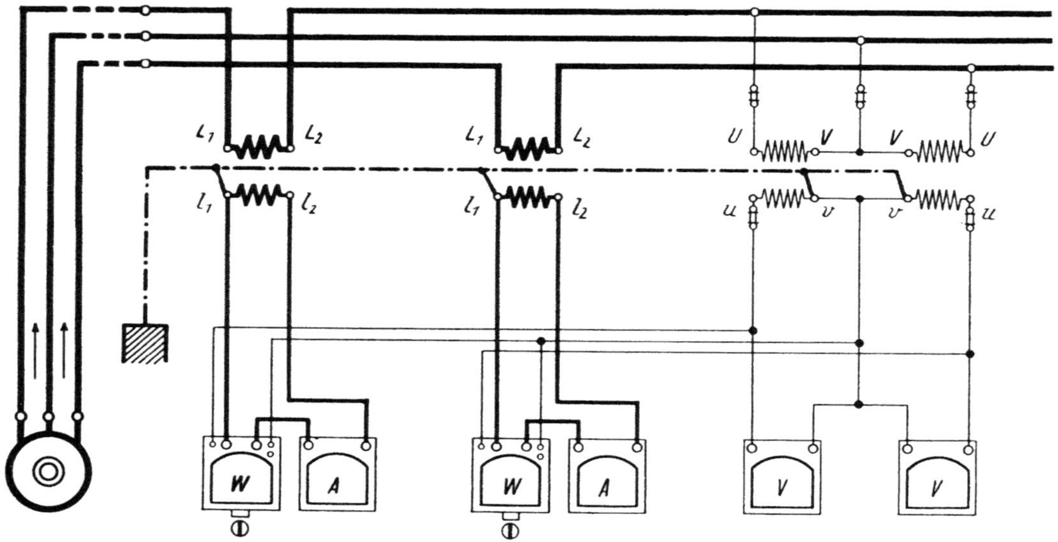

$$P = \frac{J_n}{5} \cdot \frac{E_n}{100} \cdot c \cdot (\alpha_1 \pm \alpha_2) \quad \text{Watt.}$$

Schaltbild 9. Indirekte Drehstrom-Leistungsmessung nach der Zwei-Leistungsmesser-Methode. (Bild 111.)

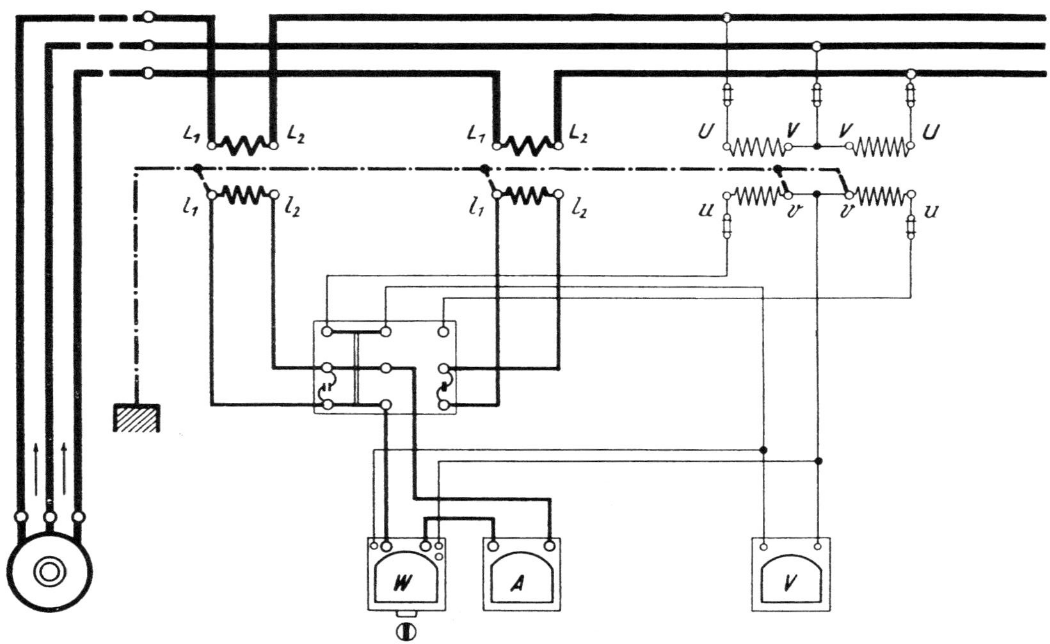

$$P = \frac{J_n}{5} \cdot \frac{E_n}{100} \cdot c \cdot (\alpha_1 \pm \alpha_2) \quad \text{Watt.}$$

Schaltbild 10. Indirekte Drehstrom-Leistungsmessung nach der Zwei-Leistungsmesser-Methode, mit Stromumschalter. (Bild 112.)

nicht ändert. Man stellt dies am einfachsten dadurch fest, daß man nach der Ausführung der zweiten Messung die erste Messung nochmals wiederholt. Da die Stromumschalter nur für Stromstärken bis 200 Ampere ausgeführt werden, ist das Anwendungsgebiet dieser Schaltung beschränkt.

Schaltbild 8 zeigt eine halbindirekte Schaltung mit Stromumschalter auf der Sekundärseite. Hierbei sind allerdings zwei Stromwandler erforderlich. Die hierdurch entstehenden Mehrkosten für die Meßeinrichtung werden jedoch durch den Vorteil aufgewogen, daß die Meßeinrichtung für beliebig hohe Stromstärken benutzt und mit den für indirekte Messungen vorhandenen Meßgeräten ohne weiteres ausgeführt werden kann.

Schaltbild 9 zeigt die indirekte Schaltung mit Strom- und Spannungswandlern. Diese Schaltung ist als die normale Meßschaltung für Hochspannung anzusehen. Alle Meßinstrumente sind geerdet, so daß die Bedienung der Schaltung in jedem Falle gefahrlos ist. Man verwendet zweckmäßig die Instrumente der Prüffeldtype, da diese besonders für den Anschluß an Meßwandler geeignet sind. Es sind zwei Satz Meßwandler und zwei Satz Instrumente erforderlich.

Schaltbild 10 zeigt eine indirekte Schaltung, bei der man mit nur einem Satz Instrumente auskommen kann. Die Instrumente werden mittels eines dreipoligen Stromumschalters (vgl. S. 118) nacheinander an die beiden Stromwandler angeschlossen. Durch den dritten Hebel des Stromumschalters werden gleichzeitig die Spannungswandler umgeschaltet. Die Umschaltung erfolgt auf der Niederspannungsseite, das Arbeiten mit der Meßschaltung ist also vollständig gefahrlos. Da die beiden Messungen nacheinander ausgeführt werden, ist hierbei wieder vorausgesetzt, daß sich die Belastung in der Zeit zwischen den beiden Messungen nicht ändert.

d. Messung des dritten Stromes und der dritten Spannung.

Ergibt sich bei einer Prüfung nach der Zwei-Leistungsmesser-Methode eine erhebliche Verschiedenheit der beiden gemessenen Ströme, so kann man hieraus nicht ohne weiteres auf die Größe des dritten Stromes schließen. In diesem Falle ist zur näheren Untersuchung der vorhandenen Unsymmetrie eine **Messung des dritten Stromes** wünschenswert. Bei der direkten Messung wird man hierzu einfach drei Strommesser verwenden. Bei der indirekten Messung wird man jedoch einen dritten Stromwandler wegen der erhöhten Kosten der Meßeinrichtung gern vermeiden. Die Messung des dritten Stromes ist auch mit den vorhandenen zwei Stromwandlern bei entsprechender Schaltung ohne Schwierigkeiten möglich. Da der dritte Strom stets die geometrische Summe der beiden anderen Ströme ist, braucht man nur die Sekundärseiten der beiden Stromwandler im richtigen Sinne parallel zu schalten, wie es Bild 113 zeigt. Man kann hierbei noch einen Schritt weiter gehen und auch noch den dritten Strommesser sparen, wenn man die bei der Zwei - Leistungsmesser - Methode vorhandenen zwei Strommesser entsprechend umschaltet. Bei der Umschaltung ist jedoch streng darauf zu achten, daß keine Unterbrechung der Sekundärwicklungen der Stromwandler erfolgt. Man führt daher diese Umschaltung zweckmäßig mit einem Stromumschalter aus, wie es das **Schaltbild 11** zeigt. Die selbsttätige Kurzschlußvorrichtung des Schalters dient hierbei dazu, nach erfolgter Parallelschaltung der Sekundärwicklungen der Stromwandler den einen Instrumentsatz (im Schaltbild auf der linken Seite) abzutrennen, so daß der Strommesser des zweiten Instrumentsatzes den dritten Strom anzeigt.

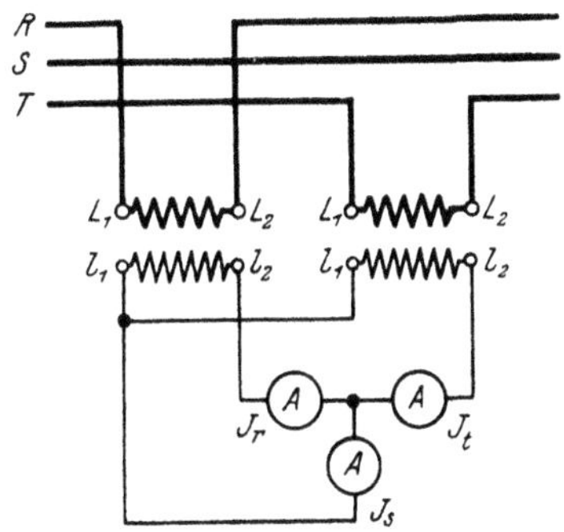

Bild 113.

Sind die drei Ströme verschieden, so ist auch zu erwarten, daß die drei Spannungen verschieden groß sind. **Zur Messung der dritten Spannung** verwendet man bei der direkten Messung einen dritten Spannungsmesser. Bei der indirekten Messung kann man mit zwei Spannungswandlern auskommen und die dritte Spannung als geometrische Summe der

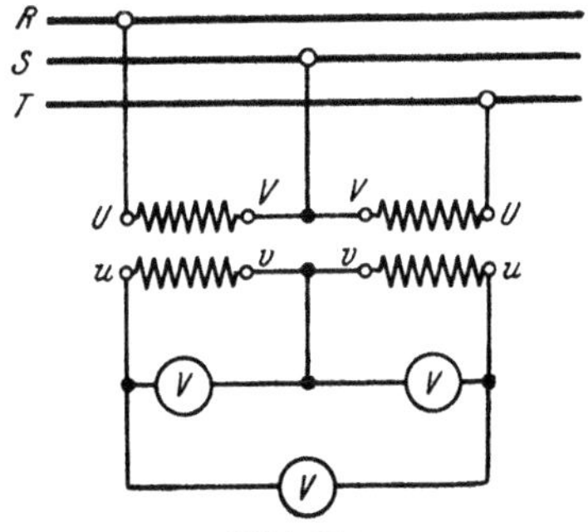

Bild 114.

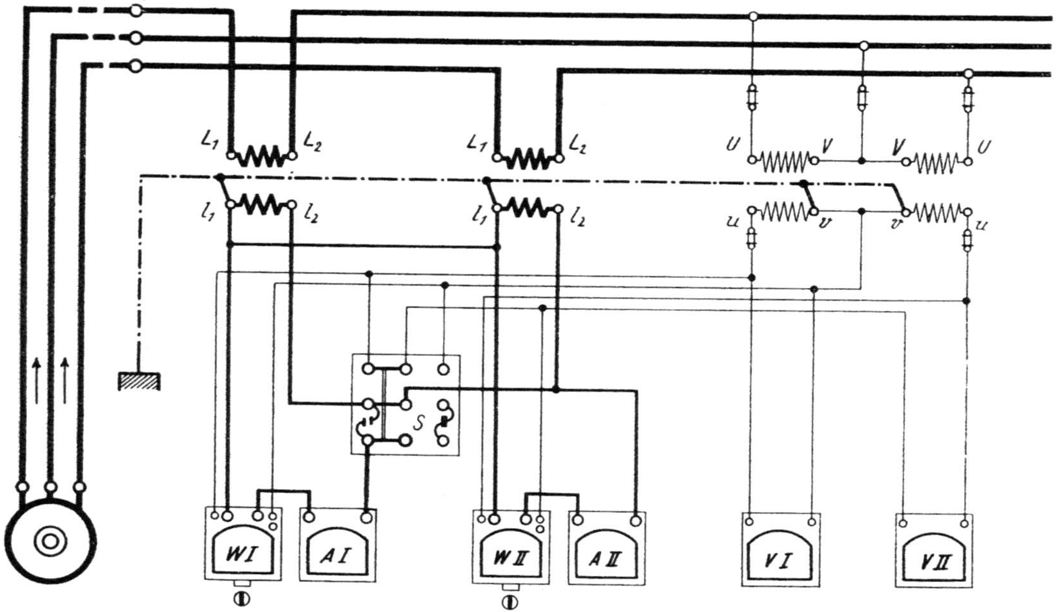

Umschalter nach rechts: Normale Schaltung nach der Zwei-Leistungsmesser-Methode. Umschalter nach links: Strommesser *A II* zeigt den dritten Strom. Spannungsmesser *V II* zeigt die dritte Spannung. Der Ausschlag des Leistungsmessers *W II* gibt ein **Maß** für die herrschende Phasenverschiebung (bei $\cos\varphi = 1$, Ausschlag 0); vgl. Seite 151.

Schaltbild 11. Messung des dritten Stromes und der dritten Spannung. (Bild 115.)

beiden anderen Spannungen messen. Da die beiden Spannungswandler in V-Schaltung liegen, ist es nur erforderlich, den Spannungsmesser an die beiden freien Enden (u) der V-Schaltung zu legen, wie es in Bild 114 dargestellt ist. Auch hierbei kann man das dritte Meßinstrument sparen, wenn man den einen der beiden in der normalen Meßschaltung vorhandenen Spannungsmesser umschaltet. Man kann hierzu einen beliebigen Umschalthebel mit Stromunterbrechung benutzen. In Schaltbild 11 werden die Umschaltungen zur Messung des dritten Stromes und der dritten Spannung gleichzeitig vorgenommen. Es wird hierzu ein normaler dreipoliger Stromumschalter (vgl. S. 118) verwendet.

2. Drei-Leistungsmesser-Methode.

a. Entwicklung der Leistungsformel.

Bei der Drei-Leistungsmesser-Methode liegt in jeder Leitung ein Leistungsmesser. Die Spannungskreise der drei Leistungsmesser sind in Sternschaltung zu einem künstlichen Nullpunkt verbunden (vgl. Bild 116). Wird für die Widerstände der drei Spannungskreise keinerlei Voraussetzung gemacht, dann liegt auch der künstliche Nullpunkt an einer beliebigen Stelle; er braucht also nicht mit dem tatsächlichen Nullpunkt des Drehstromsystems zusammenzufallen. Die Leistung des Drehstrom-Systems ist in jedem Falle die Summe der von den drei Leistungsmessern gemessenen Leistungen, wobei die gemessenen Einzelleistungen jedoch nicht gleich den Leistungen der drei Phasen sein müssen. Dabei ist vollkommen gleichgültig, ob der untersuchte Stromerzeuger bzw. Stromverbraucher in Stern oder in Dreieck geschaltet ist.

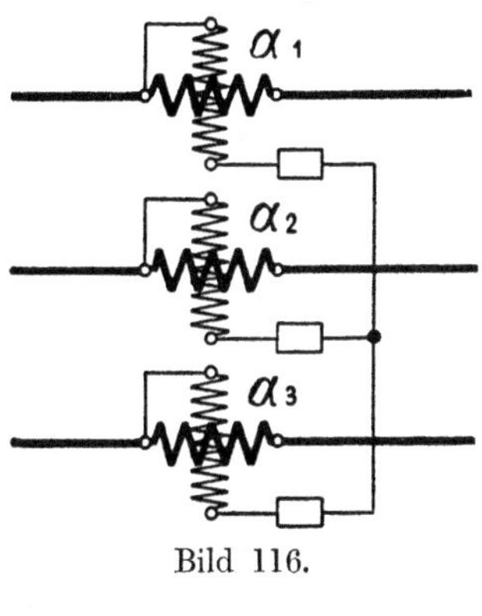

Bild 116.

Bezeichnen:

e_1', e_2', e_3' = Momentanwerte der gemessenen Spannungen E_1', E_2', E_3' bei künstlichem, beliebig liegenden Nullpunkt (Bild 117);

e_1, e_2, e_3 = Momentanwerte der Sternspannungen E_1, E_2, E_3 des Drehstrom-Systems (Bild 118);

i_1, i_2, i_3 = Momentanwerte der Ströme in den drei Leitungen,

so wird der Momentanwert der gemessenen Leistung:

$$P = e_1' \cdot i_1 + e_2' \cdot i_2 + e_3' \cdot i_3 .$$

Ferner gilt für jedes Drehstrom-Dreileiter-System die Beziehung:

$$i_2 = -(i_1 + i_3) .$$

Es wird also:

$$P = e_1' \cdot i_1 - e_2' \cdot i_1 - e_2' \cdot i_3 + e_3' \cdot i_3$$
$$P = i_1 \cdot (e_1' - e_2') + i_3 \cdot (e_3' - e_2') .$$

Die Klammerausdrücke $(e_1' - e_2')$ und $(e_3' - e_2')$ bedeuten nichts anderes als die resultierenden Spannungen, die durch Gegeneinanderschalten der gemessenen Spannungen entstanden sind.

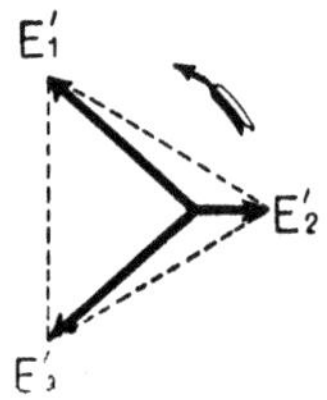

Bild 117.

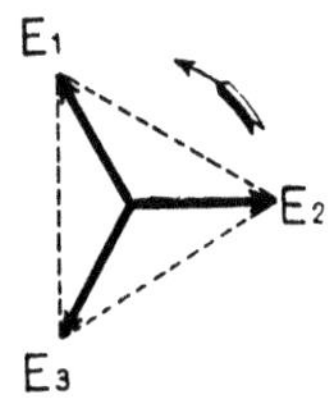

Bild 118.

Diese resultierenden Spannungen sind, wie aus dem Diagramm ersichtlich ist, in jedem Falle gleich den verketteten Spannungen, d. h. den Netzspannungen. Die Gleichung entspricht daher vollkommen der auf S. 143 abgeleiteten Gleichung für die Zwei-Leistungsmesser-Methode. Es ist von Interesse, daß auch das Diagramm direkt auf die Zwei-Leistungsmesser-Methode hinführt. Denkt man sich, daß der Widerstand des Spannungskreises des mittleren Leistungsmessers und damit die Sternspannung E_2' in Bild 117 immer kleiner und schließlich gleich Null wird, so werden die Spannungen E_1' und E_3' gleich der verketteten Spannung, und der Ausschlag α_2 des mittleren Leistungsmessers wird gleich Null. Die Gesamtleistung des Drehstrom-Systems wird also in diesem Falle durch die Ausschläge α_1 und α_3 der beiden anderen Leistungsmesser bestimmt, die Netzstrom und Netzspannung messen.

Bei **Messungen in Drehstrom-Dreileiteranlagen** wählt man die Widerstände der drei Spannungszweige gleich groß. Der künstliche Nullpunkt wird daher stets annähernd dem tatsächlichen Nullpunkt des Drehstromsystems entsprechen. Die erforderliche Größe der Widerstände ergibt sich dann aus der Sternspannung $E_s = E : \sqrt{3}$. Dann folgt die Leistung des Drehstrom-Systems aus den Zeigerausschlägen α_1, α_2 und α_3 der drei Leistungsmesser

$$P = C \cdot c \cdot (\alpha_1 + \alpha_2 + \alpha_3) \qquad \text{Watt.}$$

Die Drei-Leistungsmesser-Methode hat vor der Zwei-Leistungsmesser-Methode den Vorteil, daß durch den Einbau gleicher Instrumente in alle drei Leitungen die Symmetrie gewahrt und die Gleichheit der Klemmenspannungen am Stromverbraucher nicht gestört wird. Dies ist z. B. bei Messungen an Kleinmotoren von großem Wert. Bei Messungen unter normalen Verhältnissen ist indessen der Vorteil einer vollkommen symmetrischen Schaltung nicht so schwerwiegend, daß man dagegen die Unbequemlichkeiten, die durch die Ablesung dreier Instrumente entstehen, sowie die höheren Kosten der Meßschaltung in Kauf nehmen müßte. Die Schaltung wird daher für Drehstrom-Dreileitersysteme nur wenig angewendet.

Bei **Messungen in Drehstrom-Vierleiteranlagen** wählt man die Widerstände der drei Spannungszweige ebenfalls gleich groß, schließt aber den Sternpunkt der Widerstände an den Nulleiter des Drehstrom-Systems an (Bild 119). Da die Spannungszweige dann an der tatsächlichen Sternspannung liegen, sind auch die gemessenen Einzelleistungen gleich den Leistungen der drei Phasen. Die Gesamtleistung des Drehstrom-Systems ist gleich der Summe der drei Phasenleistungen:

$$P = C \cdot c \cdot (\alpha_1 + \alpha_2 + \alpha_3) \quad \text{Watt.}$$

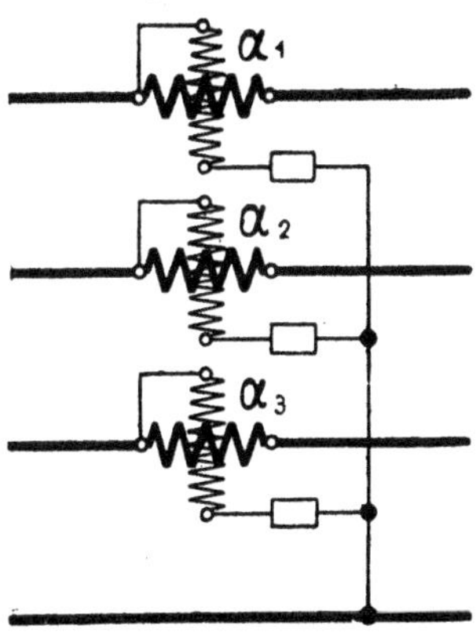

Bild 119.

Für die Berechnung der erforderlichen Vorwiderstände und der Widerstands-Konstante C ist hierbei naturgemäß die Sternspannung $E_s = E : \sqrt{3}$ maßgebend.

Es sei noch darauf hingewiesen, daß die Drei-Leistungsmesser-Methode das einzig mögliche exakte Meßverfahren für Drehstrom-Vierleitersysteme ist. Die Zwei-Leistungsmesser-Methode ist hierbei entwicklungsgemäß nicht anwendbar, da die Bedingungsgleichung $i_2 = -(i_1 + i_3)$ für diese Meßmethode durch den im Nulleiter fließenden Ausgleichstrom hinfällig wird.

b. Bestimmung des mittleren Leistungsfaktors.

Zur Bestimmung des mittleren Leistungsfaktors eines annähernd gleichmäßig belasteten Drehstrom-Vierleitersystems ist die Messung der drei Ströme und Spannungen erforderlich (vgl. S. 147). Bezeichnet J_{mittel} den Mittelwert aus den drei gemessenen Strömen und $E_{s\,\text{mittel}}$ den Mittelwert aus den drei gemessenen Sternspannungen, so ist der mittlere Leistungsfaktor des Systems

$$\cos\varphi_{\text{mittel}} = \frac{P}{3 \cdot E_{s\,\text{mittel}} \cdot J_{\text{mittel}}}.$$

Ein derartig berechneter mittlerer Leistungsfaktor hat jedoch nur dann Bedeutung, wenn die drei Phasen annähernd gleichartig belastet sind. Treten erhebliche Verschiedenheiten der drei Phasenbelastungen auf, so kann man nur den Leistungsfaktor einer jeden Phase bestimmen:

$$\cos\varphi_1 = \frac{C \cdot c \cdot \alpha_1}{E_{s1} \cdot J_1}; \quad \cos\varphi_2 = \frac{C \cdot c \cdot \alpha_2}{E_{s2} \cdot J_2}; \quad \cos\varphi_3 = \frac{C \cdot c \cdot \alpha_3}{E_{s3} \cdot J_3}.$$

c. Meßschaltungen für die Drei-Leistungsmesser-Methode.

Die für die Ausführung der Messungen erforderlichen vollständigen Meßschaltungen ergeben sich aus dem Prinzipschaltbild auf S. 165 und der äußeren Schaltung der benutzten Meßinstrumente. Hierbei müssen wieder die Schaltregeln für die Meßinstrumente und die Regeln für die etwa benutzten Meßwandler in jedem Falle führend sein, wie dies in den entsprechenden Abschnitten über Einphasenstrom-Leistungsmessungen gezeigt ist. Die Phasenfolge des Drehstromes kann unberücksichtigt bleiben, da die Messung von ihr unabhängig ist. Je nachdem, ob man eine direkte, halbindirekte oder indirekte Messung ausführen will, ergeben sich dann die folgenden Schaltbilder.

Schaltbild 12 zeigt die normale Schaltung für direkte Messungen. Diese Schaltung wird vorzugsweise bei Vierleiter-Drehstrom benutzt, um die drei Einzelleistungen und damit die Gesamtleistung zu bestimmen. Bei Dreileiter-Drehstrom verwendet man die Schaltung nur dann, wenn besonderes Gewicht auf vollkommene Symmetrie der Meßschaltung gelegt wird, wie es z. B. bei der Untersuchung kleinster Motoren wünschenswert scheint. Man kann hierbei entweder den etwa vorhandenen Nullpunkt des Stromerzeugers benutzen oder einen künstlichen Nullpunkt erzeugen, wie es das Prinzipschaltbild auf S. 163 zeigt. Man verwendet für diese Messungen je nach der gewünschten Meßgenauigkeit Laboratoriums-Instrumente oder Betriebs-Instrumente. Es sind drei vollständige Instrumentsätze erforderlich, deren Spannungskreise für die Sternspannung $E_s = \frac{E}{\sqrt{3}}$ zu bemessen sind.

Schaltbild 13 zeigt eine direkte Schaltung mit nur einem Instrumentsatz. Die Instrumente werden hierbei durch zwei Stromumschalter nacheinander in die drei Phasen eingeschaltet. Da sich die Belastung während der drei nacheinander ausgeführten Messungen erheblich ändern kann, ist bei Anwendung dieser dreifachen Umschaltung jedoch einige Vorsicht geboten. Man wird daher diese Schaltung im allgemeinen nur dann anwenden, wenn das Hauptgewicht auf die Bestimmung der drei Einzelleistungen gelegt wird und die Gesamtleistung erst in zweiter Linie in Frage kommt.

Schaltbild 14 zeigt eine halbindirekte Schaltung mit Stromwandlern als Meßbereichwählern und Vorwiderständen für die Spannungskreise. Besonders empfehlenswert für diese Messungen sind die Instrumente der Prüffeldtype. Es sind drei Satz Instrumente und drei Stromwandler erforderlich. Die Schaltung kann für Spannungen bis etwa 600 Volt angewandt werden. Besonders zu beachten sind die Potentialausgleichverbindungen $L_2 - l_2$ an den Stromwandlern, durch die Potentialdifferenzen in den Leistungsmessern vermieden werden.

Schaltbild 15 zeigt eine halbindirekte Schaltung mit zwei Stromumschaltern auf der Primärseite. Man spart bei dieser Schaltung zwei Stromwandler und zwei Satz Instrumente. Da die Stromumschalter jedoch nur für Stromstärken bis 200 Ampere

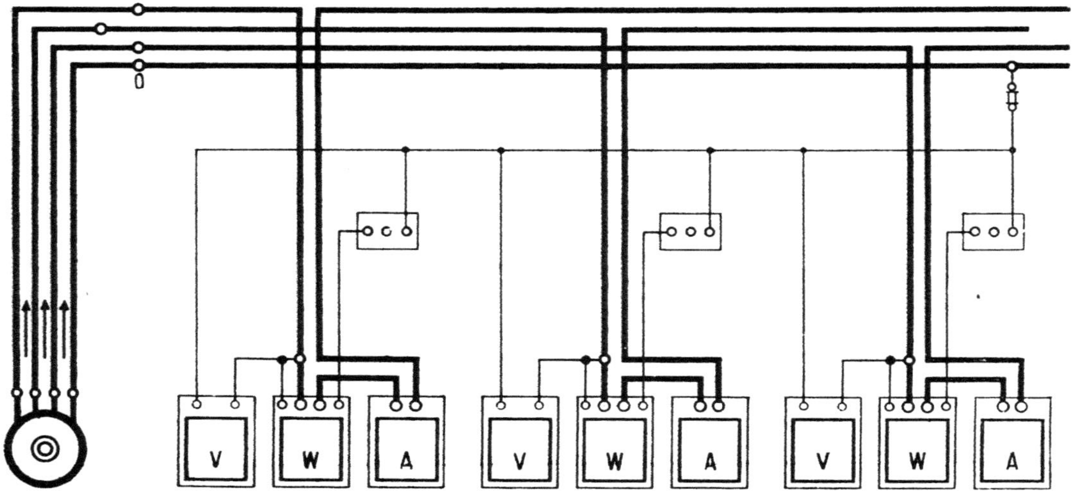

$$P = C \cdot c \cdot (\alpha_1 + \alpha_2 + \alpha_3) \quad \text{Watt.}$$

Die Spannungskreise der Instrumente müssen für die Sternspannung $E_s = E : \sqrt{3}$ bemessen werden.

Schaltbild 12. Direkte Drehstrom-Leistungsmessung nach der Drei-Leistungsmesser-Methode. (Bild 120.)

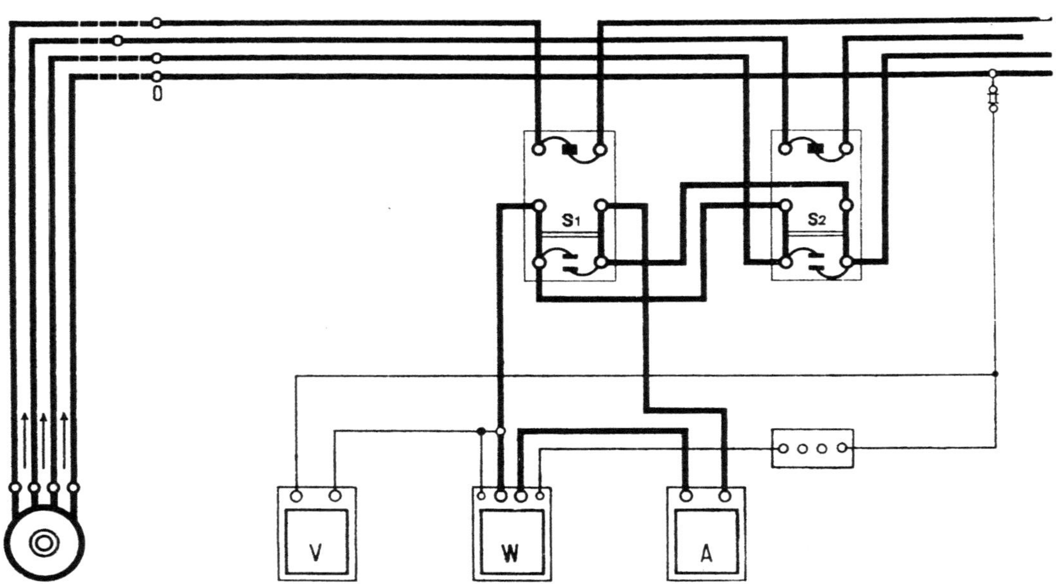

$$P = C \cdot c \cdot (\alpha_1 + \alpha_2 + \alpha_3) \quad \text{Watt.}$$

Bei Messung von α_1: Umschalter S_1 nach oben und Umschalter S_2 nach oben.
Bei Messung von α_2: Umschalter S_1 nach unten und Umschalter S_2 nach oben.
Bei Messung von α_3: Umschalter S_1 nach unten und Umschalter S_2 nach unten.

Schaltbild 13. Direkte Drehstrom-Leistungsmessung nach der Drei-Leistungsmesser-Methode, mit zwei Stromumschaltern. (Bild 121.)

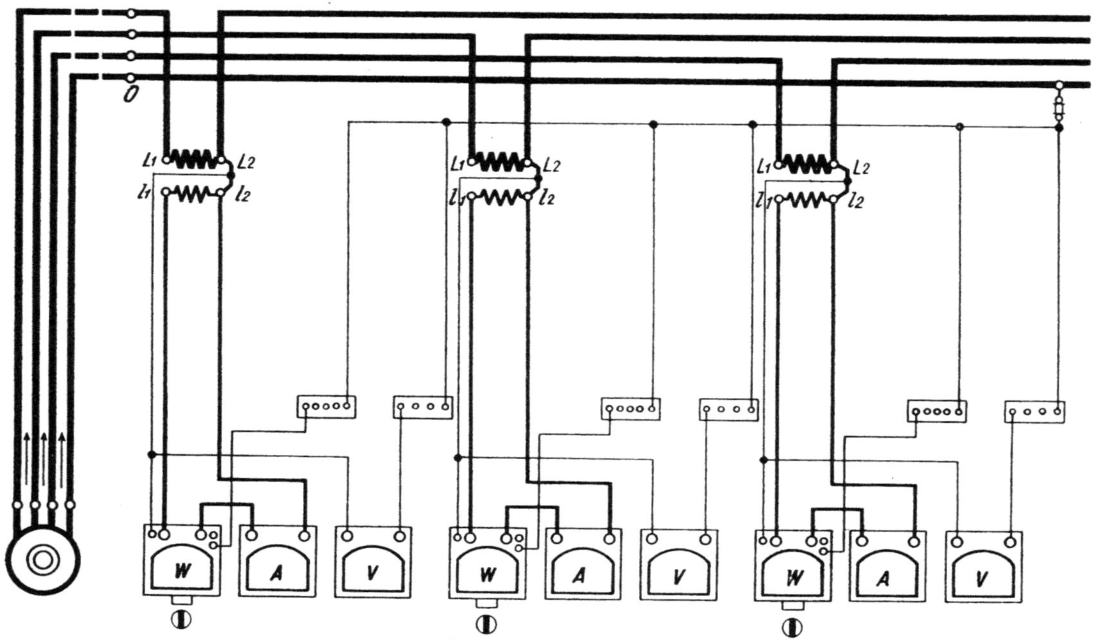

$$P = \frac{J_n}{5} \cdot C \cdot c \cdot (\alpha_1 + \alpha_2 + \alpha_3) \quad \text{Watt.}$$

Schaltbild 14. Halbindirekte Drehstrom-Leistungsmessung nach der Drei-Leistungsmesser-Methode. (Bild 122.)

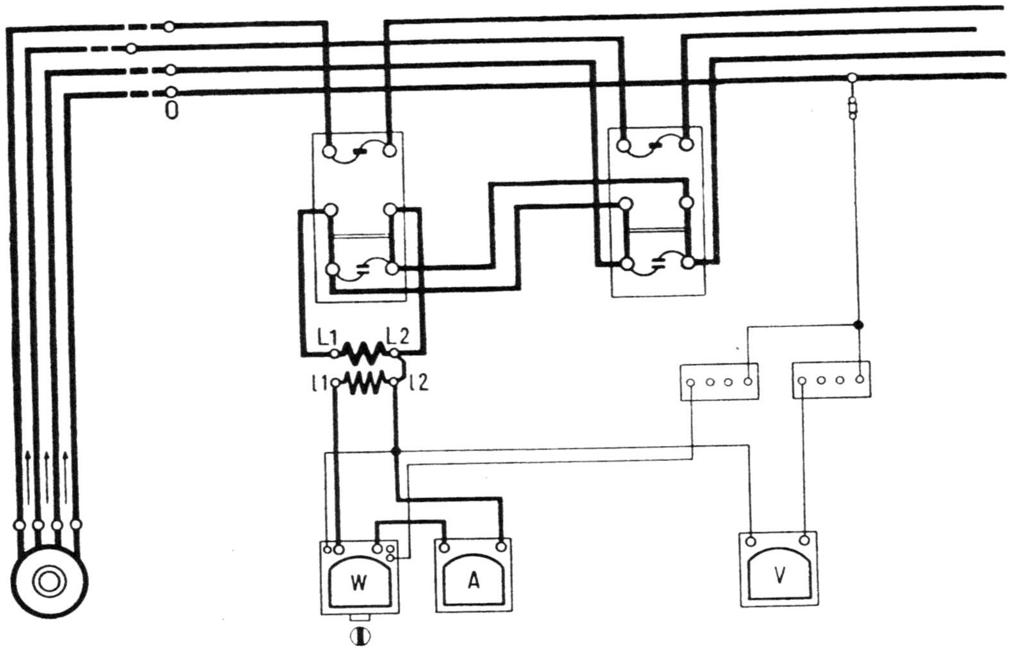

$$P = \frac{J_n}{5} \cdot C \cdot c \cdot (\alpha_1 + \alpha_2 + \alpha_3) \quad \text{Watt.}$$

Schaltbild 15. Halbindirekte Drehstrom-Leistungsmessung nach der Drei-Leistungsmesser-Methode, mit zwei Stromumschaltern auf der Primärseite. (Bild 123.)

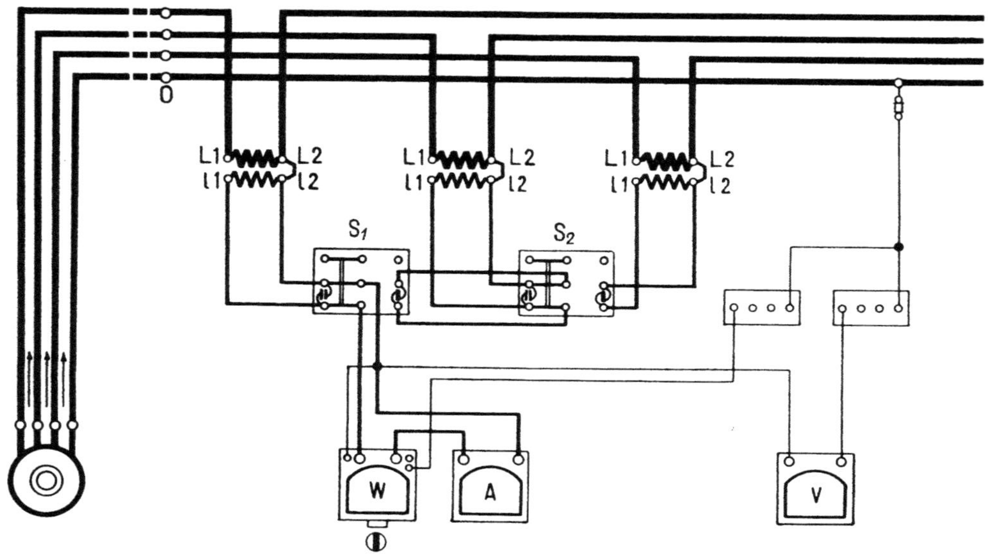

$$P = \frac{J_n}{5} \cdot C \cdot c \cdot (\alpha_1 + \alpha_2 + \alpha_3) \quad \text{Watt.}$$

Messung von α_1: Umschalter S_1 nach links und S_2 nach links.
Messung von α_2: Umschalter S_1 nach rechts und S_2 nach links.
Messung von α_3: Umschalter S_1 nach rechts und S_2 nach rechts.

Schaltbild 16. Halbindirekte Drehstrom-Leistungsmessung nach der Drei-Leistungsmesser-Methode, mit zwei Stromumschaltern auf der Sekundärseite. (Bild 124.)

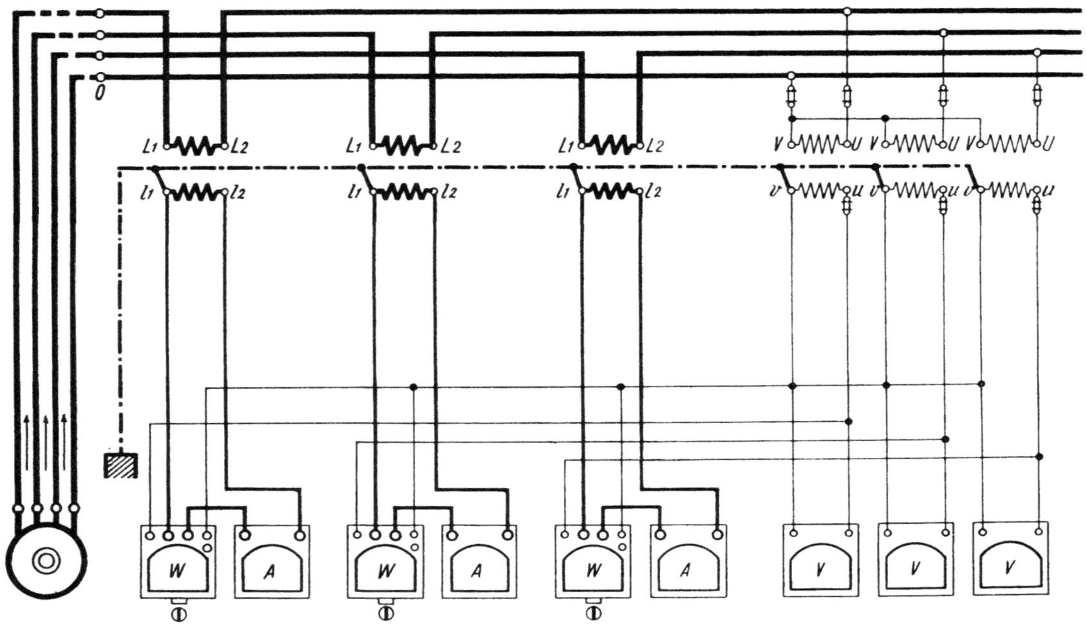

$$P = \frac{J_n}{5} \cdot \frac{E_n}{100} \cdot c \cdot (\alpha_1 + \alpha_2 + \alpha_3) \quad \text{Watt.}$$

Schaltbild 17. Indirekte Drehstrom-Leistungsmessung nach der Drei-Leistungsmesser-Methode. (Bild 125.)

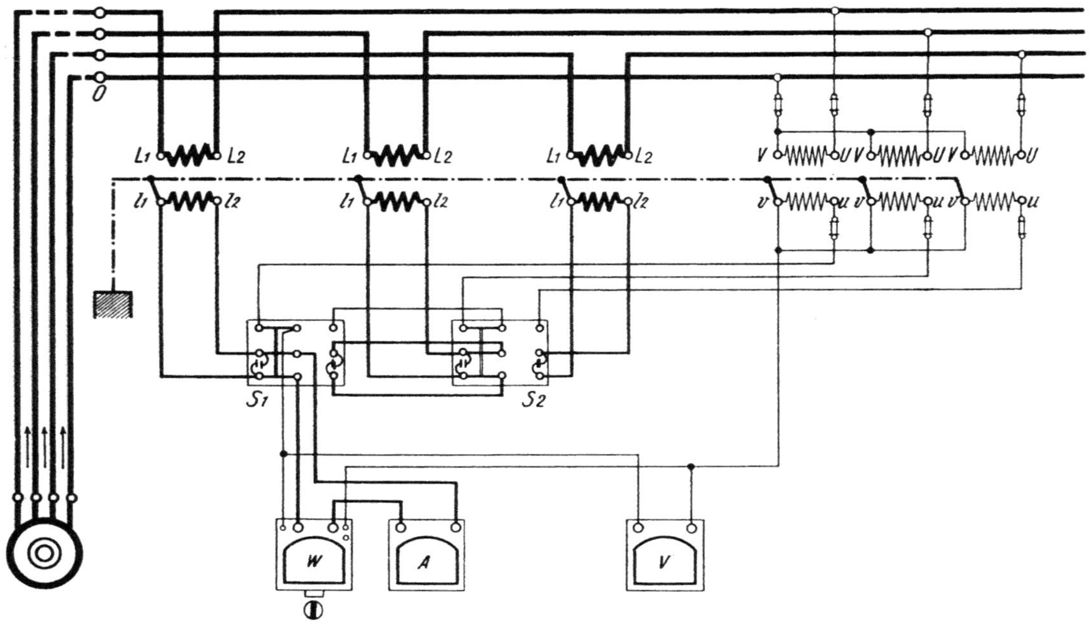

$$P = \frac{J_n}{5} \cdot \frac{E_n}{100} \cdot c \cdot (\alpha_1 + \alpha_2 + \alpha_3) \quad \text{Watt.}$$

Schaltbild 18. Indirekte Drehstrom-Leistungsmessung nach der Drei-Leistungsmesser-Methode, mit zwei Stromumschaltern. (Bild 126.)

hergestellt werden, ist das Anwendungsgebiet dieser Schaltung beschränkt.

Schaltbild 16 zeigt ebenfalls eine halbindirekte Schaltung, jedoch sind hierbei die beiden Stromumschalter auf der Sekundärseite eingeschaltet. Es sind daher drei Stromwandler erforderlich. Die Schaltung bietet indessen den Vorteil, daß sie für beliebig hohe Stromstärken benutzt und mit den für indirekte Messungen vorhandenen Meßgeräten ausgeführt werden kann.

Schaltbild 17 zeigt die indirekte Schaltung mit Strom- und Spannungswandlern. Diese Schaltung ist besonders für Hochspannungsmessungen bestimmt. Alle Meßinstrumente sind geerdet, so daß die Bedienung der Schaltung gefahrlos ist. Man benutzt für diese Schaltung vorzugsweise die für den Anschluß an Meßwandler gebauten Instrumente der Prüffeldtype. Es sind drei Satz Instrumente und drei Satz Meßwandler erforderlich.

Schaltbild 18 zeigt eine indirekte Schaltung mit nur einem Satz Instrumente. Die für die Umschaltung der Meßinstrumente erforderlichen zwei Stromumschalter liegen hierbei auf der Sekundärseite der Meßwandler, so daß die Bedienung der Schaltung gefahrlos ist. Bezüglich der durch die doppelte Umschaltung entstehenden Unsicherheit gilt das bei Schaltbild 13 gesagte.

3. Drehstrom-Leistungsmesser mit zwei mechanisch gekuppelten Meßwerken.

a. Entwicklung der Leistungsformel.

Der Drehstrom-Leistungsmesser soll die Messung der Leistung eines beliebig belasteten Drehstrom-Dreileiter-Systems durch eine einzige Zeigerablesung ermöglichen. Dies ist besonders in Betrieben mit stark schwankender Belastung erwünscht, da in diesem Falle die Ablesung zweier Leistungsmesser einige Schwierigkeiten bietet. Nach den vorhergehenden Entwicklungen sind zur Messung der Leistung eines beliebig belasteten Drehstrom-Dreileiter-Systems mindestens zwei Leistungsmessungen erforderlich. Der Drehstrom-Leistungsmesser muß daher zwei Meßwerke enthalten. Diese beiden Meßwerke sind mechanisch starr gekuppelt, so daß sich ihre Drehmomente selbsttätig addieren bzw. subtrahieren (vgl. Tafel 30). Der Zeigerausschlag des Instruments gibt daher

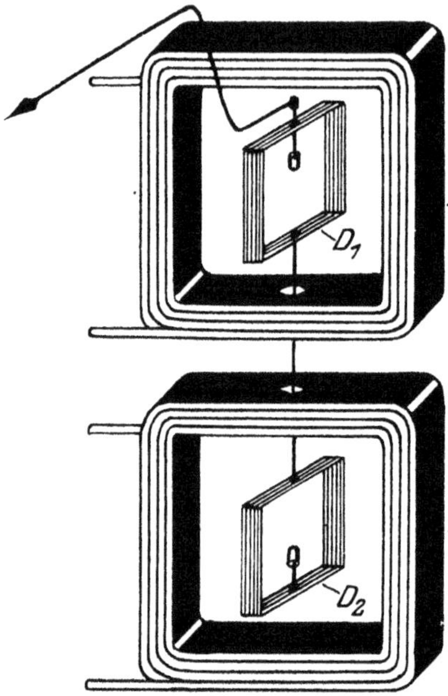

Bild 127. Die beiden mechanisch gekuppelten Drehspulen D_1 und D_2 sind innerhalb der gleichsinnig gewickelten Feldspulen F_1 und F_2 angeordnet.

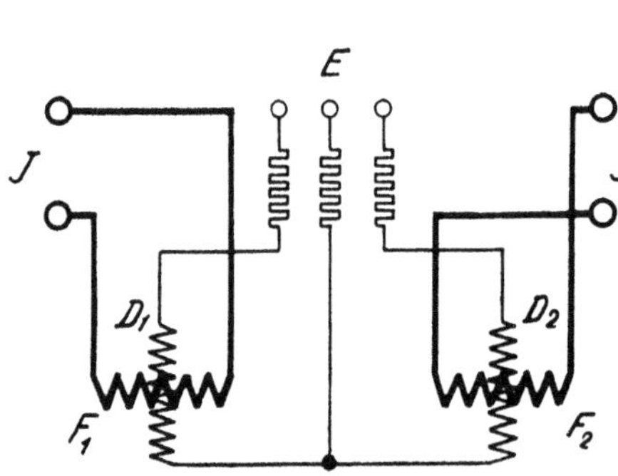

Bild 128. Innere Schaltung des Instruments.

Tafel 30. Drehstrom-Leistungsmesser mit zwei Meßwerken.

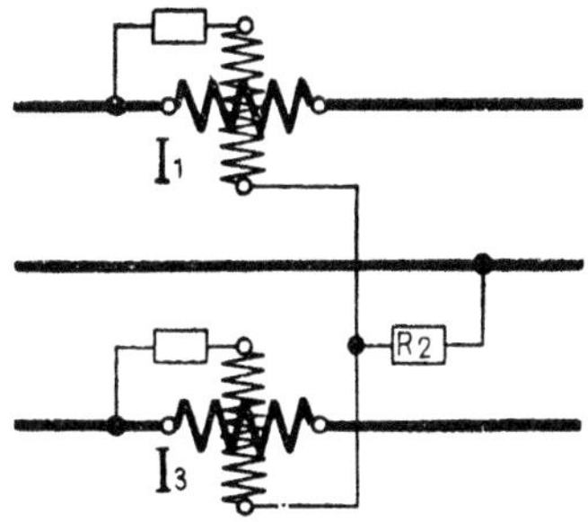

Bild 129.

unmittelbar die Summe bzw. Differenz der beiden gemessenen Teilleistungen an.

Die innere Schaltung des Instruments entspricht im wesentlichen der Zwei-Leistungsmesser-Methode. Um die gegenseitigen Beeinflussungen der direkt übereinander aufgebauten Meßwerke zu kompensieren, ist jedoch die Schaltung des Drehstrom-Leistungsmessers durch Einbau eines dritten Korrektionswiderstandes R_2 in der in Bild 129 angegebenen Weise abgeändert worden.

Bezeichnen:

i_1, i_3 = Momentanwerte der Ströme in den feststehenden Feldspulen;

i_{s1}, i_{s3} = Momentanwerte der Ströme in den beweglichen Spannungsspulen:

i_{s2} = Momentanwert des Stromes im Korrektionswiderstand R_2;

M_1, M_1', M_3, M_3' = Momentanwerte der erzeugten Drehmomente;

c_1, c_1', c_3, c_3' = Meßwerk-Konstanten,

so würden sich folgende Drehmomente ergeben, und zwar durch Zusammenwirken von

oberer Feldspule und oberer Spannungsspule

$$c_1 \cdot i_1 \cdot i_{s1} = \text{const} \cdot M_1$$

oberer Feldspule und unterer Spannungsspule

$$c_1' \cdot i_1 \cdot i_{s3} = \text{const} \cdot M_1'$$

unterer Feldspule und unterer Spannungsspule

$$c_3 \cdot i_3 \cdot i_{s3} = \text{const} \cdot M_3$$

unterer Feldspule und oberer Spannungsspule

$$c_3' \cdot i_3 \cdot i_{s1} = \text{const} \cdot M_3' .$$

Der Ausschlag α des Instruments wird durch die Summe der auf das Meßorgan ausgeübten Drehmomente bestimmt. Setzt man voraus, daß die Empfindlichkeit des Instruments an allen Stellen der Skala gleich groß ist, so wird:

$$\text{const} \cdot (M_1 + M_1' + M_3 + M_3') = \alpha$$
$$c_1 \cdot i_1 \cdot i_{s1} + c_1' \cdot i_1 \cdot i_{s3} + c_3 \cdot i_3 \cdot i_{s3} + c_3' \cdot i_3 \cdot i_{s1} = \alpha \ .$$

Da die Summe der Momentanwerte der Ströme eines Drehstrom-Dreileitersystems gleich Null ist, gilt die Beziehung

$$i_{s1} = -(i_{s2} + i_{s3})$$
$$i_{s3} = -(i_{s1} + i_{s2}) \ .$$

Setzen wir diese Werte oben ein, so folgt

$$i_1 [c_1 \cdot i_{s1} - c_1' \cdot (i_{s1} + i_{s2})] + i_3 [c_3 \cdot i_{s3} - c_3' \cdot (i_{s2} + i_{s3})] = \alpha$$
$$i_1 [(c_1 - c_1') \cdot i_{s1} - c_1' \cdot i_{s2}] + i_3 [(c_3 - c_3') \cdot i_{s3} - c_3' \cdot i_{s2}] = \alpha \ .$$

Sind R_1, R_2, R_3 die induktionsfreien Widerstände der drei Spannungszweige und e_1, e_2, e_3 die Momentanwerte der an ihren Enden herrschenden Spannungen, so ist

$$i_{s1} = \frac{e_1}{R_1}; \quad i_{s2} = \frac{e_2}{R_2}; \quad i_{s3} = \frac{e_3}{R_3}$$

Setzen wir dies in die letzte Gleichung ein, so folgt:

$$i_1 \left[\frac{c_1 - c_1'}{R_1} \cdot e_1 - \frac{c_1'}{R_2} \cdot e_2\right] + i_3 \left[\frac{c_3 - c_3'}{R_3} \cdot e_3 - \frac{c_3'}{R_2} \cdot e_2\right] = \alpha \ .$$

Wählt man die Widerstände der drei Spannungszweige so, daß

$$\frac{c_1 - c_1'}{R_1} = \frac{c_1'}{R_2} = \frac{c_3 - c_3'}{R_3} = \frac{c_3'}{R_2} = \frac{1}{c}$$

wird, so erhält die Gleichung die einfache Form

$$i_1 (e_1 - e_2) + i_3 (e_3 - e_2) = c \cdot \alpha \ .$$

Dies ist dieselbe Gleichung, die auf S. **143** für die Zwei-Leistungsmesser-Methode entwickelt wurde. Die Ausdrücke $(e_1 - e_2)$ und $(e_3 - e_2)$ stellen nichts anderes dar als die verketteten Spannungen, die durch Gegeneinanderschalten von zwei Sternspannungen entstanden sind. Da das bewegliche Meßorgan des Leistungsmessers den einzelnen Impulsen der momentanen Leistungswerte nicht folgen kann, stellt es sich infolge seiner Trägheit auf einen mittleren Wert ein, der der mittleren Leistung entspricht. Die Gesamtleistung ergibt sich also aus nur einem Zeigerausschlag

$$P = c \cdot \alpha \qquad \text{Watt.}$$

Aus der Bedingungsgleichung für die Widerstände folgt, daß die drei Größen R_1, R_2 und R_3 durch vier Gleichungen definiert, also überbestimmt sind. Die Bedingungsgleichungen werden daher nicht über die ganze Ausdehnung der Skala in gleich vollkommener Weise erfüllt. Die Eichung des Instruments erfolgt derart, daß die Angaben in dem wichtigeren Gebrauchsgebiete, also etwa von 20% des Ausschlags an, richtig sind. Für Messungen bei außergewöhnlichen Verhältnissen, also etwa bei $\cos \varphi = 0$, wie das bei der Eichung von Zählern vorkommt, ist daher der Drehstrom-Leistungsmesser nicht geeignet.

b. Instrument-Konstante des Drehstrom-Leistungsmessers.

Der Wert der Instrument-Konstante c des Drehstrom-Leistungsmessers ist bestimmt durch die Beziehung:

$$c = \frac{2 \cdot \text{Nennstrom} \cdot \text{Nennspannung}}{\text{Anzahl der Skalenteile}} .$$

Der volle Zeigerausschlag des Instruments wird also erst bei einer Leistung erreicht, die gleich dem doppelten Produkt aus dem jeweiligen Nennstrom und der jeweiligen Nennspannung ist. Da jedoch die Drehstromleistung nur das 1,73 fache dieses Produktes ist, folgt, daß das Instrument erst bei einer Überlastung von 13,5% den vollen Zeigerausschlag geben wird.

c. Meßschaltungen.

Der Vorteil des Drehstrom-Leistungsmessers, daß er die gesamte Drehstromleistung durch eine einzige Zeigerablesung ergibt, macht ihn besonders für Leistungsmessungen bei stark schwankender Belastung geeignet. Allerdings muß man sich darüber klar bleiben, daß die Meßgenauigkeit des vorstehend beschriebenen Instruments infolge der gegenseitigen Beeinflussungen der beiden Meßwerke stets erheblich geringer sein muß als die zweier getrennter Instrumente. Der eisenlose Drehstrom-Leistungsmesser kann daher nicht mehr zu den Präzisions-Instrumenten gerechnet werden; er gehört vielmehr bezüglich seiner Meßgenauigkeit in die Klasse der Betriebsinstrumente. Da diese aber neuerdings mit eisengeschlossenen Meßwerken ausgeführt werden, bei denen eine gegenseitige Beeinflussung nicht mehr auftritt, ist der eisenlose Drehstrom-Leistungsmesser als überholt zu betrachten. Er ist nur deshalb ausführlich beschrieben, weil seine theoretischen Verhältnisse besonderes Interesse bieten. Andererseits schien es auch wünschenswert, für den Gebrauch der vorhandenen Instrumente die erforderlichen technischen Unterlagen zu geben.

Für den Aufbau der Meßschaltung der eisenlosen Drehstrom-Leistungsmesser haben die auf S. 26 angeführten Schaltregeln keine Gültigkeit. Einesteils können Potentialdifferenzen im Instrument aus konstruktiven Gründen nicht vermieden werden, anderenteils aber ist das Instrument symmetrisch aufgebaut, so daß die Richtungsregeln nur unter Beachtung der infolge der Symmetrie des Instruments auftretenden Umkehrungen gelten.

Schaltbild 19 zeigt die direkte Schaltung des Instruments. Sie ist nur für Spannungen bis etwa 450 Volt möglich, da die Betriebsspannung sowohl zwischen den beiden Feldspulen, als auch zwischen den Feldspulen und den zugehörigen Spannungsspulen auftritt (vgl. Innenschaltung Bild 128). Man hat die Potentialdifferenzen zwischen Feldspulen und Spannungsspulen beim Drehstrom-Leistungsmesser zulassen müssen, da es nicht möglich war, die beiden beweglichen Spannungsspulen ohne erhebliche Gewichtsvermehrung hinreichend sicher voneinander zu isolieren. Die durch diese Potentialdifferenz etwa verursachten Störungen durch elektrische Ladungserscheinungen fallen bei der geringen Meßgenauigkeit des Drehstrom-Leistungsmessers nicht ins Gewicht. Für die äußere Schaltung ergibt sich jedoch hieraus die Bedingung, daß alle drei Spannungsleitungen zu sichern sind.

Schaltbild 20 zeigt die halbindirekte Schaltung. Bei dieser ist besonders auf die Potentialausgleichleitungen $l_1 - l_1$ zu achten, durch die alle Feldspulen und Spannungsspulen auf das Potential der mittleren Phase gebracht werden. Es sind also hierbei alle Potentialdifferenzen im Instrument vermieden, so daß diese Schaltung wesentlich günstiger ist als die direkte Schaltung.

Schaltbild 21 zeigt die indirekte Schaltung mit Strom- und Spannungswandlern. Die Sekundärseiten aller Spannungswandler sind wie üblich geerdet, so daß die Messung auch bei Hochspannung gefahrlos ist. Die Drehstrom-Leistungsmesser für den Anschluß an Meßwandler erhalten ebenso wie die Prüffeld-Instrument eine Nennspannung von 90 Volt, die normal um 10% überlastet wird. Hierdurch wird die durch die Wahl der Instrumentkonstante bedingte Verkleinerung des Ausschlages zum größten Teil wieder aufgehoben.

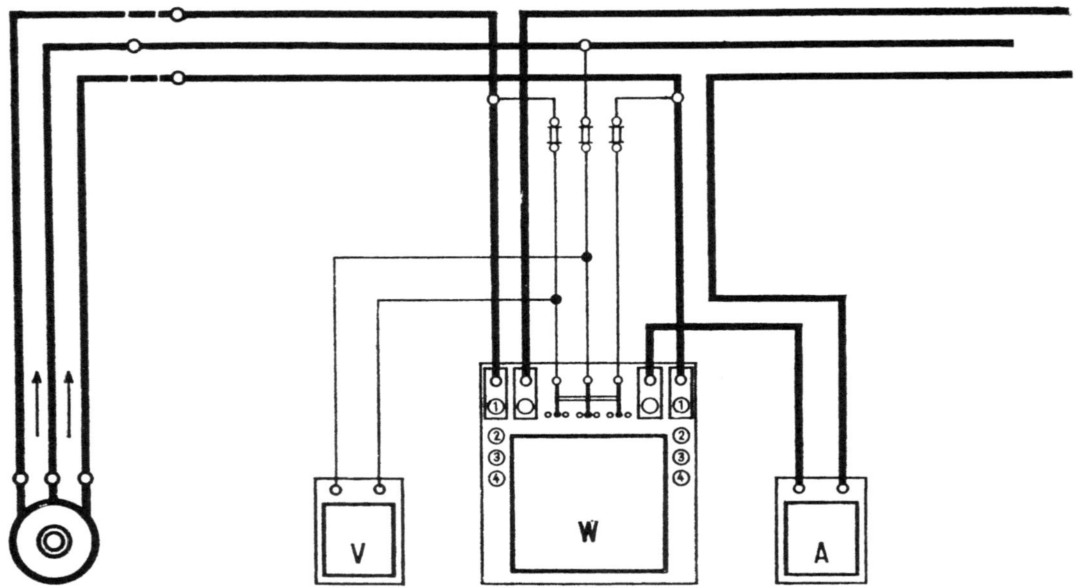

$$P = c \cdot \alpha \quad \text{Watt.}$$

Schaltbild 19. Direkte Schaltung des Drehstrom-Leistungsmessers. (Bild 130.)

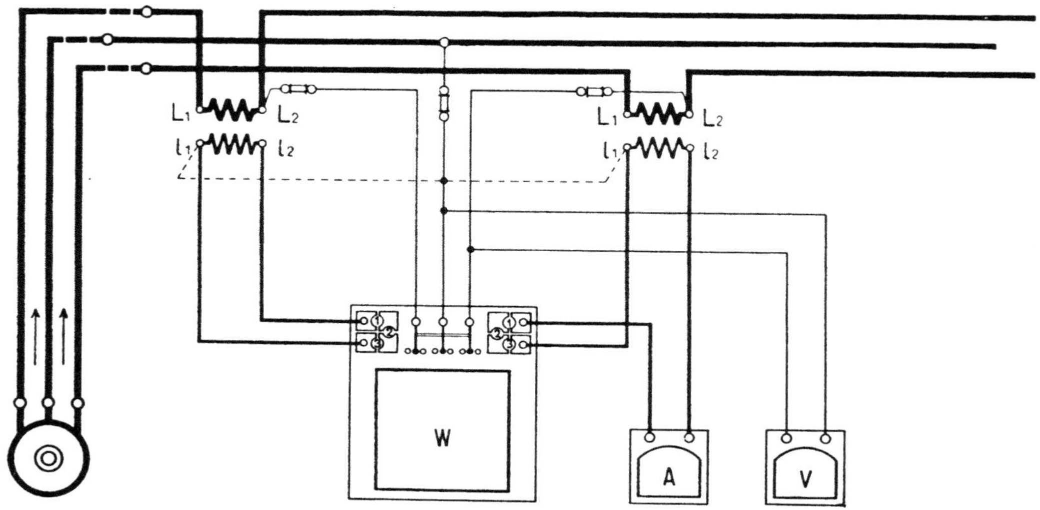

$$P = \frac{J_n}{5} \cdot c \cdot \alpha \quad \text{Watt.}$$

Schaltbild 20. Halbindirekte Schaltung des Drehstrom-Leistungsmessers. (Bild 131.)

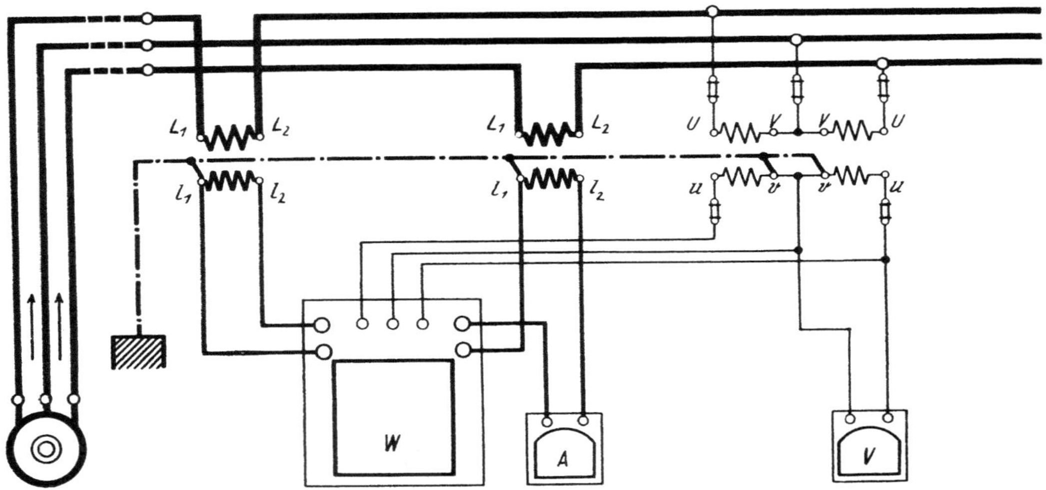

$$P = \frac{J_n}{5} \cdot \frac{E_n}{100} \cdot c \cdot \alpha \quad \text{Watt.}$$

Schaltbild 21. Indirekte Schaltung des Drehstrom-Leistungsmessers. (Bild 132.)

4. Ein-Leistungsmesser-Methoden für Drehstrom gleicher Belastung.

a. Entwicklung der Leistungsformel für die Nullpunkt-Methode.

Die Gesamtleistung eines Drehstromes ist gleich der Summe der Leistungen der drei Phasen. Sind die drei Phasen gleichmäßig

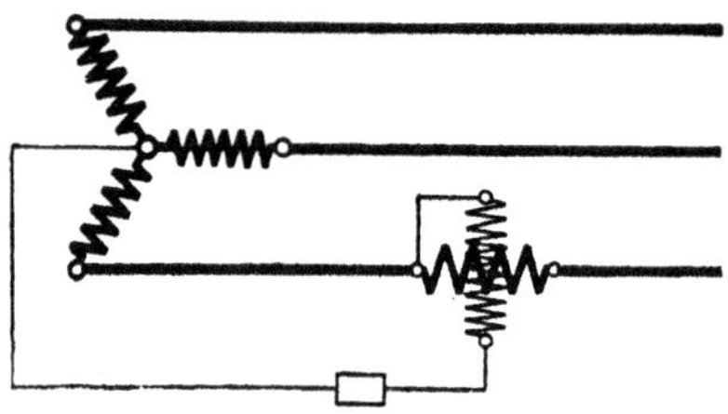

Bild 133.

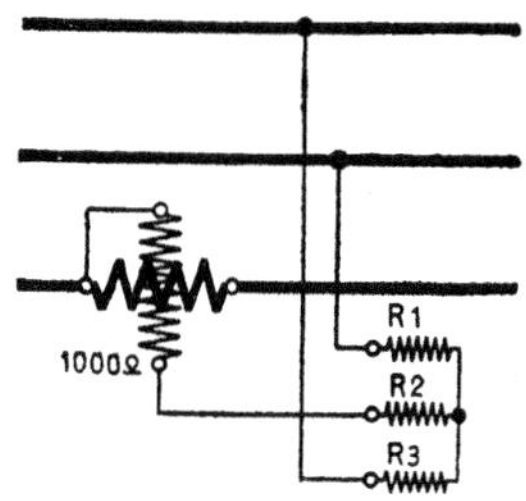

Bild 134.

belastet, wie es bei Motoren der Fall ist, so genügt es für die Ermittlung der Gesamtleistung, die Leistung nur einer Phase zu messen und das Ergebnis mit 3 zu multiplizieren. Da die Bedingung genau gleichmäßig verteilter Belastung praktisch nur annähernd erfüllt ist, kann mit dieser Methode nicht die Meßgenauigkeit erzielt werden wie mit der Zwei-Leistungsmesser-Methode. Für technische Messungen wird die Methode jedoch in vielen Fällen recht brauchbar sein, namentlich bei Messungen an Maschinen mit stark schwankender Belastung, da es hierbei vielfach mehr darauf ankommt, die Änderungen der Belastung zu beobachten, als die genaue Größe der Leistung zu bestimmen.

Zur Messung der Leistung einer Phase ist der Nullpunkt des Drehstrom-Systems erforderlich. Da der natürliche Nullpunkt jedoch in den wenigsten Fällen zugänglich ist, muß man sich meist einen künstlichen Nullpunkt herstellen. Dies geschieht dadurch, daß man drei genau gleich große Widerstände in Sternschaltung zusammenschaltet. Die zu den Präzisions-Leistungsmessern von S. & H. gehörigen Nullpunktwiderstände sind so bemessen, daß die Beziehung

$$R_1 = R_3 = R_2 + 1000$$

erfüllt wird. Die bei dem Widerstand R_2 fehlenden 1000 Ohm werden hierbei durch den Spannungskreis des Leistungsmessers (1000 - Ohm - Klemme) gebildet. Bei normaler Strombelastung

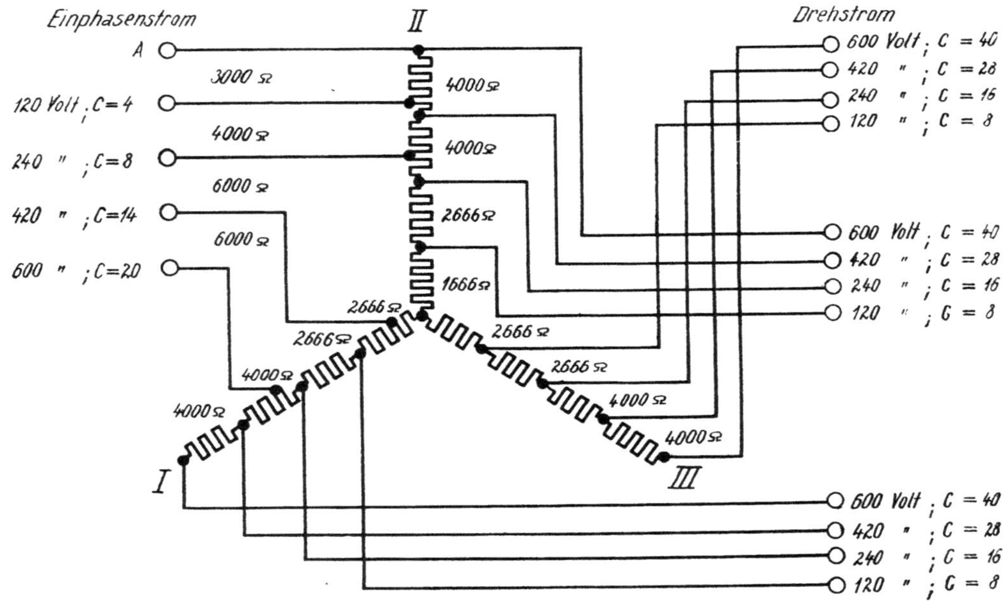

Bild 135.
Die Phase II ist stets unmittelbar an die 1000-Ohm-Klemme des Leistungsmessers anzuschließen.

Tafel 31. Innenschaltung des Nullpunktwiderstandes für Drehstrom gleicher Belastung.

des Leistungsmesser-Spannungskreises mit 0,03 Ampere würde die Widerstandskonstante für Drehstrom 1,73 mal so groß werden wie die Widerstandskonstante für Einphasenstrom, sofern man die bei Dreileiter-Drehstrom allein meßbare verkettete Spannung in die Rechnung einsetzt. Um bei der Auswertung der Meßergebnisse an Stelle des für die Rechnung unbequemen Faktors 1,73 den runden Wert 2 zu erhalten, werden die Widerstände so bemessen, daß der Strom im Spannungskreis des Leistungsmessers im Verhältnis 2 : 1,73 von 0,030 auf 0,026 Ampere verkleinert wird. Bedeutet E_n die Nennspannung des Widerstandes, die zur Erzielung einfacher Meßkonstanten als ein Vielfaches von 30 Volt anzunehmen ist, so ergeben sich folgende Widerstände für die einzelnen Zweige

$$R_1 = R_3 = \frac{E_n}{\sqrt{3} \cdot 0{,}026} = \frac{\sqrt{3}}{2{,}6} \cdot 100 \cdot \frac{E_n}{3} = \frac{2}{3}\left(1000 \cdot \frac{E_n}{30}\right) .$$

$$R_2 = R_1 - 1000 .$$

Der Klammerausdruck der obigen Formel stellt nichts anderes dar, als den für eine gleichgroße Einphasenspannung erforderlichen Widerstand. Hieraus folgt, daß der Widerstand eines Zweiges zwei Drittel so groß ist, als der Widerstand für eine gleichgroße Einphasenspannung. Die Widerstandswerte und die Widerstandskonstanten C sind auf Tafel 31 angegeben.

Die gemessene Drehstrom-Leistung ergibt sich dann durch Multiplikation der Angaben des Leistungsmessers mit der Widerstands-Konstante C für Drehstrom:

$$P = C \cdot c \cdot \alpha \qquad \text{Watt.}$$

Da der Strom im Spannungskreise des Leistungsmessers bei Verwendung der normalen Nullpunktwiderstände nur 26 anstatt 30 Milliampere beträgt, wird der Zeigerausschlag des Leistungsmessers bei vollem Strom, voller Spannung und $\cos\varphi = 1$ nur etwa 86,5% der ganzen Skala betragen. Der volle Ausschlag würde daher erst bei einer Überlastung des Instruments um 13,5% eintreten.

b. Meßschaltungen für die Nullpunkt-Methode.

Die Meßschaltungen für die Nullpunkt-Methode ergeben sich aus dem Prinzipschaltbild auf S. 184 und der auf Tafel 31 angegebenen Schaltung des Nullpunktwiderstandes. Demnach ist die Phase II des Nullpunktwiderstandes stets unmittelbar an die 1000-Ohm-Klemme des Leistungsmessers anzuschließen. Die in dieser Phase fehlenden 1000 Ohm werden durch den Widerstand des Präzisions-Leistungsmessers ersetzt.

Schaltbild 22 zeigt die Schaltung für direkte Messungen mit den Leistungsmessern der Laboratoriumstype. Die Schaltung ist für Spannungen bis 600 Volt anwendbar.

Schaltbild 23 zeigt die halbindirekte Schaltung mit Instrumenten der Prüffeldtype. Die Schaltung ist für Spannungen bis 600 Volt zulässig. Zu beachten ist die Potentialausgleichverbindung $L_2 - l_2$, durch die Potentialdifferenzen im Leistungsmesser vermieden werden.

Schaltbild 24 zeigt die indirekte Schaltung mit Strom- und Spannungswandlern. Hierzu werden zweckmäßig die Instrumente der Prüffeldtype benutzt. Zum Anschluß an die Spannungswandler ist ein besonderer Nullpunktwiderstand für 90 Volt erforderlich, der an die 1000-Ohm-Klemme des Leistungsmessers angeschlossen wird. Man kann diesen Widerstand dauernd mit 110 Volt überlasten. Durch die Wahl der Nennspannung 90 Volt für den Nullpunktwiderstand ergibt sich außer den auf S. 44 angegebenen Vorteilen noch der weitere Vorzug, daß die Skala des Leistungsmessers bei Anschluß des Widerstandes an 100 Volt fast voll ausgenutzt wird, während sie bei den übrigen Nullpunktwiderständen infolge des veränderten Spannungsstromes nur bis etwa 86% ausgenutzt werden kann. Der Zeiger des Leistungsmessers bleibt daher trotz der Überlastung des Spannungskreises bei vollem Strom und einem Leistungsfaktor $\cos\varphi = 1$ noch innerhalb der Skala. Es sei noch besonders darauf hingewiesen, daß es nicht möglich ist, den zur Messung erforderlichen Nullpunkt durch Sternschaltung dreier Spannungswandler herzustellen. Ein auf diese Weise erzeugter künstlicher Nullpunkt würde infolge der verschieden großen Leerlaufströme der drei Spannungswandler schon an sich kaum symmetrisch liegen. Durch den Anschluß der Meßinstrumente würden die Spannungswandler auch noch unsymmetrisch belastet werden, so daß sich der Nullpunkt noch weiter verschieben würde. Die Meßfehler würden daher hierbei ganz unzulässig groß werden.

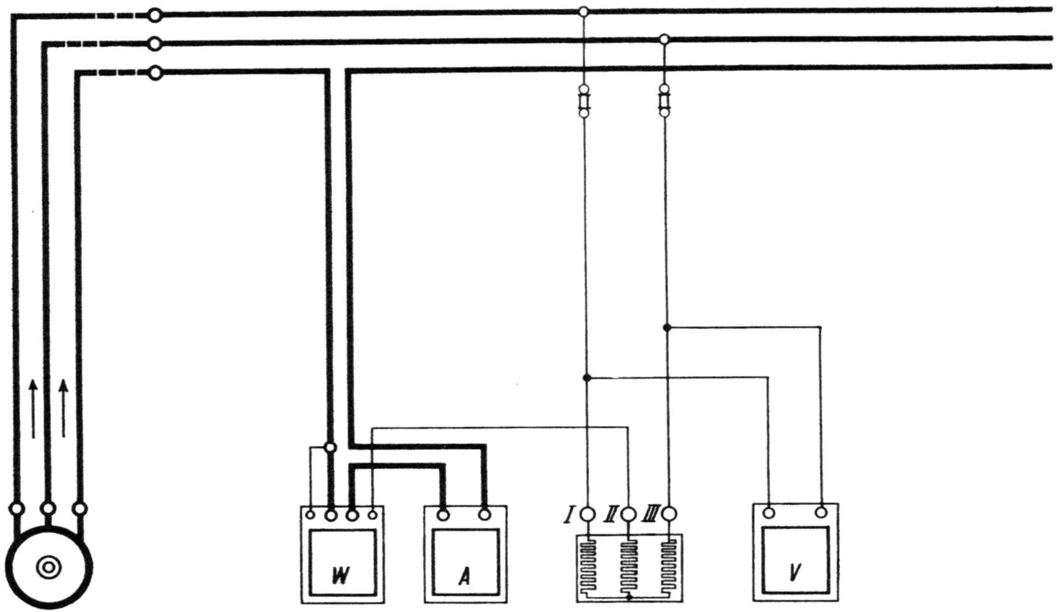

$$P = C \cdot c \cdot \alpha \quad \text{Watt.}$$

Für C sind die an den Drehstrom-Klemmen des Nullpunktwiderstandes angegebenen Werte einzusetzen.

Schaltbild 22. Direkte Drehstrom-Leistungsmessung nach der Nullpunkt-Methode. (Bild 136.)

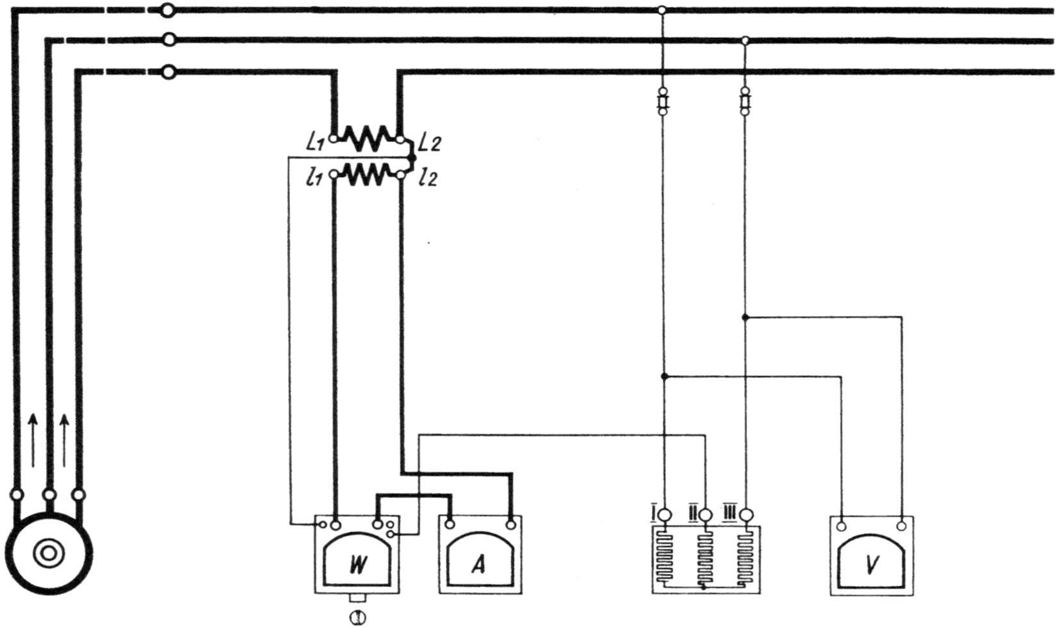

$$P = \frac{J_n}{5} \cdot C \cdot c \cdot \alpha \quad \text{Watt.}$$

Für C sind die an den Drehstrom-Klemmen des Nullpunktwiderstandes angegebenen Werte einzusetzen.

Schaltbild 23. Halbindirekte Drehstrom-Leistungsmessung nach der Nullpunkt-Methode. (Bild 137.)

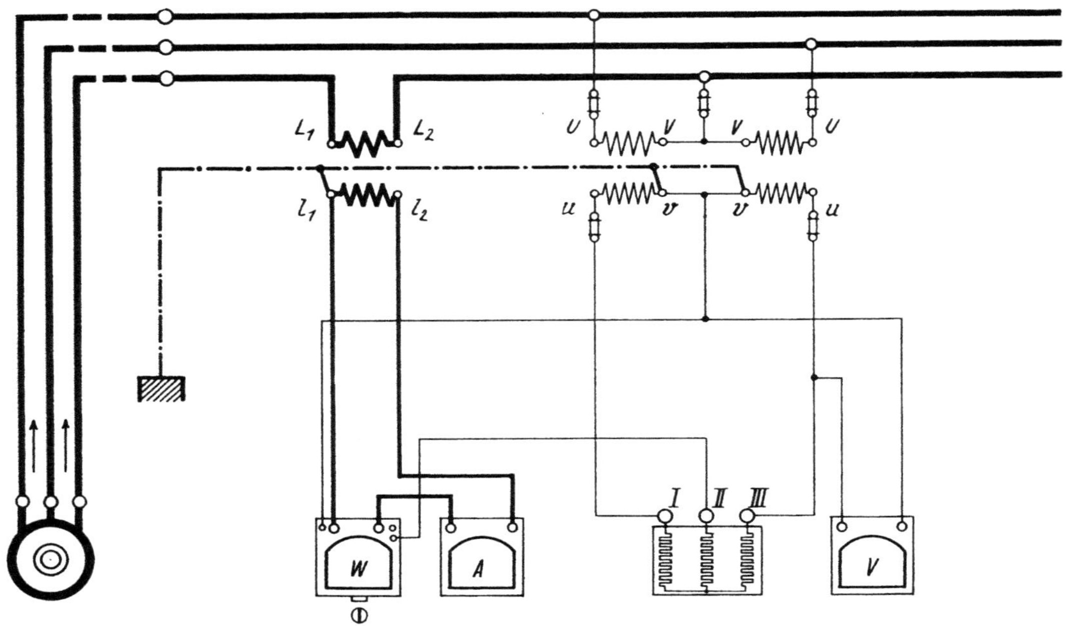

$$P = \frac{J_n}{5} \cdot \frac{E_n}{100} \cdot C \cdot c \cdot \alpha \qquad \text{Watt.}$$

Für C sind die an den Drehstrom-Klemmen des Nullpunktwiderstandes angegebenen Werte einzusetzen.

Schaltbild 24. Indirekte Drehstrom-Leistungsmessung nach der Nullpunkt-Methode. (Bild 138.)

c. Entwicklung der Leistungsformel für die Spannungsumschalter-Methode.

Man kann die Leistung eines gleichmäßig belasteten Drehstrom-Systems auch mit einem einfachen Leistungsmesser für Einphasenstrom bestimmen, wenn man die Feldspule in eine Stromphase und den Spannungskreis nacheinander an zwei verkettete Spannungen anlegt, wie es Bild 139 zeigt.

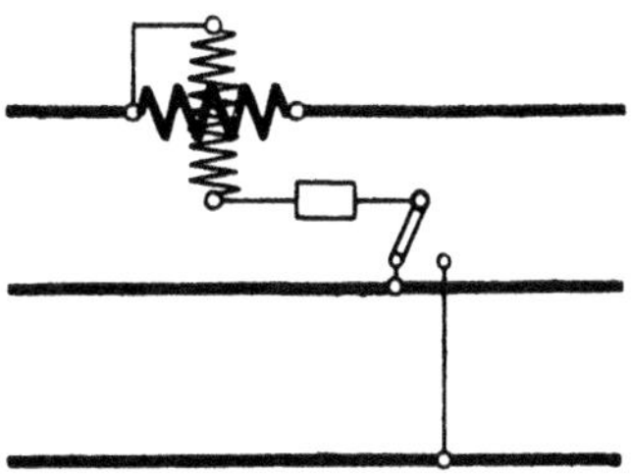
Bild 139.

Da die beiden Messungen hierbei nacheinander ausgeführt werden, ist außer der gleichen Verteilung der Belastung auf die drei Phasen noch vorauszusetzen, daß sich die Belastung in der Zeit zwischen beiden Messungen nicht erheblich ändert. Diese beiden Voraussetzungen sind jedoch praktisch stets nur annähernd erfüllt, es dürfen daher an die Meßgenauigkeit dieser Schaltung keine hohen Anforderungen gestellt werden. Die Schaltung hat aber den wesentlichen Vorteil, daß sie mit den einfachsten Hilfsmitteln arbeitet, da außer dem Leistungsmesser für Einphasenstrom nur noch ein einfacher, überall leicht zu beschaffender Spannungsumschalter erforderlich ist. Aus diesem Grunde wird diese Schaltung bei gelegentlichen Motoruntersuchungen in vielen Fällen einen willkommenen Ausweg bieten.

Das Verhalten des Leistungsmessers in dieser Schaltung geht aus dem auf Tafel 29 angegebenen Vektordiagramm ohne weiteres hervor. Vergleicht man dieses Vektordiagramm mit dem auf Tafel 26 angegebenen Diagramm der Zwei-Leistungsmesser-Methode, so sieht man, daß in beiden Schaltungen die Ausschläge α_1 genau die gleichen sind, da sie von dem gleichen Strome und der gleichen Spannung bei derselben Phasenverschiebung erzeugt werden. Bei den Ausschlägen α_2 herrscht in beiden Schaltungen ebenfalls die gleiche Phasenverschiebung, jedoch werden andere Ströme und Spannungen für die Messung benutzt. Setzt man voraus, daß die drei Ströme und die drei Spannungen des Drehstrom-Systems gleich groß sind, so werden auch die in beiden Schaltungen gemessenen Ausschläge α_2 gleich groß. Die Gesamtleistung ergibt sich demnach bei der Spannungsumschalter-Methode in der gleichen Weise wie bei der Zwei-Leistungsmesser-Methode aus den bei den beiden Schalterstellungen auftretenden Zeigerausschlägen α_1 und α_2.

$$P = C \cdot c \cdot (\alpha_1 \pm \alpha_2) \quad \text{Watt}.$$

Die Ausschläge α_1 und α_2 sind zu addieren, wenn man bei beiden Stellungen des Spannungsumschalters gleichgerichtete Ausschläge erhält. Muß man den Spannungsstrom des Leistungsmessers bei einer der beiden Messungen wenden, um einen Zeigerausschlag in die Skala hinein zu erhalten, so ist der kleinere Ausschlag vom größeren zu subtrahieren.

Um den Netzleistungsfaktor zu bestimmen, bildet man das Verhältnis $\alpha_2 : \alpha_1$ und entnimmt den dazugehörigen Wert von $\cos\varphi$ der Kurventafel auf Seite 148.

d. Meßschaltungen für die Spannungsumschalter-Methode.

Die für die Ausführung der Messungen erforderlichen vollständigen Meßschaltungen ergeben sich aus der Prinzipschaltung auf S. 191 und der äußeren Schaltung der benutzten Meßinstrumente.

Schaltbild 25 zeigt die direkte Schaltung. Man kann hierfür etwa vorhandene Laboratoriums-Instrumente benutzen, jedoch reichen bei der verhältnismäßig geringen Meßgenauigkeit dieser Methode auch die tragbaren Betriebs-Leistungsmesser in den meisten Fällen vollkommen aus. Als Spannungsumschalter kann jeder beliebige Umschalter mit guten Kontakten verwendet werden.

Schaltbild 26 zeigt die halbindirekte Schaltung mit einem Stromwandler als Strommeßbereichwähler und Vorwiderständen für den Spannungskreis. Zu beachten ist die Potentialausgleichverbindung $L_2 - l_2$. Die bei dieser Schaltung zulässige Spannung ist durch die Isolation der Sekundärwicklung des Stromwandlers auf eine Höchstspannung von 600 Volt beschränkt.

Schaltbild 27 zeigt die indirekte Schaltung mit Strom- und Spannungswandlern. Da die Meßwandler auf der Sekundärseite geerdet sind, ist die Schaltung auch bei Hochspannung gefahrlos zu bedienen. An Stelle der beiden in V-Schaltung liegenden Einphasen-Spannungswandler kann auch ein Drehstrom-Spannungswandler benutzt werden.

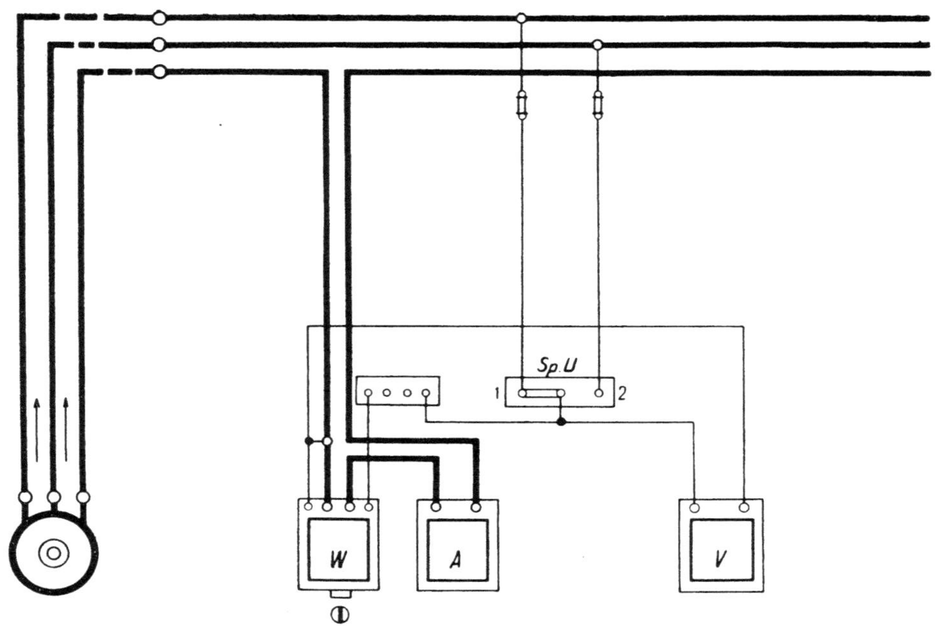

$$P = C \cdot c \cdot (\alpha_1 \pm \alpha_2) \quad \text{Watt.}$$

Schaltbild 25. Direkte Drehstrom-Leistungsmessung nach der Spannungsumschalter-Methode. (Bild 140.)

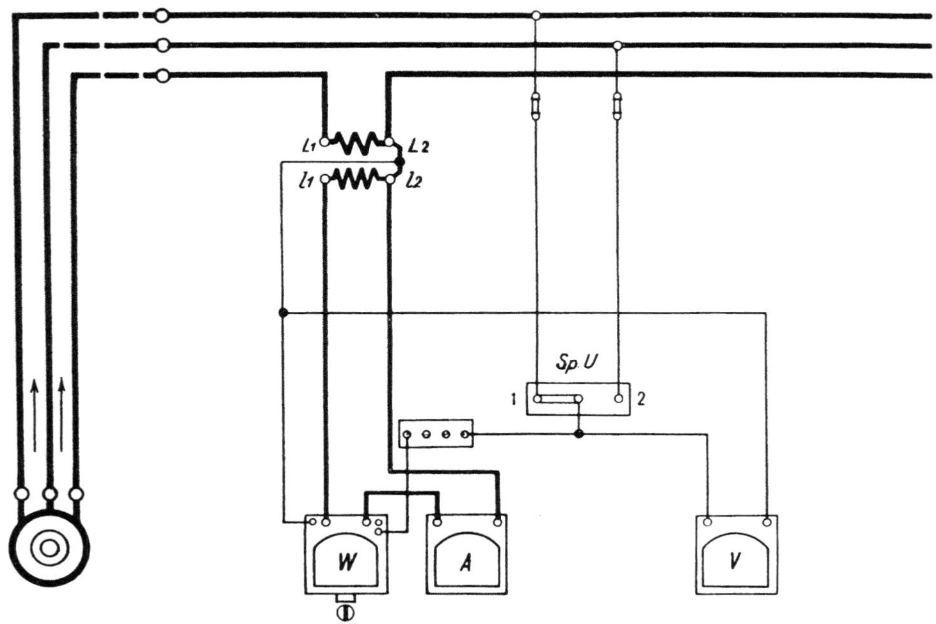

$$P = \frac{J_n}{5} \cdot C \cdot c \cdot (\alpha_1 \pm \alpha_2) \quad \text{Watt.}$$

Schaltbild 26. Halbindirekte Drehstrom-Leistungsmessung nach der Spannungsumschalter-Methode. (Bild 141.)

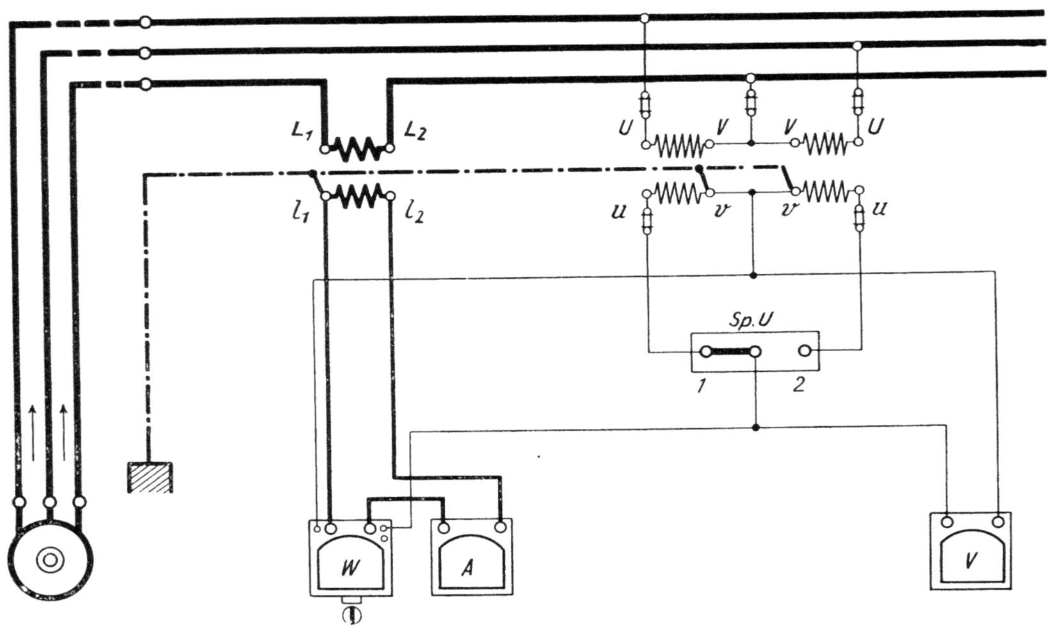

$$P = \frac{J_n}{5} \cdot \frac{E_n}{100} \cdot c \cdot (\alpha_1 \pm \alpha_2) \quad \text{Watt.}$$

Schaltbild 27. Indirekte Drehstrom-Leistungsmessung nach der Spannungsumschalter-Methode. (Bild 142.)

D. Leistungsmessungen bei sehr großen Phasenverschiebungen.

a. Vergrößerung des Zeigerausschlages durch Überlastung.

Die Messung von Wechselstromleistungen macht erhebliche Schwierigkeiten, wenn die Phasenverschiebung zwischen dem zu messenden Strom und der zu messenden Spannung sehr groß also der Leistungsfaktor sehr klein ist. Ein normaler Leistungsmesser gibt in diesem Falle nur einen sehr kleinen Zeigerausschlag, so daß die Meßgenauigkeit sehr klein wird. Die Möglichkeiten, trotz des kleinen Leistungsfaktors einen großen Zeigerausschlag zu erzielen, ergeben sich aus der allgemeinen Gleichung des Leistungsmessers

$$\alpha = \mathrm{const} \cdot AW \cdot \frac{a\,w}{M}$$

Hierbei ist

α = Zeigerausschlag,
AW = Amperewindungszahl der feststehenden Feldspulen,
$a\,w$ = Amperewindungszahl der Drehspule,
M = Gegendrehmoment der Feder oder des Aufhängebandes.

Nach dieser Gleichung stehen zur Vergrößerung des Zeigerausschlages drei Wege offen, nämlich die Vergrößerung von AW, die Vergrößerung von $a\,w$ und die Verkleinerung von M. Bei einem gegebenen Instrument ist die Vergrößerung von AW bzw. aw nur möglich durch Überlastung der Feldspule bzw. des Spannungskreises. Die Feldspule eines Leistungsmessers darf nur kurzzeitig überlastet werden, da die Erwärmung sonst unzulässig groß wird. Man kann z. B. den Nennstrom 2,5 Ampere des Leistungsmessers um 100% überlasten, wenn man die Schaltung so anordnet, daß die Feldspule dauernd kurzgeschlossen ist und nur während des Augenblicks der Ablesung unter Strom gesetzt wird. Der Leistungsmesser gibt dann schon bei einem Leistungsfaktor $\cos\varphi = 0{,}5$ den vollen Zeigerausschlag. Der Spannungskreis des Instruments kann dagegen dauernd um 100% überlastet werden, wenn man besondere, überlastbare Vorwiderstände benutzt. Man kann also dieselbe Vergrößerung des Zeigerausschlages auch durch Überlastung des Spannungskreises erreichen. Allerdings werden hierbei, wie der folgende Abschnitt zeigt, die Meßfehler etwas größer als bei der Überlastung der Feldspule. Bei gleichzeitiger Überlastung der Feldspule und des Spannungskreises würde sich der volle Zeigerausschlag schon bei einem Leistungsfaktor $\cos \varphi = 0{,}25$ erreichen lassen. Man verwendet diese Überlastung des Leistungsmessers vielfach bei Eisenprüfeinrichtungen, bei denen man einerseits einen großen Zeigerausschlag haben will, andererseits aber auf absolute Meßgenauigkeit nicht so großen Wert legt, da es sich hierbei nur um Vergleichsmessungen handelt.

b. Spezial-Leistungsmesser für große Phasenverschiebungen.

Bei noch kleineren Leistungsfaktoren kommt man indessen durch Überlastungen nicht mehr zum Ziele, da einesteils die Erwärmung des Instruments, andernteils aber die durch äußere Streufelder verursachten Meßfehler unzulässig groß würden. Man muß daher für diese Messungen Spezial-Instrumente benutzen. Die Gesichtspunkte, nach denen derartige Instrumente gebaut sein müssen, ergeben sich ohne weiteres aus der Beeinflussungsgleichung des Leistungsmessers.

Bedeutet:

$d\alpha$ = die durch ein Streufeld verursachte Änderung des Zeigerausschlages,

$a\,w$ = Amperewindungszahl der Drehspule,

M = Gegendrehmoment der Feder,

H = Kraftfluß des beeinflussenden Streufeldes,

so ist

$$d\alpha = \text{const} \cdot \frac{a\,w}{M} \cdot H$$

Diese Gleichung sagt nichts anderes, als daß die durch äußere Streufelder verursachten Meßfehler $d\alpha$ sowohl durch die Vergrößerung der Amperewindungen des Spannungskreises als auch durch eine Verkleinerung des Gegendrehmoments M der Feder wachsen. Es würde also nichts helfen, wenn man etwa die Drehspule, anstatt sie zu überlasten, mit einer größeren Windungszahl bauen, oder die Feder schwächer wählen würde. Da auch das beeinflussende Streufeld H nicht geändert werden kann, bleibt als einziger Weg, zu einer Bauart überzugehen, bei der durch ein fremdes Feld überhaupt keine Änderungen des Zeigerausschlages

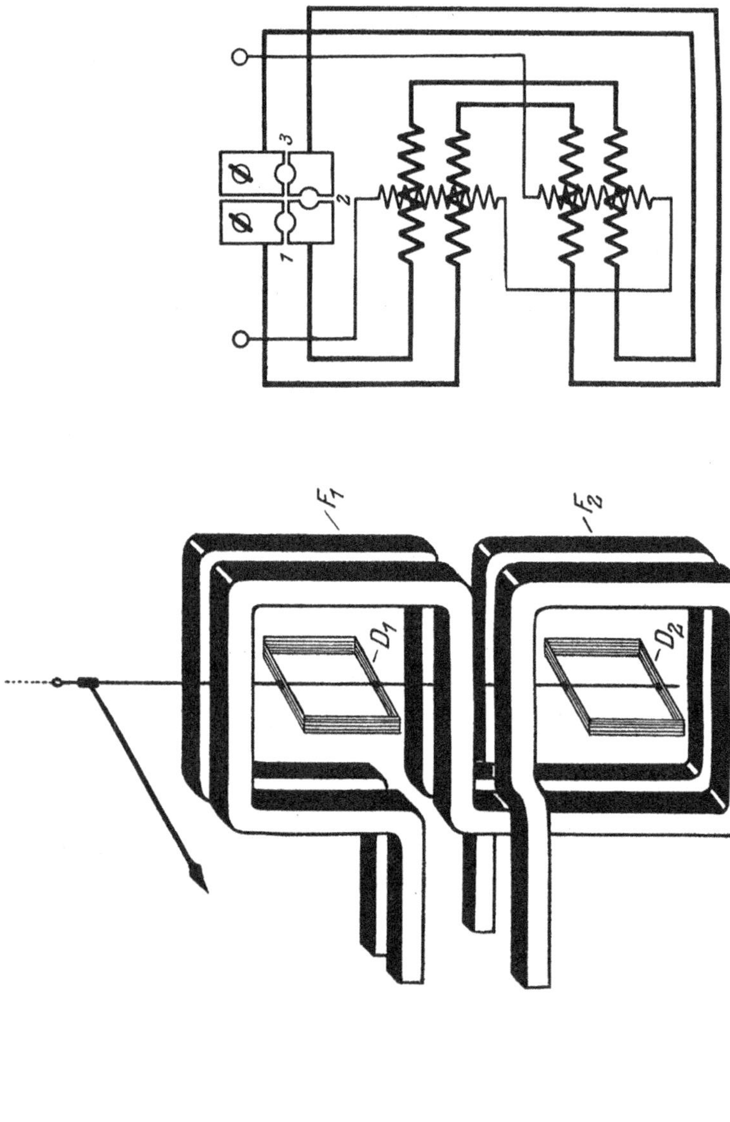

Tafel 32. Astatischer Spezial-Leistungsmesser. (Bild 143 u. 144.)

verursacht werden können. Eine solche Bauart ist durch ein astatisches Meßorgan gegeben, das aus zwei mechanisch gekuppelten Drehspulen besteht, die in verschiedenem Sinne von einem äußeren Feld beeinflußt werden. Bei Benutzung eines solchen Meßorgans kann man die elektrische Empfindlichkeit des Leistungsmessers nach der allgemeinen Leistungsmesser-Gleichung auf S. 196 durch Verkleinerung des Gegendrehmoments, also der Federkraft, und gegebenenfalls auch durch Vergrößerung der Amperewindungszahlen in fast beliebiger Weise steigern. S. & H. hat nach diesen Gesichtspunkten einen astatischen Spezial-Leistungsmesser gebaut, der auf Tafel 32 dargestellt ist. Die beiden astatischen Drehspulen sind hierbei auf einer Achse befestigt und an einem Bändchen aufgehängt, das nur ein außerordentlich geringes Gegendrehmoment ausübt. Entsprechend den beiden astatisch geschalteten Drehspulen ist auch die feststehende Feldspule astatisch ausgeführt, so daß sich die auf dem Bilde ersichtliche S-förmige Form der Feldspule ergibt. Das Instrument wird in zwei Ausführungen hergestellt. Die eine Ausführung ist umschaltbar für die Nennströme 1 und 2 Ampere, die andere für 12,5 und 25 Ampere. Die Instrumente geben den vollen Zeigerausschlag schon bei einem Leistungsfaktor von 0,03 bzw. 0,02, je nachdem, ob der Strom in der Spannungsspule zu 0,05 oder 0,075 Ampere gewählt wird. Da bei den vorstehenden kleinen Leistungsfaktoren alle Phasenfehler in der Meßeinrichtung ängstlich vermieden werden müssen, werden für die verschiedenen Nennspannungen besondere Spezial-Widerstände benutzt. Diese sind so gebaut, daß ihre Phasenfehler nur noch etwa 2 Minuten, gegenüber 6—7 Minuten bei Widerständen normaler Bauart, betragen. Um auch die durch die Selbstinduktion der Drehspulen verursachte Phasenverschiebung des Spannungsstromes gegen die angelegte Spannung unmerklich zu machen, sind die Widerstände stets für eine Nennspannung von mindestens 500 Volt zu wählen. Für höhere Spannungen können Spezial-Spannungswandler mit einer Sekundärspannung von 500 Volt benutzt werden. Um Störungen durch elektrische Ladungserscheinungen auszuschließen, wird dieser Spezial-Leistungsmesser ebenso wie die Leistungsmesser der Laboratoriumstype mit einer Hochspannungsausrüstung versehen (vgl. S. 13). Die Dämpfung des Zeigerausschlages erfolgt durch eine Luftdämpfung.

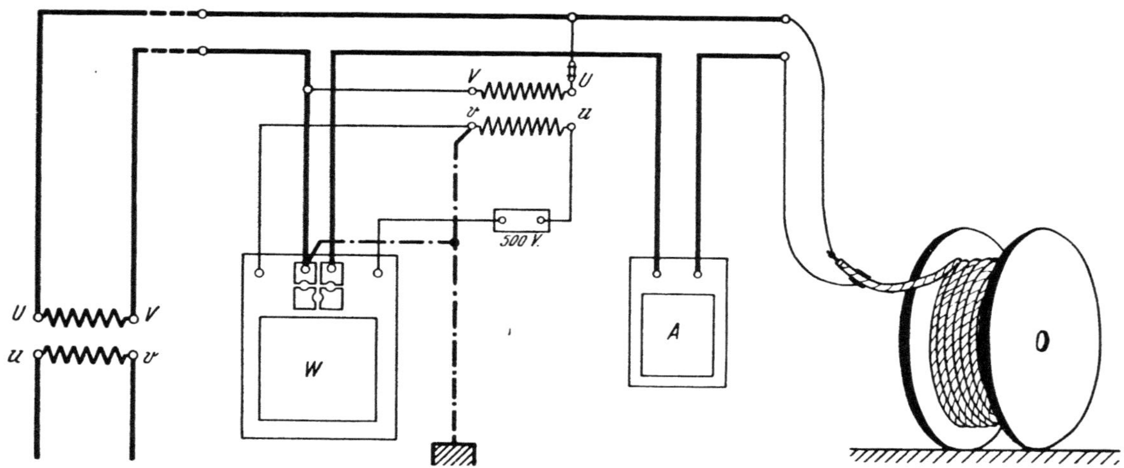

Untersuchung normaler Fabrikationslängen auf Kabeltrommel.

Schaltbild 28. Messung der dielektrischen Verluste in Hochspannungskabeln mittels des astatischen Spezial-Leistungsmessers. (Bild 145.)

c. Messungen mit dem Spezial-Leistungsmesser.

Der vorstehend beschriebene Spezial-Leistungsmesser wird vorzugsweise von Kabelfabriken zur Bestimmung der in Hochspannungskabeln auftretenden dielektrischen Verluste benutzt. Das Instrument für die Nennströme 1 und 2 Ampere reicht, wie vielfache Versuche gezeigt haben, für normale Kabellängen von 750 m recht gut aus. Bei kürzeren Kabellängen empfiehlt es sich, mehrere gleichlange, gleichartige Kabelstücke parallel zu schalten. Für die Prüfung bereits verlegter längerer Kabelstrecken oder Netze kommt der Leistungsmesser für 12,5 und 25 Ampere zur Anwendung. Die Meßschaltung wird, je nachdem ob es sich um die Untersuchung einer normalen, auf eine Kabeltrommel aufgewickelten Fabrikationslänge oder um die Prüfung eines verlegten Kabels handelt, nach dem Schaltbild 28 oder 29 aufgebaut. Wichtig ist hierbei, daß man die Verbindungen nach Erde genau in der angegebenen Weise ausführt. Bei Schaltbild 28 wird durch die Erdleitung einerseits die Niederspannungswicklung des Spannungswandlers mit dem an den Feldspulen liegenden Hochspannungspol verbunden, so daß im Leistungsmesser gefährliche Potentialdifferenzen vermieden werden; andererseits aber werden durch den Anschluß an Erde die Gefahren der Hochspannungsmessung beseitigt. Die Erdung ist auch deswegen erforderlich, weil die Sekundärwicklung des Spannungswandlers gegen Gehäuse nicht für die in Frage kommenden hohen Spannungen isoliert werden kann. Für die Messung ergibt sich hieraus die Bedingung, daß der eine Pol des zu untersuchenden Kabels gegen Erde entsprechend dem Spannungsabfall in den Meßinstrumenten für eine Spannung von etwa 6 bis 8 Volt isoliert werden muß. Die Erfüllung dieser Bedingung macht praktisch keine Schwierigkeiten, da die Kabel normal auf Kabeltrommeln untersucht werden, so daß die Außenseite des Kabels durch die hölzerne Kabeltrommel genügend isoliert wird. Bei der Untersuchung eines bereits verlegten Kabels kann diese Bedingung naturgemäß nicht erfüllt werden. Die Schaltung ist daher in diesem Falle nach dem Schaltbild 29 auszuführen. Da die Erdleitung hierbei hinter den Meßinstrumenten angeschlossen ist, ist bei der Messung einige Vorsicht geboten. Es ist streng darauf zu achten, daß nicht etwa durch die Stöpsel am Instrument eine Unterbrechung der Erdleitung verursacht wird.

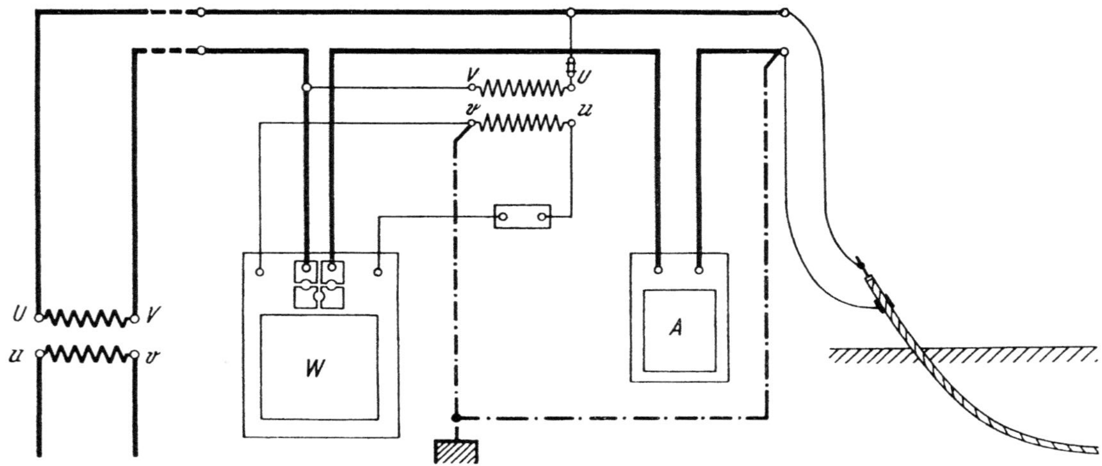

Untersuchung bereits verlegter Kabelstrecken.

Schaltbild 29. Messung der dielektrischen Verluste in Hochspannungskabeln mittels des astatischen Spezial-Leistungsmessers. (Bild 146.)

E. Zweiphasenstrom-Leistungsmessungen.

Die Leistung eines Zweiphasen-Systems ist gleich der Summe der Leistungen der zwei Phasen. Man kann daher die Leistung durch zwei Leistungsmessungen bestimmen.

Wie man aus dem Schaltbild ersieht, entspricht die Schaltung äußerlich der auf S. 145 beschriebenen Zwei-Leistungsmesser-Methode; man muß nur darauf achten, daß die beiden Leistungsmesser in die beiden Außenleiter des Zweiphasensystems eingeschaltet werden. Unter dieser Voraussetzung gilt für direkte Messungen das Schaltbild 4, für halbindirekte Messungen das Schaltbild 6 und für indirekte Messungen das Schaltbild 9. Die Gesamtleistung ist in jedem Falle gleich der Summe der beiden Einzelleistungen, also

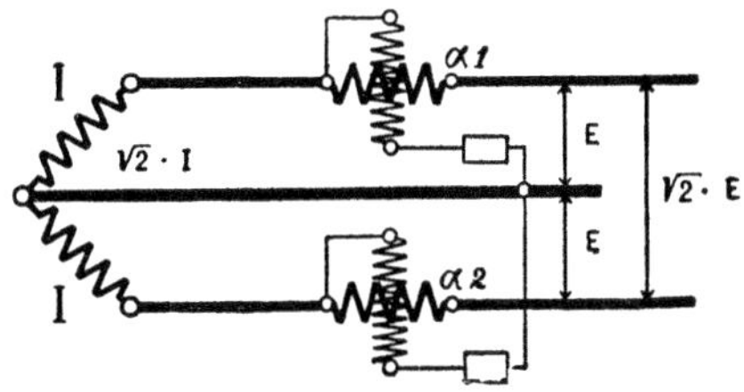

Bild 147.

bei direkten Messungen:

$$P = C \cdot c \cdot (\alpha_1 + \alpha_2) \qquad \text{Watt,}$$

bei halbindirekten Messungen:

$$P = \frac{J_n}{5} \cdot C \cdot c \cdot (\alpha_1 + \alpha_2) \qquad \text{Watt,}$$

bei indirekten Messungen:

$$P = \frac{J_n}{5} \cdot \frac{E_n}{100} \cdot c \cdot (\alpha_1 + \alpha_2) \qquad \text{Watt.}$$

Ein bestimmtes Verhältnis der Ausschläge $\alpha_1 : \alpha_2$ besteht nicht, da die Belastung der beiden Phasen willkürlich ist.

Sind die beiden Phasen annähernd gleich belastet, so ist der mittlere Leistungsfaktor des Systems

$$\cos\varphi_{\text{mittel}} = \frac{P}{2 \cdot E_{\text{mittel}} \cdot J_{\text{mittel}}}$$

Bei ungleich belasteten Phasen kann man nur die Leistungsfaktoren der beiden einzelnen Phasen bestimmen.

F. Wechselstrom-Eichschaltungen.

a. Allgemeine technische Gesichtspunkte.

Beim Eichen der Elektrizitätszähler in ortsfesten Prüfeinrichtungen trennt man die Stromspulen der Zähler von dem zugehörigen Spannungskreis. Demgemäß besteht eine Eichschaltung aus zwei voneinander getrennten Zweigen, dem Eichstromkreis und dem Eichspannungskreis. Der Eichstromkreis dient zur Speisung der Stromspulen der zu eichenden Meßgeräte und ist daher für die Entnahme größerer Ströme bei kleinen Spannungen eingerichtet. Der Eichspannungskreis dient zum Anschluß der Spannungsspulen und ist demgemäß für die Entnahme höherer Spannungen bei sehr kleinen Strömen bemessen. Diese Trennung der Stromkreise bietet zunächst den Vorteil, daß der Energieverbrauch für die Eichung ganz wesentlich herabgesetzt wird. Ein weiterer Vorzug liegt darin, daß es hierbei möglich ist, die Ströme unabhängig von den Spannungen und die Spannungen unabhängig von den Strömen zu regeln. Außerdem gibt diese Schaltungsart noch die Möglichkeit, auf einfachste Weise jede beliebige Phasenverschiebung zwischen dem Stromkreis und dem Spannungskreis zu erzeugen.

Zum Speisen der Spannungskreise der zu eichenden Zähler wird meist die vorhandene Netzspannung benutzt. Die Stromspulen werden dagegen an eine besondere Stromquelle mit niedriger Spannung angeschlossen. Diese wird meist durch entsprechende Transformierung der Netzspannung geschaffen. Sind die Schwankungen der Netzspannung und der Frequenz sehr erheblich, so ist es vorteilhaft, einen besonderen Eichumformer aufzustellen, wie er auf S. 213 beschrieben ist.

Dem äußeren Aufbau nach besteht jede Eicheinrichtung aus zwei Teilen, der Bedienungsschalttafel und dem eigentlichen Eichplatz. Auf der Bedienungsschalttafel sind alle erforderlichen Schalter und Apparate sowie die zum Einstellen der Ströme und Spannungen notwendigen Meßinstrumente in übersichtlicher Weise angeordnet. Der Eichplatz enthält im wesentlichen nur die Befestigungsschienen für die zu eichenden Zähler und die erforderlichen Anschlußklemmen. Auf dem Tisch vor dem Eichplatz werden die für die Eichung erforderlichen Normalinstrumente aufgestellt. Die Zählerprüfeinrichtungen werden entweder als

Wandstation oder freistehend ausgeführt. Die Wandstation eignet sich nur für kleinere Einrichtungen und wird im allgemeinen für nicht mehr als 2 bis 3 Zähler für Stromstärken bis etwa 100 Ampere gebaut.

b. Regelung des Stromes.

Die Regelvorrichtungen für den Eichstromkreis müssen so beschaffen sein, daß sie ohne Unterbrechung des Stromes eine allmähliche Änderung von Null bis zum Höchstwert gestatten. Wird der Eichstromkreis durch transformierten Netzstrom gespeist, so baut man den Stromregler auf der Primärseite der Transformatoren ein. Man vermeidet auf diese Weise, daß im Stromregler große Stromstärken auftreten. Die auf der Primärseite zur Verfügung stehende höhere Spannung führt dann ohne weiteres dazu, die Stromregler als Spannungsteiler auszuführen, wie es Bild 148 zeigt. Hierbei ist *a* ein grobgeteilter und *b* ein feingeteilter Widerstand. Die Widerstände sind so bemessen, daß der Gesamtwiderstand *b* gleich einer Stufe des Widerstandes *a* ist. Ein solcher Spannungsteiler gestattet zwar eine sehr feine Einstellung, hat jedoch den Nachteil, daß er stets eine wesentlich größere Leistung verbraucht, als er abgeben kann. Einesteils ist die an den Enden des Spannungsteilers liegende Spannung meist ein Vielfaches der an den regelbaren Kontakten abgenommenen Spannung, andernteils aber muß der vom Spannungsteiler aufgenommene Gesamtstrom erheblich (etwa 30%) größer sein als der abgenommene Strom, da sonst der Spannungsteiler schlecht regelt. Man kann diesen Energieverlust im Spannungsteiler verkleinern, wenn man an Stelle des Spannungsteiler-Widerstandes einen Spannungsteiler-Transformator, einen sog. Regeltransformator, verwendet. Dieser wird meist als Spartransformator mit nur einer vielfach unterteilten Wicklung ausgeführt, so daß man beliebig viele Windungen für die sekundäre Abzweigung benutzen kann. Die Schaltung ist in Bild 149 gezeigt. Sie ist im Prinzip die gleiche wie bei Bild 148; nur sind an die Stelle der beiden Ohmschen Widerstände die Windungsgruppen einer Transformator-

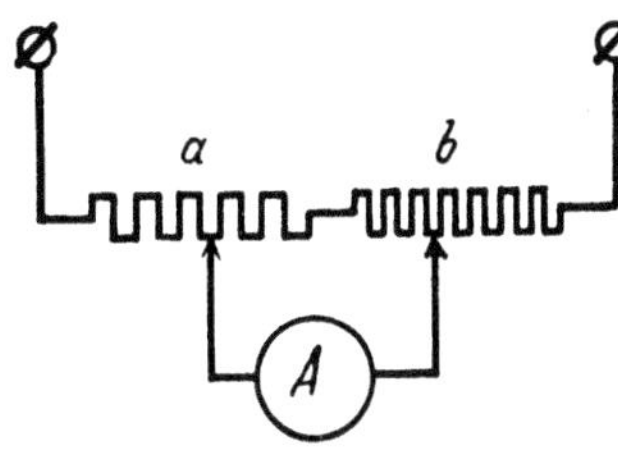

Bild 148.

wicklung getreten. Um bei diesen Regeltransformatoren zu vermeiden, daß vor dem Weiterschalten der Grobreglung stets die Feinreglung zurückgeschaltet werden muß, wendet S. & H. neuerdings die auf Tafel 33 dargestellte Schaltweise an. Hierbei ist *a* eine für die Grobreglung mehrfach unterteilte Wicklung eines Spartransformators und *b* ein für die Feinreglung dienender Schiebewiderstand. Durch eigenartige Anordnung der Kontaktstücke *c* und *d* ist es erreicht, daß die Zuschaltung neuer Windungsgruppen wechselweise an der oberen und unteren Stromschiene erfolgt. Dementsprechend kehrt sich der Regelsinn des Feinreglers *b* bei jeder nächstfolgenden Regelstufe des Grobreglers um. Bei der in Bild 150 dargestellten Schaltstellung wächst der Strom durch Aufwärtsbewegung des Feinreglers *b* an und erreicht den Höchstwert dieser Schaltstufe in der oberen Endstellung. In Bild 151 ist der Grobregler eine Stellung weitergerückt, so daß zwei Windungsgruppen eingeschaltet sind. Der Strom in dem angeschlossenen Meßinstrument wird jedoch hierdurch zunächst nicht geändert. Er wird vielmehr erst durch Abwärtsbewegung des Feinreglers bis zum Höchstwert dieser zweiten Stufe gesteigert. In Bild 152 ist der Grobregler auf die dritte Schaltstellung weitergerückt. Die Vergrößerung des Stromes erfolgt hier wieder durch Aufwärtsbewegung des Feinreglerkontaktes. In Bild 153 endlich ist der Grobregler noch eine Stufe weitergeschaltet. Die Feinreglung erfolgt hierbei wieder durch Abwärtsbewegung des Feinreglerkontaktes. Die Zusammengehörigkeit des Regelsinns des Feinreglers mit der jeweiligen Stellung des Grobreglers wird hierbei, wie auch in den Skizzen angedeutet, durch Kennmarken angezeigt, so daß man niemals im Zweifel sein kann, in welchem Sinne man zu regeln hat. Um den mit der Eichschaltung einstellbaren Höchststrom ohne Energievergeudung beliebig vergrößern zu können, schließt man hinter dem Stromregler einen Stromtransformator zur Erzeugung größerer Stromstärken bei entsprechend kleiner Spannung an (vgl. Bild 154). Dieser Stromtransformator kann, wie später gezeigt werden wird, auch umschaltbar für mehrere Nennströme

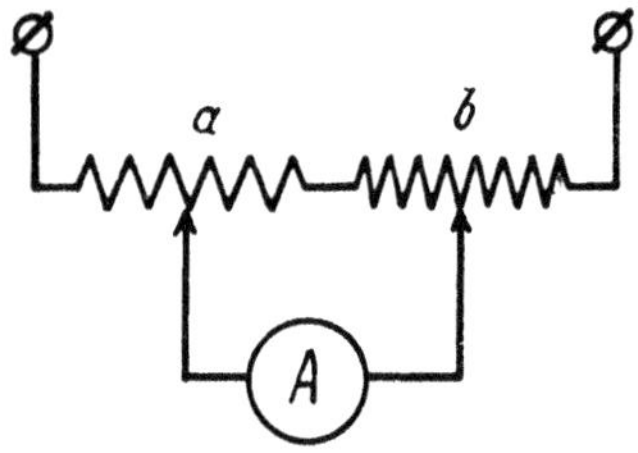

Bild 149.

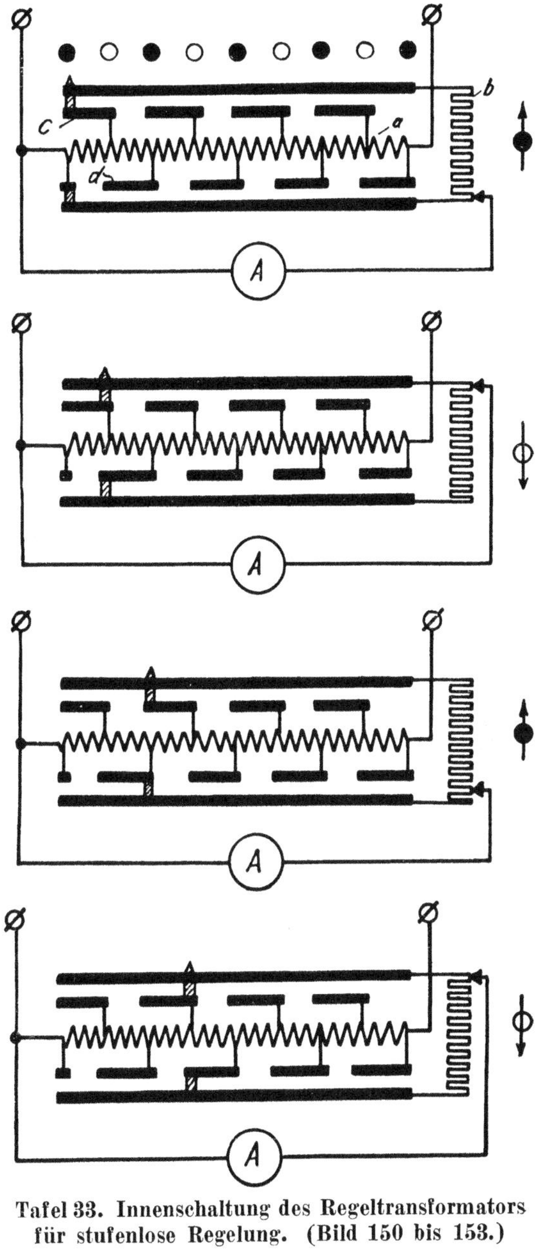

Tafel 33. Innenschaltung des Regeltransformators für stufenlose Regelung. (Bild 150 bis 153.)

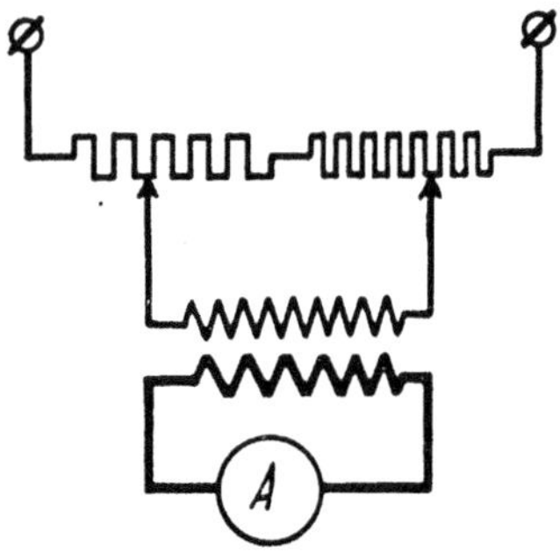

Bild 154.

hergestellt werden. Zur Messung des Eichstromes benutzt man einfache Schalttafelinstrumente mit Dreheisen-Meßwerk, die in die Eicheinrichtung eingebaut werden. Die Meßgenauigkeit dieser einfachen Instrumente reicht hier vollkommen aus, da die Strommessung bei Wechselstrom nur als Nebenumstand der eigentlichen Leistungsmessung zu betrachten ist. Da man für die verschiedenen, zum Teil weit auseinanderliegenden Meßbereiche nicht mit einem Instrument auskommt, benutzt man bei den einfacheren Eicheinrichtungen mehrere Instrumente mit verschiedenen Meßbereichen, die sich wahlweise in den Stromkreis einschalten lassen. Bei den Eicheinrichtungen mit dreiphasigem Stromkreis erhält man bei dieser Schaltweise jedoch reichlich viel Instrumente auf der Bedienungsschalttafel. Um dies zu vermeiden, verwendet man bei Drehstrom meistens nur einen auf der Primärseite umschaltbaren Stromwandler und kommt auf diese Weise mit nur einem Strommesser für jede Phase aus. Die Art dieser Umschal-

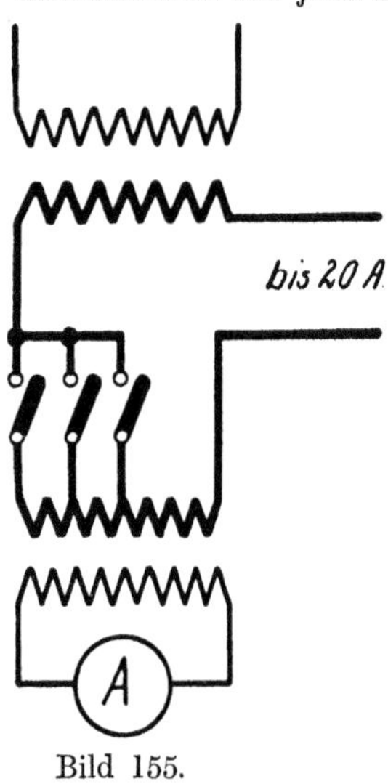

Bild 155.

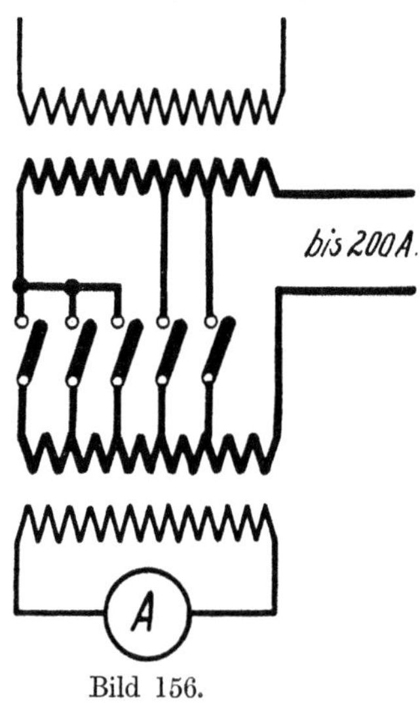

Bild 156.

tung ist in den Bildern 155 und 156 dargestellt, die die Verbindung des zur Erzeugung der Ströme dienenden Stromtransformators mit dem zur Messung dienenden umschaltbaren Stromwandler zeigt. Bei den kleinsten Strömen ist die gesamte Primärwicklung des Stromwandlers eingeschaltet, bei wachsenden Strömen wird die Windungszahl stufenweise verkleinert, bis schließlich bei den größten Strömen nur noch einige dickdrähtige Windungen eingeschaltet sind. Der zu diesem Stromwandler gehörige Strommesser ist mit verschiedenen Skalen versehen, so daß man die jeweiligen Stromstärken stets ohne Umrechnung ablesen kann (vgl. Bild 157).

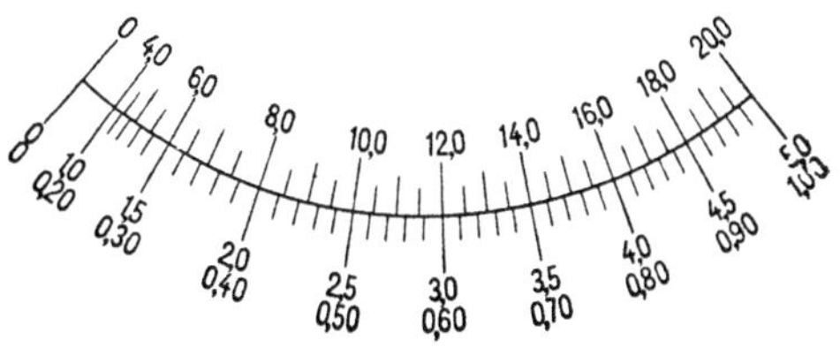

Bild 157.

c. Regelung der Spannung.

Bei der Reglung des Eichspannungskreises handelt es sich im wesentlichen um die genaue Einstellung der normalen Spannung für die zu eichenden Meßgeräte. Um in jedem Falle eine möglichst weitgehende Reglung der Spannung zu ermöglichen, schaltet man auch die Spannungsregler meist nach dem Prinzip des Spannungsteilers. Bei den Drehstrom-Einrichtungen schaltet man die Widerstände in Sternschaltung zusammen, wie Bild 158 zeigt. Man erhält auf diese Weise auch den Nullpunkt des Spannungssystems, der für die Eichung der an der Sternspannung liegenden Zähler für Vierleiter-Drehstrom erforderlich ist. Damit sich der Nullpunkt der Widerstände beim Regeln nicht verschiebt, verbindet man ihn, wenn angängig, mit dem Nullpunkt des Spannungserzeugers.

Soll eine Eichschaltung mehrere Spannungsmeßbereiche erhalten, die höher liegen als die zur Verfügung stehende Netzspannung, so benutzt man besondere Spannungstransformatoren. Diese werden als Spartransformatoren mit nur einer, mit mehreren Abzweigungen versehenen Wicklung ausgeführt und, wie Bild 159

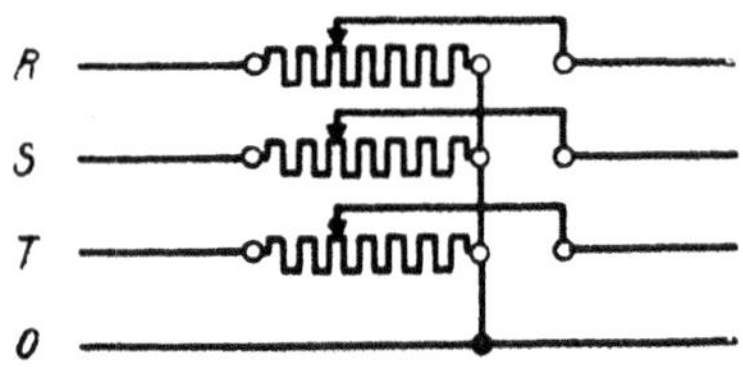

Bild 158.

zeigt, im Stern zusammengeschaltet. Um zu vermeiden, daß der zur Feineinstellung dienende Ohmsche Spannungsregler diese hohen Spannungen führt, schaltet man diesen Transformator erst hinter den Regler in den Spannungskreis ein, so daß der Regler auf der Unterspannungsseite liegt.

Zur Messung der Eichspannung verwendet man ebenfalls einfache Schalttafel-Instrumente mit Dreheisen-Meßwerk. Die hier-

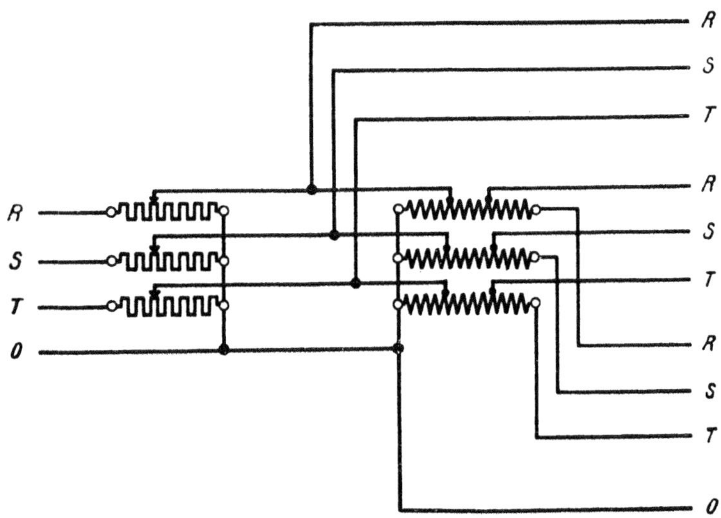

Bild 159.

mit erreichbare Meßgenauigkeit reicht vollkommen aus, da auch die Spannungsmessungen nur als Nebenumstände der Leistungsmessung zu betrachten sind. Um die verschiedenen Eichspannungen mit ein und demselben Instrument ohne Umschaltung des Meßbereichs messen zu können, erhalten diese Spannungsmesser an Stelle eines unveränderlichen Manganinwiderstandes einen stark veränderlichen Vorwiderstand. Man benutzt hierzu eine Metallfaden-Glühlampe und kommt so zu der in Bild 160 gezeigten Anordnung. Da der Widerstand der Metallfadenlampe im kalten Zustande nur etwa ein Zehntel so groß ist wie im warmen Zustande, nimmt das Instrument bei kleinen Spannungen einen verhältnismäßig großen Strom auf. Die Skala wird daher am Anfang weit auseinandergezogen. Mit wachsender Spannung steigt die Temperatur des Glühfadens und damit sein Widerstand. Der Instrumentstrom wächst infolgedessen nicht mehr proportional mit der Spannung. Die Skalenteile werden daher gegen das Ende der Skala immer enger. Die auf diese Weise erreichte Skalenteilung

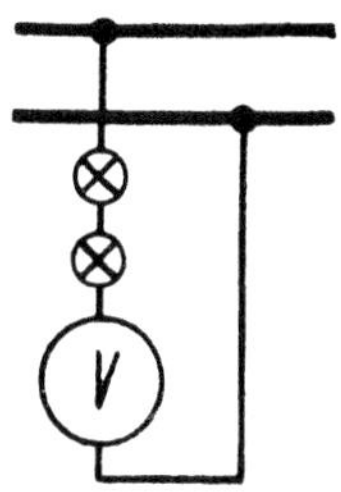

Bild 160.

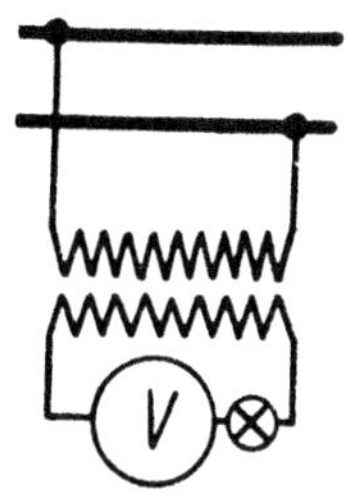

Bild 161.

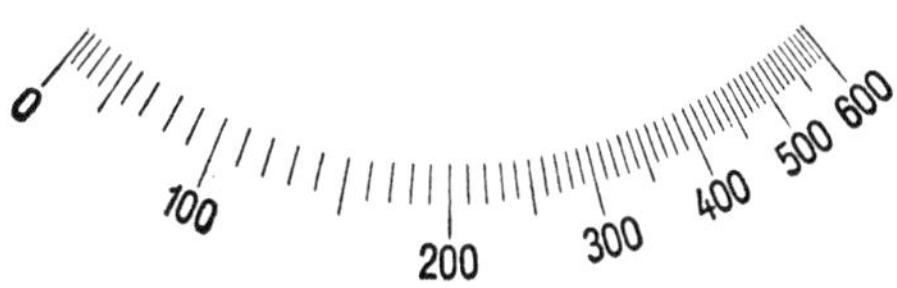

Bild 162.

ist in Bild 162 dargestellt. Die abgebildete Skala reicht für die Normalspannungen 120, 220, 380 und 500 Volt aus. Um hierbei die Reihenschaltung mehrerer Vorschaltlampen zu vermeiden, wird noch ein Spannungswandler benutzt, der die Spannung am Meßinstrument auf 8 Volt herabsetzt (vgl. Bild 161). Da der Glühfaden der Vorschaltlampe für diese kleinen Spannungen wesentlich stärker ist, wird hierdurch gleichzeitig die Gefahr des Durchbrennens der Glühlampe auf ein Mindestmaß herabgesetzt. Etwaige Veränderungen der Glühlampe, die Veränderungen der Instrumentangaben zur Folge haben würden, sind nicht zu befürchten, da die Vorschaltlampe nur mit 80% ihrer Nennspannung belastet wird. Der Skalencharakter des Instruments wird durch den zwischengeschalteten Transformator nicht geändert.

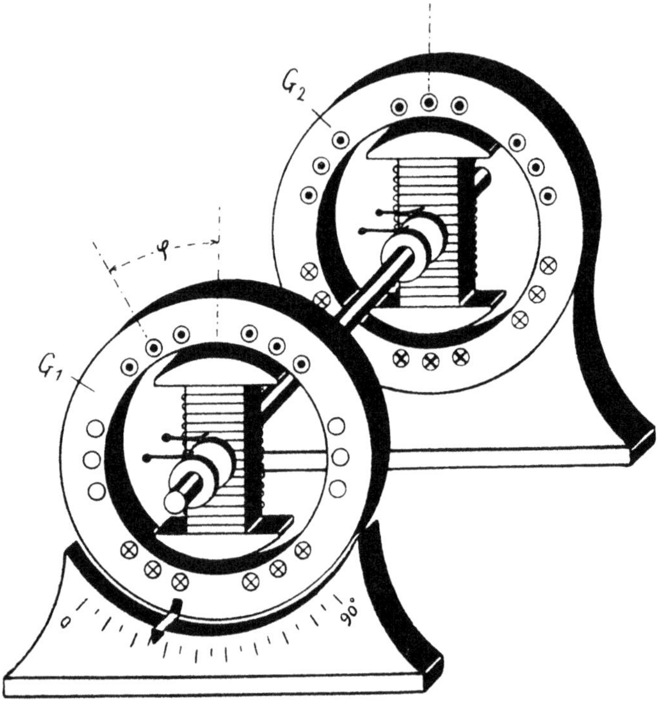

Bild 163. Bauart der Eichmaschine.

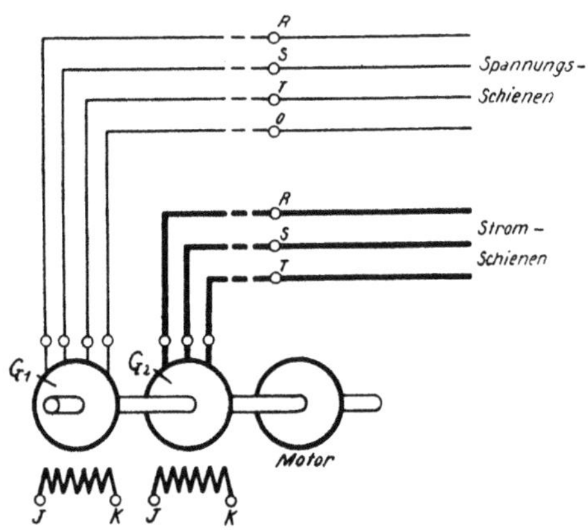

Bild 164. Anschluß der Eichmaschine.

Tafel 34. Eichmaschine mit drehbarem Ständer.

d. Regelung der Phasenverschiebung.

Die Einstellung der Phasenverschiebung in den zu prüfenden Meßgeräten erfolgt dadurch, daß man die im Eichstromkreis und Eichspannungskreis wirkenden Elektromotorischen Kräfte gegeneinander verschiebt. Dies ist in einfachster Weise durch Verwendung einer sog. Eichmaschine möglich. Eine solche Maschine besteht im wesentlichen aus zwei auf der gleichen Achse sitzenden Drehstrom-Generatoren, von denen der eine den Stromkreis und der andere den Spannungskreis speist. Das Ständergehäuse einer dieser beiden Maschinen ist hierbei drehbar angeordnet und kann durch ein Handrad bzw. einen kleinen Regelmotor beliebig verstellt werden. Durch die Drehung des Ständergehäuses wird die Wicklung des einen Generators gegen die des anderen Generators verschoben. Entsprechend der räumlichen Verschiebung sind dann auch die in diesen Wicklungen induzierten Elektromotorischen Kräfte zeitlich gegeneinander verschoben. Die räumliche Verschiebung der Ständergehäuse ist daher unmittelbar ein Maß für die elektrische Phasenverschiebung der in beiden Maschinen erzeugten Elektromotorischen Kräfte. Bild 163 zeigt die schematische Darstellung einer solchen Doppelmaschine. Der Ständer G_1 der vorderen Maschine ist drehbar, seine Verschiebung gegen den feststehenden Ständer G_2 der hinteren Maschine kann an der Skala unmittelbar abgelesen werden. Bild 164 zeigt den Anschluß der Maschine an die Eichschaltung. Um eine möglichst gute Reglung der Frequenz zu erreichen, wird als Antriebsmotor stets ein auf der gleichen Achse sitzender Gleichstrom-Nebenschlußmotor benutzt.

Soll der Eichstrom einem vorhandenen Drehstromnetz entnommen werden, so kann man die Phasenverschiebung auch durch einen sog. Phasentransformator einstellen. Dieser ist im wesentlichen wie ein Drehstrommotor gebaut und besteht demgemäß aus einem feststehenden Ständer mit einer Drehstromwicklung und einem ebenfalls mit einer dreiphasigen Wicklung versehenen Läufer. Der Läufer ist jedoch nicht wie beim Drehstrommotor, frei beweglich, sondern wird durch eine Einstellvorrichtung, die eine beliebige gegenseitige Verstellung der beiden Wicklungen ermöglicht, festgehalten. Wird die Ständerwicklung an ein Drehstromnetz angeschlossen, so entsteht in ihr ein Drehfeld, das in

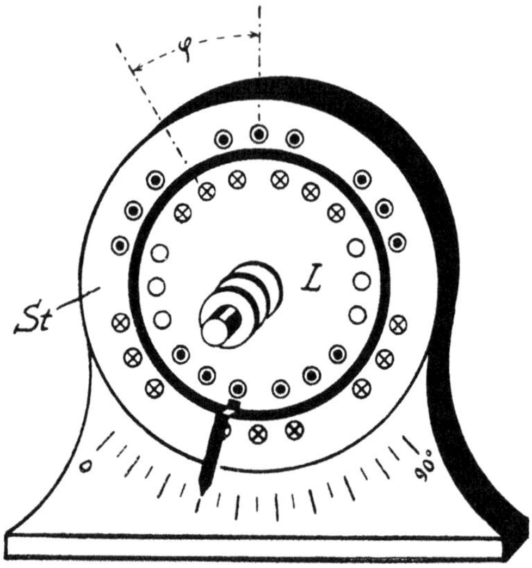

Bild 165. Bauart des Phasentransformators. Der mechanische Aufbau gleicht dem eines Drehstrommotors. Die Ständerwickelung *St* dient als Primärwickelung, während die drehbare Läuferwickelung *L* als Sekundärwickelung benutzt wird. Der Läufer wird in der gewünschten Stellung durch eine Einstellvorrichtung festgehalten. Seine Verschiebung gegen den Ständer wird an der Skala abgelesen.

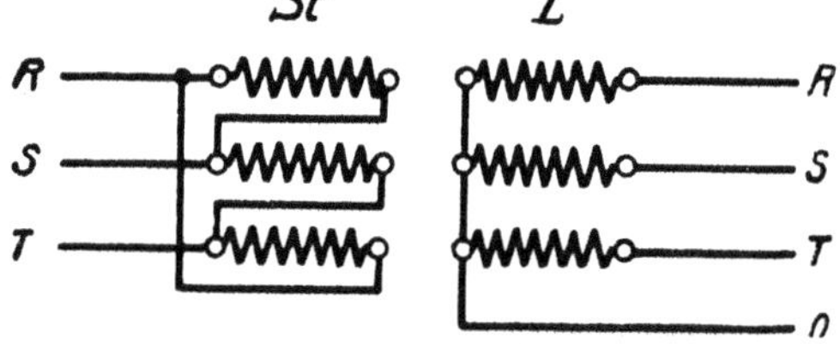

Bild 166. Schaltung des Phasentransformators. Die Enden der Primärwickelung und der Sekundärwickelung sind zu den Anschlußklemmen herausgeführt, so daß die Schaltung nach Bedarf geändert werden kann.

Tafel 35. Phasentransformator mit drehbarem Läufer.

der Läuferwicklung einen Drehstrom gleicher Frequenz induziert. Die Phasenverschiebung der induzierten Spannung gegen die Netzspannung hängt von der jeweiligen Stellung des Läufers ab. Wird der Läufer entgegen der Drehfeldrichtung verstellt, so werden seine Drähte früher von dem umlaufenden Drehfeld geschnitten als vorher, d. h. die induzierte Spannung eilt vor der Primärspannung voraus. Wird andererseits der Läufer im Sinne des Drehfeldes verstellt, so werden seine Drähte später von dem Drehfeld geschnitten als die Primärleiter. Die induzierte elektromotorische Kraft bleibt also in diesem Falle zeitlich hinter der Primärspannung zurück. In Bild 165 auf Tafel 35 ist der Phasentransformator schematisch dargestellt. Die Wicklung ist hierbei der Einfachheit halber zweipolig gezeichnet. Die räumliche Verschiebung des Läufers ist dann gleich der zeitlichen Verschiebung, also gleich dem Phasenwinkel φ. Bild 167 zeigt die neue Ausführung des Phasentransformators mit senkrechter Achse. Die Wicklung ist vierpolig ausgeführt, so daß die Phasenverschiebung doppelt so groß wie der räumliche Verdrehungswinkel wird. Die Skala des Apparates umfaßt demgemäß nur 180 Winkelgrade. Bild 166 auf Tafel 35 zeigt die normale Schaltung des Phasentransformators. Die Primärwicklung ist im Dreieck, die Sekundärwicklung in Sternschaltung mit herausgeführtem Nullpunkt geschaltet. Um auch andere beliebige Schaltungen ausführen zu können, wird der Phasentransformator stets mit sechs Primär- und sechs Sekundärklemmen ausgeführt. Er wird normal für Leistungen von 0,5; 1; 1,5 kW hergestellt, kann aber auch für größere Leistungen gebaut werden.

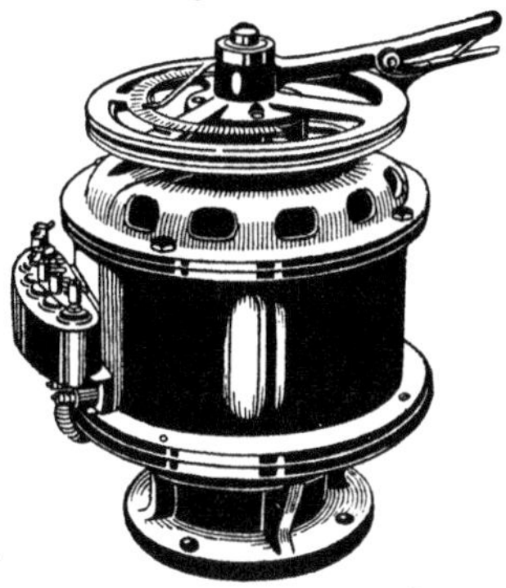

Bild 167. Ansicht des Phasentransformators.

e. Drehstrom-Eichschaltung mit dreiphasigem Eichstromkreis.

Eine vollständige Drehstrom-Eichschaltung mit dreiphasig ausgebautem Stromkreis ist in Schaltbild 30 dargestellt. Hierbei ist der einfachste Fall zugrunde gelegt, daß die Eichschaltung an ein vorhandenes Drehstromnetz angeschlossen wird. Die An-

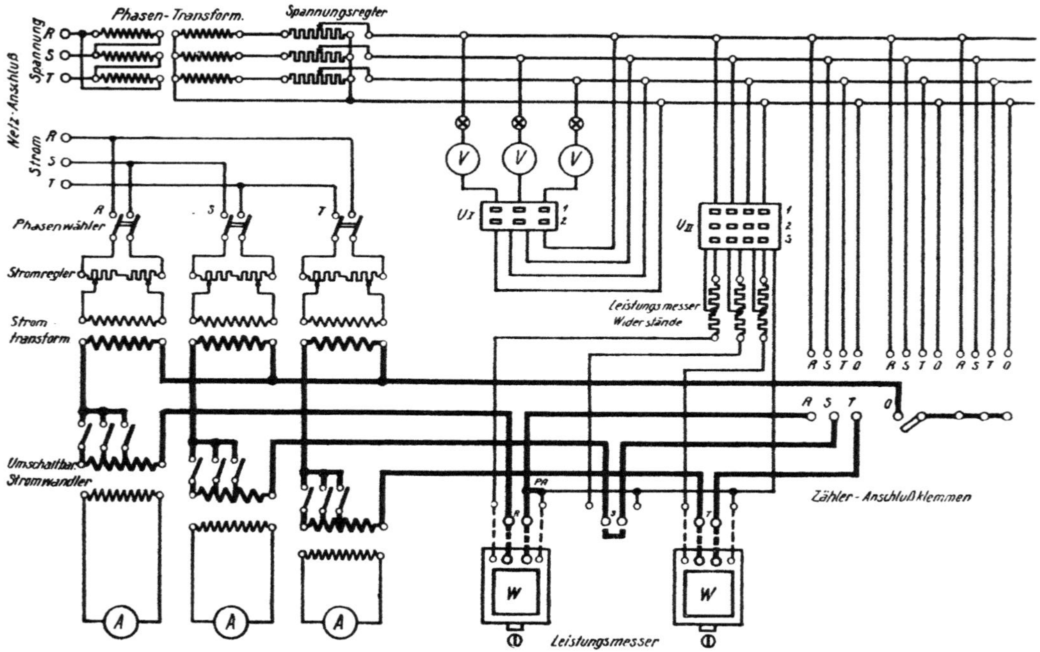

Schaltbild 30. Drehstrom-Eichschaltung mit dreiphasigem Eichstromkreis. (Bild 168.)

schlüsse für den Eichstromkreis und für den Eichspannungskreis liegen also parallel am Netz.

Der Eichstromkreis besteht aus drei Stromzweigen, die mittels dreier Phasenwählerschalter wahlweise einzeln oder gemeinsam eingeschaltet werden können. Zur Stromreglung dienen drei Stromregler, die, wie in Abschnitt *b* beschrieben, als Ohmsche Regler oder als Regeltransformatoren ausgebildet sein können. Die an die Stromregler angeschlossenen Stromtransformatoren, sowie die zur Messung des Eichstromes dienenden umschaltbaren Stromwandler sind ebenfalls in Abschnitt *b* ausführlich beschrieben. Die dort angegebenen Ausführungen mit mehreren Meßbereichen können ohne weiteres in die Gesamtschaltung eingesetzt werden. Die drei Sekundärkreise der Stromtransformatoren sind in Sternschaltung zusammengeschlossen. Der eine Sternpunkt liegt an den Transformatoren selbst, während der andere durch die drei am Ende der Schaltung liegenden, miteinander verbundenen Zähleranschlußklemmen gegeben ist. Im Schaltbild sind zwei Leistungsmesser entsprechend der Zwei-Leistungsmesser-Methode angeschlossen. Die hierbei freibleibenden Anschlußklemmen *S* werden zweckmäßig durch eine Lasche kurzgeschlossen, so daß alle drei Phasen des Stromkreises geschlossen sind. Beim Eichen von Zählern mit drei Meßwerken für Vierleiter-Drehstrom schließt man drei Leistungsmesser an. Der hierzu erforderliche Nulleiter wird durch Einlegen der bei den Zähleranschlußklemmen eingezeichneten Verbindungslasche eingeschaltet.

Der Eichspannungskreis ist ebenfalls dreiphasig ausgebaut. Zur Reglung der Phasenverschiebung dient der in Abschnitt d) beschriebene Phasentransformator. Die Einstellung der jeweiligen Spannung erfolgt durch den Ohmschen Spannungsregler. Zur Herstellung mehrerer Spannungsmeßbereiche wird ein besonderer Spannungstransformator benutzt, der hinter dem Spannungsregler einzuschalten ist (vgl. S. 210). Die erzeugte Spannung wird durch drei Spannungsmesser gemessen, die durch den Umschalter *U I* umgeschaltet werden können. In Schaltstellung 1 werden die drei verketteten Spannungen *RS*, *ST* und *TR*, in Schaltstellung 2 die drei Sternspannungen *RO*, *SO* und *TO* gemessen. Die Vorwiderstände für die Leistungsmesser werden durch den Umschalter *U II* geschaltet. Die Schaltstellungen 1 und 2 dienen für die Zwei-Leistungsmesser-Methode. Liegen die Feldspulen der Leistungsmesser in den Phasen R und S, so wird Stellung 1 des Umschalters benutzt, durch die die zugehörigen Spannungen RT und ST eingeschaltet werden. Liegen dagegen die Feldspulen der Leistungsmesser in R und T, wie im Schaltbild eingezeichnet, so wird die Stellung 2 benutzt, die die Spannungen RS und TS einschaltet. Stellung 3 des Umschalters dient für die Drei-Leistungsmesser-Methode und gibt die drei Spannungen RO, SO und TO. Gleichzeitig mit dieser Umschaltung wird auch die Nennspannung der Leistungsmesser entsprechend verkleinert. Bei Eicheinrichtungen mit mehreren Spannungsmeßbereichen kommt noch ein weiterer Spannungsumschalter hinzu, durch den die in Abschnitt c) angegebenen Umschaltungen des Spannungstransformators vorgenommen werden. Auch hierbei wird gleichzeitig mit der Umschaltung von der niederen auf die hohe Spannung die Nennspannung der Leistungsmesser erhöht, so daß eine Beschädigung der Instrumente durch falsche Schaltung nicht vorkommen kann.

Um zu vermeiden, daß zwischen den Feldspulen und den Spannungsspulen der Leistungsmesser schädliche Potentialdifferenzen entstehen, die die Angaben der Leistungsmesser beeinflussen und die Meßwerke unter Umständen gefährden können, muß stets für einen Potentialausgleich zwischen dem Eichstromkreis und dem Eichspannungskreis gesorgt werden. Dieser kann jedoch nicht in der sonst bei Leistungsmessungen üblichen Weise hergestellt werden, daß man etwa an allen Leistungsmessern eine Spannungsklemme mit einer Stromklemme verbindet. Da bei der Eichschaltung alle Feldspulen der Leistungsmesser annähernd auf dem gleichen Potential liegen, würde dies einen Kurzschluß des Eichspannungskreises bedeuten. Der Umstand, daß alle Feldspulen der Leistungsmesser auf dem gleichen Potential liegen, führte den Verfasser dazu, bei den Eichschaltungen auch sämtliche Spannungsspulen auf ebendasselbe gleiche Potential zu bringen. Dies ist ohne weiteres möglich, da bei allen Leistungsmesser-Schaltungen ein Punkt des Spannungskreises für alle Leistungsmesser gemeinsam ist, nämlich bei der Zwei-Leistungsmesser-Methode die Leitung, in der keine Feldspule liegt, und bei der Drei-Leistungsmesser-Methode der Nulleiter. Man braucht nur die Vorwiderstände, die sonst immer in diesen Leitungen liegen, herauszunehmen und auf der anderen Seite anzuschließen. Dann liegen alle Spannungsspulen unmittelbar an der für alle Spannungskreise gemeinsamen Leitung. Man braucht dann diese Leitung nur noch mit einem Punkte des Eichstromkreises zu verbinden. In dem Schaltbild ist dies durch die Verbindung *PA* geschehen.

f. Drehstrom-Eichschaltung mit einphasigem Eichstromkreis.

Um an Kosten für die Eicheinrichtung zu sparen, wird vielfach der Eichstromkreis nur einphasig ausgeführt. Diese Schaltweise hat jedoch den Nachteil, daß sie nicht gestattet, die Zähler betriebsmäßig laufen zu lassen. Man kann mit ihr vielmehr nur die einzelnen Meßwerke der Zähler einzeln und zu zweien in Reihenschaltung prüfen. Da hierbei die Ströme in beiden Meßwerken anstatt um 120° um 180° verschoben sind, laufen die Zähler nicht mit der vollen Drehzahl, was namentlich bei der Prüfung neuer Zählersysteme leicht zu Unsicherheiten Anlaß geben kann. Auch wird die Bedienung der Anlage durch die vielfachen Umschaltungen schwieriger. Die Schaltung einer derartigen Einrichtung ist in Schaltbild 31 dargestellt. Auch hierbei ist wieder angenommen, daß der Eichstromkreis und der Eichspannungskreis an ein vorhandenes Drehstromnetz angeschlossen sind.

Der Eichstromkreis ist bis zum Phasenwählerschalter mehrphasig ausgeführt, so daß man durch Einstellung der beiden Phasenwählerhebel jede beliebige Netzphase herausgreifen kann. An den Phasenwähler ist der Stromregler und an diesen wieder der Stromtransformator angeschlossen (vgl. S. 208). Zur Strommessung dienen entweder drei wahlweise einschaltbare Strommesser mit verschiedenen Meßbereichen, oder man verwendet einen Strommesser mit einem umschaltbaren Stromwandler. An sich ist für den einphasigen Eichstromkreis nur jeweils ein Leistungsmesser erforderlich. Im vorliegenden Schaltbild sind jedoch zwei Leistungsmesser mit verschiedenen Meßbereichen angeschlossen, die durch einen Meßbereichwähler je nach Bedarf wahlweise eingeschaltet werden können. Hinter den Leistungsmessern liegt noch ein Stromspulenwähler. Dieser ermöglicht es, die einzelnen Stromspulen der Zähler wahlweise einzuschalten. Bei Schaltstellung 1 und **6** ist die Stromspule *R*, bei **2** und **6** die Spule *S* und bei **3** und **6** die Spule *T* eingeschaltet. Bei Stellung 1 und 5 liegen die Stromspulen *R* und *S*, bei 2 und 4

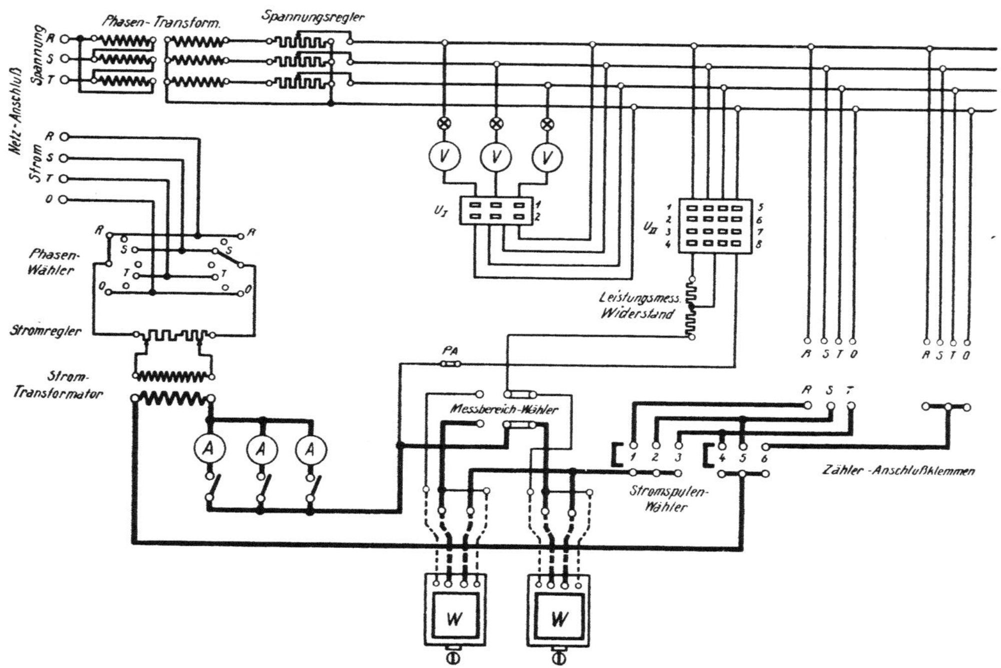

Schaltbild 31. Drehstrom-Eichschaltung mit einphasigem Eichstromkreis. (Bild 169.)

die Spulen S und T und endlich bei 1 und 4 die Spulen R und T in Reihe.

Der zugehörige Eichspannungskreis wird stets dreiphasig ausgeführt. Hinter dem Phasentransformator liegt wieder ein Ohmscher Spannungsregler zur Einstellung der Eichspannung. Auch hierbei können durch einen Spannungstransformator mehrere Spannungsmeßbereiche erzielt werden. Die Spannungen werden mit drei Spannungsmessern gemessen, die durch den Umschalter $U\,I$ bedient werden. In Stellung 1 dieses Umschalters werden die verketteten Spannungen RS, ST und TR, in Stellung 2 die Sternspannungen RO, SO und TO gemessen. Der Vorwiderstand für den Leistungsmesser wird durch den Umschalter $U\,II$ umgeschaltet, der 8 Schaltstellungen besitzt. Die Stellungen 1 bis 4 sind für Messungen nach der Zwei-Leistungsmesser-Methode bestimmt. Liegen die Stromspulen der zu eichenden Zähler betriebsmäßig in den Phasen R und S, so sind bei der Einzelprüfung der Meßwerke die zugehörigen Spannungen RT und ST zu wählen, die durch die Schaltstellungen 1 und 2 gegeben werden. Bei der Reihenschaltung beider Meßwerke ist dann die Summenspannung RS zu wählen, die durch Stellung 3 gegeben wird. Liegen andererseits die Stromspulen der Zähler in den Phasen R und T (vgl. Bild 176), so sind bei den Einzelmessungen die den Stellungen 3 und 4 entsprechenden Spannungen RS und TS und bei der Reihenschaltung die der Stellung 1 entsprechende Spannung RT als Summenspannung zu wählen. Die auf der rechten Seite befindlichen Schaltstellungen 5, 6 und 8 sind für die Drei-Leistungsmesser-Methode, also für Vierleiter-Drehstrom, bestimmt (vgl. Bild 174). Beim Übergang auf diese Stellungen wird gleichzeitig der Vorwiderstand des Leistungsmessers entsprechend der kleineren Sternspannung verkleinert. Bei der Einzelprüfung der drei in den Phasen R, S und T liegenden Meßwerke sind die den Stellungen 5, 6 und 8 entsprechenden Spannungen RO, SO, TO zu wählen. Stellung 7 ist hierbei eine Leerstellung. Bei der paarweisen Reihenschaltung der Stromspulen R und S, S und T, R und T sind als Summenspannungen wieder die verketteten Spannungen RS, ST und RT zu wählen, die den Stellungen 3, 2 und 1 entsprechen. In jedem Falle ergibt der Umschalter die Spannungen in richtigem Sinne, so daß keinesfalls Vertauschungen der Leitungsanschlüsse vorzunehmen sind.

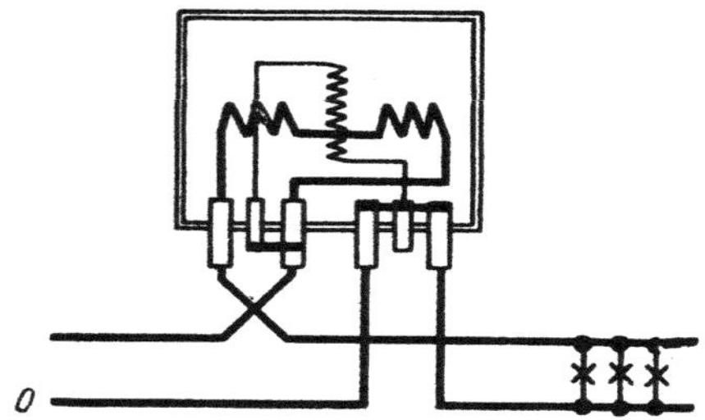

Bild 170.

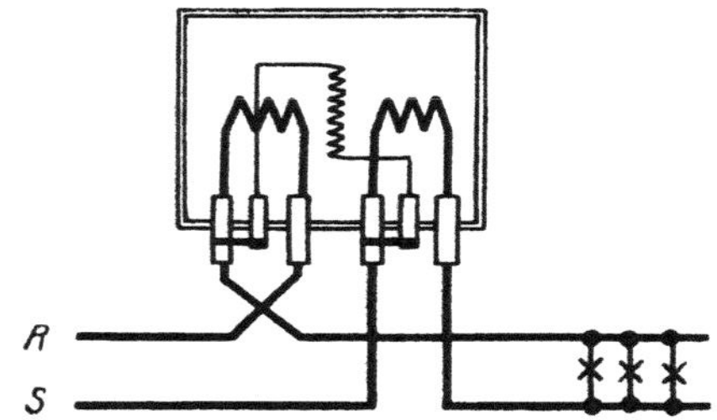

Bild 172.

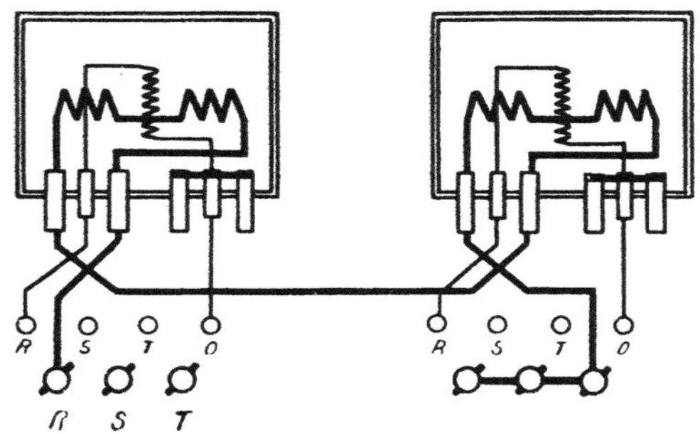

Bild 171.

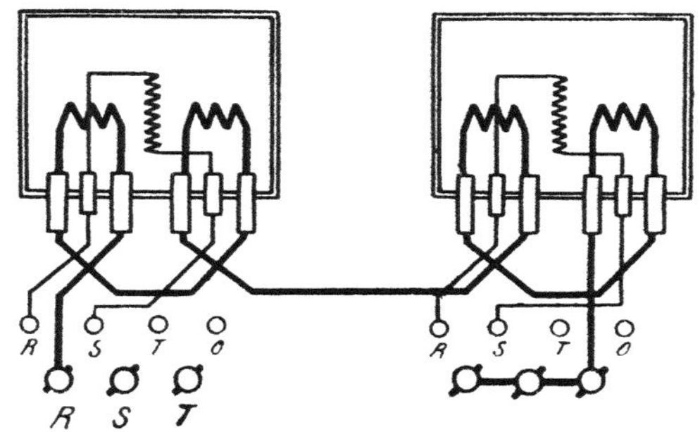

Bild 173.

Tafel 36. Betriebsschaltung und Eichschaltung für Einphasenzähler.

Der Potentialausgleich bereitet beim einphasigen Eichstromkreis keine Schwierigkeiten, da hierbei jeweils nur ein Leistungsmesser eingeschaltet ist. Es genügt daher, wenn man an diesem Leistungsmesser eine Stromklemme und eine Spannungsklemme miteinander verbindet, wie dies von den normalen Leistungsmessungen her allgemein bekannt ist. Im Interesse eines gleichmäßigen Aufbaues aller Meßschaltungen für Zählereichungen ist jedoch bei der vorliegenden Schaltung insofern eine Umkehrung vorgenommen, als hier der Vorwiderstand genau wie bei der dreiphasigen Schaltung an die linke Spannungsklemme angeschlossen ist.

g. Anschluß der verschiedenen Zählertypen an die Eicheinrichtung.

Der Anschluß der zu eichenden Zähler an die Prüfeinrichtung muß so vorgenommen werden, daß im Meßwerk des Zählers dieselben Strom- und Spannungsverhältnisse herrschen wie im normalen Betriebe. Man muß daher beim Anschließen stets von der normalen Betriebsschaltung des Zählers ausgehen und so schalten, daß die Stromspulen und die Spannungsspulen im gleichen Sinne wie bei dieser vom Strom durchflossen werden. Die Verbindungslaschen, die die Spannungsspulen mit den Stromspulen betriebsmäßig verbinden, sind bei der Eichschaltung in jedem Falle zu entfernen.

In Bild 170 und 171 sind die Schaltungen für einen Einphasen-Lichtzähler zum Anschluß an Drehstrom-Vierleitersysteme dargestellt. Wie Bild 170 zeigt, liegt der Zähler während des normalen Betriebes zwischen einem Netzleiter und dem Nulleiter. Bei der in Bild 171 angegebenen Eichschaltung liegen die Stromspulen zweier zu eichenden Zähler in Reihenschaltung. Die Stromrückleitung erfolgt durch den Nulleiter der Eicheinrichtung. Die Spannungsspulen der Zähler liegen parallel an gleichnamigen Sternspannungen.

Bild 172 und 173 zeigen die Verhältnisse für einen Einphasen-Lichtzähler zum Anschluß an Drehstrom-Dreileiternetze. Bei diesem Zähler sind die Stromspulen betriebsmäßig zweipolig geschaltet, liegen also in der Hin- und Rückleitung. Die Eichschaltung kann jedoch trotzdem einpolig ausgeführt werden, wie Bild 173 zeigt. Man braucht hierbei nur darauf zu achten, daß die Stromspulen im gleichen Sinne vom Strome durchflossen

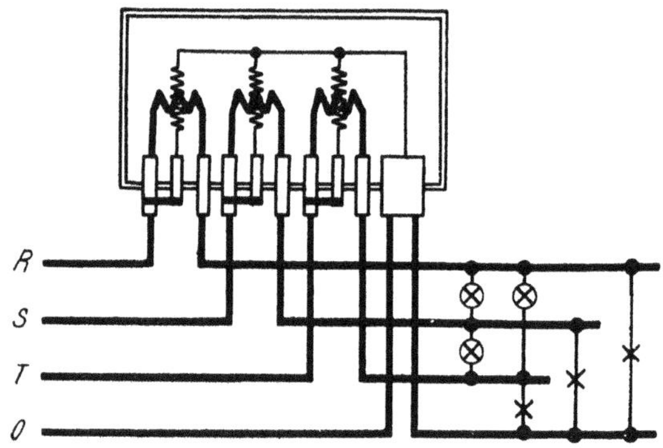

Bild 174.

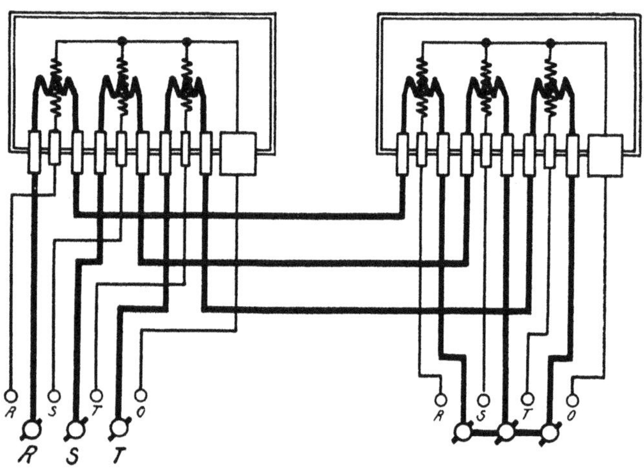

Bild 175.

Tafel 37. Betriebsschaltung und Eichschaltung für Drehstrom-Vierleiter-Zähler.

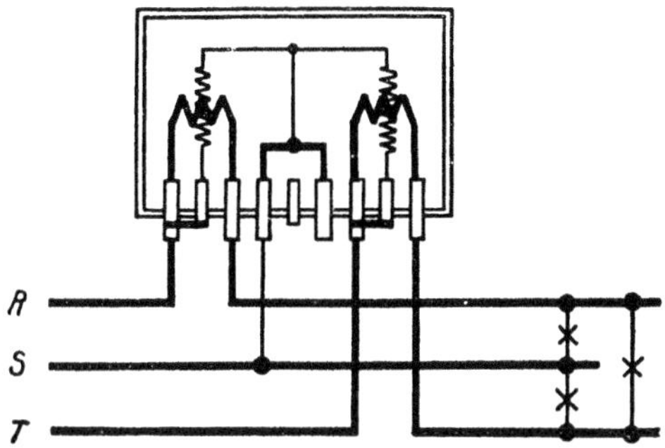

Bild 176.

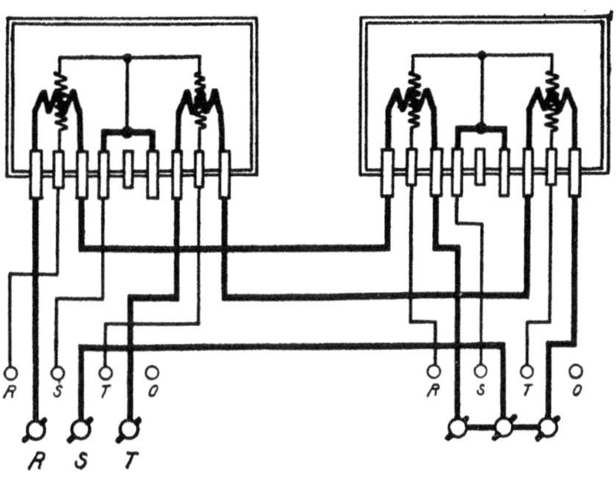

Bild 177.

Tafel 38. Betriebsschaltung und Eichschaltung für Drehstrom-Dreileiter-Zähler.

werden, wie bei der betriebsmäßigen Schaltung. Man muß daher bei der Eichschaltung auch die zweiten Stromspulen mit vertauschten Polen anschließen. Die Spannungskreise liegen wieder parallel, aber diesmal an der verketteten Spannung. Die Phasengleichheit zwischen Strom und Spannung muß deshalb in diesem Falle erst durch Verstellen des Phasenreglers eingestellt werden.

Die Bilder 174 und 175 zeigen einen Drehstrom-Lichtzähler für Vierleiter-Drehstrom, wie er für größere Lichtanlagen benutzt wird. In Bild 174 ist die normale Betriebsschaltung angegeben, während Bild 175 die Eichschaltung darstellt. Bei dieser liegen alle gleichnamigen Stromspulen in Reihe zwischen den gleichnamigen Stromklemmen. Als Rückleitung dient der Nulleiter der Eicheinrichtung. Alle Spannungskreise liegen parallel an gleichnamigen Spannungsklemmen.

Die Bilder 176 und 177 zeigen die Schaltungen eines Drehstromkraftzählers für Dreileiter-Drehstrom. Der Zähler ist wie üblich nach der Zwei-Leistungsmesser-Methode geschaltet. Bei der Eichschaltung muß die dritte Leitung, die nicht durch den Zähler geführt ist, durch Verbindung der freien Stromklemmen hergestellt werden.

Anhang.

Präzisions-Drehspul-Instrumente für Gleichstrom.

Bild 178. Präzisions-Gleichstrom-Instrument (S. & H.).

1. Aufbau und Eigenschaften des Meßwerks.

Das Meßwerk ist nach dem Prinzip von Deprez-d'Arsonval gebaut. Das Meßorgan ist demgemäß eine Drehspule, die im Feld eines Dauermagneten drehbar angeordnet ist. Der Dauermagnet ist mit zwei zylindrisch ausgedrehten Polschuhen aus weichem Eisen versehen. In der hierdurch entstehenden Bohrung ist ein zylindrischer Kern, ebenfalls aus weichem Eisen, konzentrisch gelagert, so daß nur ein schmaler Luftspalt frei bleibt, in dem die Kraftlinien mit gleicher Dichte radial verlaufen. In diesem Luftspalt dreht sich die Drehspule, die vom zu messenden Strome durchflossen wird (vgl. Tafel 39). Der Strom wird dieser Drehspule durch zwei Spiralfedern zugeführt, die gleichzeitig die mechanische Gegenkraft liefern.

Die charakteristischen Eigenschaften des Meßwerkes folgen ohne weiteres aus dem Meßprinzip. Da das Magnetfeld, in dem sich die Drehspule bewegt, praktisch homogen ist, wird das Drehmoment der Drehspule und somit auch der Zeigerausschlag dem in der Drehspule fließenden Strom direkt proportional. Die Instrumente erhalten daher eine von Null an vollkommen gleichmäßig unterteilte Skala. Infolge der festliegenden Polung des Dauermagneten ist durch eine bestimmte Stromrichtung in der Drehspule auch eine bestimmte Drehrichtung des Meßorgans gegeben. Die Instrumente können daher nur für Gleichstrom benutzt werden.

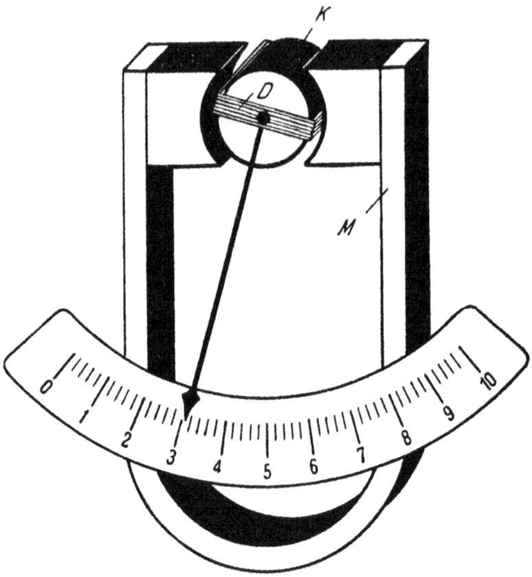

Bild 179. Die vom zu messenden Strome durchflossene Drehspule D bewegt sich im Felde eines Dauermagneten M. Damit das Feld gleichförmig wird, ist zwischen den zylindrisch ausgebohrten Polschuhen des Magneten ein ebenfalls zylindrischer Kern aus weichem Eisen angeordnet. Als Gegenkraft dienen die Spiralfedern, die der Drehspule den Strom zuführen.

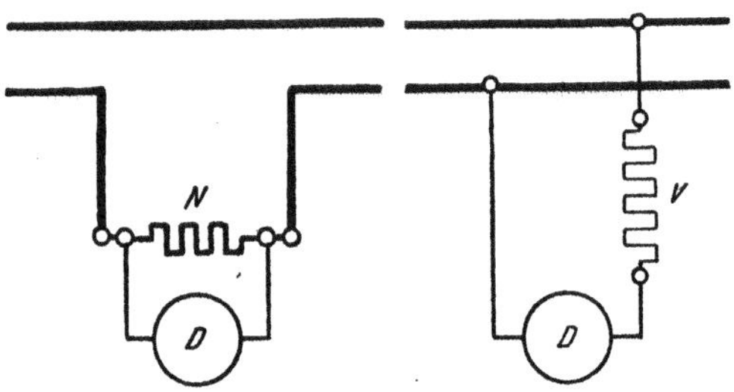

Bild 180. Bild 181.

Das linke Schaltbild zeigt ein Drehspul-Instrument als Strommesser mit äußerem Nebenwiderstand, das rechte einen Drehspul-Spannungsmesser mit äußerem Vorwiderstand.

Tafel 39. Drehspul-Meßwerk mit Dauermagnet.

2. Einohm-Instrument.

Das Einohm-Instrument ist das klassische Präzisions-Instrument für Gleichstrom. Da der Widerstand 1 Ohm beträgt, sind Strom und Spannung zahlenmäßig gleich groß und betragen für den Endausschlag 150 Milliampere bzw. Millivolt. Der Temperaturkoeffizient des Instruments ist so klein, daß er für die meisten praktischen Fälle vernachlässigt werden kann. Das Instrument kann in gleicher Weise für Strom- und Spannungsmessungen benutzt werden. Für Strommessungen dienen äußere Nebenwiderstände, für Spannungsmessungen äußere Vorwiderstände (vgl. Bild 180 und 181).

a. Innere Schaltung.

Die innere Schaltung des Einohm-Instruments ist in Bild 182 dargestellt. Die Drehspule liegt in Reihenschaltung mit einem Vorwiderstand aus Manganin. Parallel zu dieser Reihenschaltung liegt ein Abgleichwiderstand, der ebenfalls aus Manganin her-

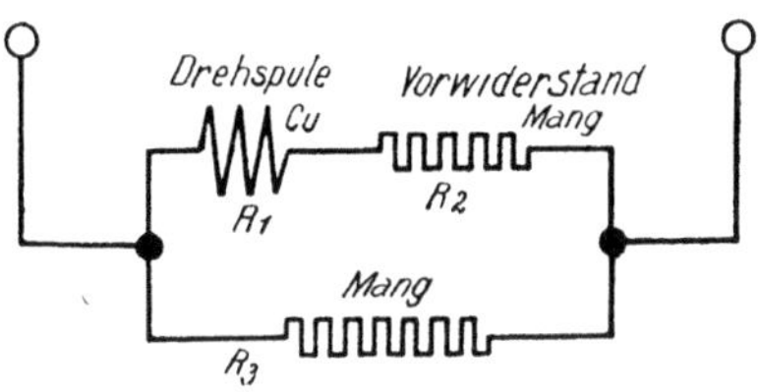

Bild 182.

gestellt ist. Soll das Instrument als Strommesser mit äußeren Nebenwiderständen benutzt werden, so muß der Spannungsabfall im Instrument unveränderlich sein. Er soll bei vollem Zeigerausschlag genau 150 Millivolt betragen. Der Temperaturkoeffizient ist dann im wesentlichen durch das Verhältnis Kupfer zu Manganin in den Widerständen R_1 und R_2 gegeben. Da die Gesamtgröße der Widerstände durch den vorgeschriebenen kleinen Spannungsabfall beschränkt ist, läßt sich das zur Erzielung eines kleinen Temperaturkoeffizienten erforderliche Größenverhältnis des Manganinwiderstandes R_2 nur durch eine entsprechende Verkleinerung des Drehspulwiderstandes R_1 erreichen. Die Drehspule ist dementsprechend nur mit wenigen Windungen stärkeren Drahtes versehen. Um bei diesen wenigen Windungen ein genügend großes

Drehmoment zu bekommen, mußte man den Strom in der Drehspule entsprechend groß wählen. Immerhin wird bei dem verfügbaren kleinen Spannungsabfall das Verhältnis Kupfer zu Manganin nicht so klein, daß die Änderungen des Gesamtwiderstandes vernachlässigt werden könnten. Es bleibt noch ein kleiner positiver Temperaturkoeffizient bestehen, dessen Einwirkung in der Weise beseitigt ist, daß man den Spiralfedern, die die mechanische Gegenkraft für die Drehspule liefern, durch passende Wahl des Metalls einen annähernd gleichgroßen negativen mechanischen Temperaturkoeffizienten gegeben hat. Die durch Änderung des elektrischen Widerstandes verursachte Änderung des Drehspulstromes wird dann durch die entgegengesetzt wirkende Änderung der mechanischen Federkraft kompensiert. Auf diese Weise ist der Temperaturkoeffizient auf den kleinen Wert von etwa 0,02% für 1° C herabgedrückt worden. Der Abgleichwiderstand R_3, der zur Abgleichung des Instruments auf einen bestimmten Strom (150 Milliampere) dient, hat auf den Temperaturkoeffizienten des Meßbereichs 150 Millivolt keinen Einfluß. Dies wird ohne weiteres klar, wenn man sich das Instrument an einer konstanten Spannung, z. B. an den Klemmen eines Nebenwiderstandes, liegen denkt. Der Drehspulstrom und somit der Zeigerausschlag hängt dann lediglich von dem Widerstand des unmittelbar an der zu messenden Spannung liegenden Drehspulzweiges $R_1 + R_2$ ab. Der Strom im Abgleichwiderstand R_3 kann den Zeigerausschlag in keiner Weise beeinflussen, da er unmittelbar an den Instrumentklemmen abgezweigt wird.

Ganz anders liegen die Verhältnisse, wenn das Instrument ohne äußere Nebenwiderstände als Strommesser für 150 Milliampere benutzt werden soll. Da in diesem Falle der vom Instrument aufgenommene Gesamtstrom als unveränderlich anzusehen ist, kommt es lediglich auf die Stromverteilung in den beiden parallelen Zweigen $R_1 + R_2$ und R_3 an. Bei steigender Temperatur wächst aber der Widerstand des Drehspulzweiges $R_1 + R_2$, während der Widerstand R_3 konstant bleibt. Der Strom wird also bei steigender Temperatur gewissermaßen aus dem Drehspulzweig in den Widerstand R_3 hinübergedrängt. Die Größe der Stromänderung im Drehspulzweig $R_1 + R_2$ hängt von der Größe des Widerstandes R_3 ab. Je größer dieser ist, um so kleiner sind die Stromänderungen im Drehspulzweig. Wird R_3 unendlich groß, so wird die Stromänderung im Drehspulzweig gleich Null. Die Instrumentangaben würden in diesem Falle nur noch von dem negativen mechanischen Temperaturkoeffizienten der Spiralfedern abhängen. Tatsächlich liegen die Widerstandsverhältnisse im Instrument so, daß der positive elektrische Temperaturkoeffizient der Parallelschaltung nur sehr wenig größer ist als der negative mechanische Temperaturkoeffizient der Stromzuführungsfedern. Der Temperaturkoeffizient beträgt daher für den Meßbereich 150 Milliampere nur etwa 0,006% für 1° C.

Wird das Einohm-Instrument in Verbindung mit äußeren Vorwiderständen als Spannungsmesser benutzt, so gilt annähernd der gleiche Temperaturkoeffizient wie beim Strommeßbereich 150 Milliampere. Auch hierbei kann der Strom für jeden einzelnen Meßbereich im wesentlichen als unveränderlich betrachtet werden, da der Manganinvorwiderstand im Verhältnis zum Kupferwiderstand der Drehspule bei allen vorkommenden Meßbereichen so groß ist, daß der Gesamtwiderstand praktisch unveränderlich wird. Es ist daher nur die Stromverteilung im Instrument für den Temperaturkoeffizienten maßgebend.

b. Äußere Schaltung.

Das Einohm-Instrument kann beliebig als Strom- oder als Spannungsmesser benutzt werden. Für Strommessungen werden äußere Nebenwiderstände, für Spannungsmessungen äußere Vorwiderstände verwendet (vgl. Tafel 39). Die Nebenwiderstände sind nach dem Vorstehenden für einen Nennspannungsabfall von genau 150 Millivolt bemessen. Sie werden für Nennströme bis 30 Ampere mit Anschlußlaschen zum Anstecken an das Instrument ausgeführt. Bei größeren Nennströmen werden besondere Meßleitungen benutzt. Diese haben einen Widerstand von etwa 0,0015 Ohm. Da der Instrumentwiderstand nur 1 Ohm beträgt, ist zur Vermeidung von Fehlern durch Übergangswiderstände besonders auf einen sorgfältigen Anschluß dieser Meßleitungen zu achten. Da der Stromverbrauch des Einohm-Instruments für einen Spannungsmesser verhältnismäßig groß ist, wird man das Instrument nur zum Messen kleinerer Spannungen benutzen. Der Widerstand des Instruments nebst Vorwiderstand beträgt für je drei Volt des Meßbereichs 20 Ohm. Die Vorwiderstände sind ebenso wie die Nebenwiderstände beliebig vertauschbar.

3. Zehnohm-Instrument.

Das Zehnohm-Instrument ist das moderne Präzisions-Instrument für Gleichstrom. Das Instrument zeichnet sich besonders durch seinen außerordentlich niedrigen Eigenverbrauch und seine Temperaturkompensation aus. Durch die Temperaturkompensation ist der Temperaturkoeffizient des Instruments praktisch auf den Wert Null herabgedrückt worden. Der innere Widerstand des Instruments beträgt für den Meßbereich 45 Millivolt etwa 10 Ohm. Für Strommessungen wird dieser Meßbereich in Verbindung mit äußeren Nebenwiderständen benutzt. Die für Spannungsmessungen erforderlichen äußeren Vorwiderstände dürfen, im Gegensatz zum Einohm-Instrument, nicht an die Klemmen für 45 Millivolt angeschlossen werden. Das Instrument erhält vielmehr wegen seiner eigenartigen Innenschaltung für Spannungsmessungen eine besondere Anschlußklemme.

a. Innere Schaltung und Temperaturkompensation.

Die Innenschaltung des für den Anschluß an äußere Nebenwiderstände bestimmten Meßbereichs 45 Millivolt ist in Bild 183 dargestellt. Die Schaltung unterscheidet sich von der in Bild 182 angegebenen Schaltung des Einohm-Instruments im wesentlichen dadurch, daß der Abgleichwiderstand R_3 aus Kupfer anstatt aus Manganin besteht, und daß vor der Parallelschaltung noch ein Vorwiderstand R_4 liegt. Die Wirkungsweise dieser Kompensationsschaltung ist folgende:

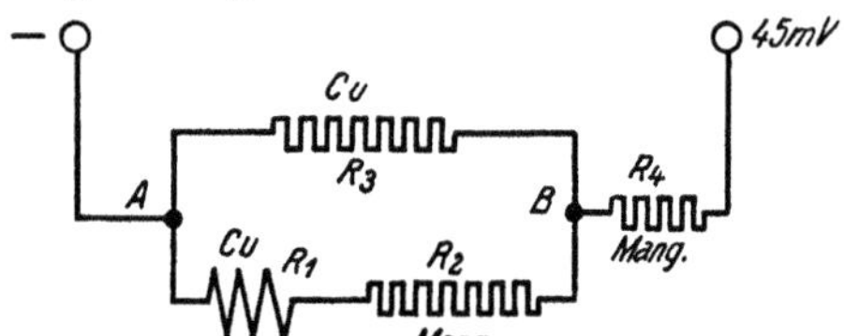

Bild 183.

Der Temperaturkoeffizient des aus Kupfer bestehenden Abgleichwiderstandes R_3 ist erheblich größer, als der des aus Kupfer und Manganin zusammengesetzten Drehspulzweiges $R_1 + R_2$. Infolgedessen wird der Widerstand von R_3 bei steigender Temperatur erheblich schneller wachsen, als der Widerstand des Drehspulzweiges. Liegen die Punkte A und B an einer konstanten

Spannung, so wird der in der Schaltung fließende Gesamtstrom bei steigender Temperatur infolge des wachsenden Gesamtwiderstandes zwar kleiner, jedoch wird die Abnahme des Stromes im Drehspulzweige bei weitem nicht so groß sein, wie im Abgleichwiderstand R_3. Um es zu erreichen, daß der Strom in der Drehspule bei steigender Temperatur überhaupt nicht abfällt, ist es demnach erforderlich, daß die Spannung an den Punkten A und B wächst. Dies wird durch das Vorschalten des Manganinwiderstandes R_4 erreicht. Liegt nunmehr an den Klemmen des Instruments eine konstante Spannung, so wird zwar auch jetzt noch der Gesamtstrom der Schaltung infolge der Kupferwiderstände abfallen, aber mit dem Abfallen des Gesamtstromes wird auch der im Vorwiderstand R_4 auftretende Spannungsabfall kleiner, so daß zwischen den Punkten A und B eine größere Spannung als vorher übrig bleibt. Der Widerstand R_4 wird so berechnet, daß die Teilspannung AB bei steigender Temperatur im gleichen Maße wächst, wie der Widerstand des Drehspulzweiges $R_1 + R_2$. Dann wird der Strom in der Drehspule bei allen Temperaturen der gleiche sein, d. h. das Instrument gibt bei allen Temperaturen den gleichen Zeigerausschlag. Da sich der zum Drehspulzweig parallel liegende Abgleichwiderstand R_3 infolge seines höheren Temperaturkoeffizienten um einen größeren Betrag ändert, als der Widerstand des Drehspulzweiges, wird der Strom im Widerstand R_3 trotz der wachsenden Teilspannung AB noch abfallen. Dies bedeutet aber nichts anderes als eine Änderung des Gesamtstromes im Instrument. **Der Gesamtstrom bzw. der Gesamtwiderstand eines kompensierten Instruments muß sich also in geringem Maße mit der Temperatur ändern.** Die Widerstandsänderung beträgt bei dem Meßbereich 45 Millivolt etwa 0,15% für 1° C.

Soll das Zehnohm-Instrument als Spannungsmesser mit äußeren Vorwiderständen benutzt werden, so ist es nach dem Vorstehenden nicht zulässig, die üblichen Manganinvorwiderstände etwa an die 45-Millivolt-Klemme anzuschließen, da hierdurch die für die Temperaturkompensation erforderlichen Änderungen des Gesamtstromes unterdrückt würden. Um dies zu vermeiden, ist die Innenschaltung des Instruments für Spannungsmessungen derart abgeändert worden, daß der Zeigerausschlag bei konstantem Gesamtstrom von der Temperatur unabhängig wird. Dies läßt sich dadurch erreichen, daß man im Manganinwiderstand R_2 eine Spannungsleitung derart abzweigt, daß der Temperaturkoeffizient der beiden hierdurch entstehenden Zweige $R_1 + R_2'$ und $R_3 + R_2''$ gleichgroß wird (vgl. Bild 184). Dann bleibt auch die Stromverteilung

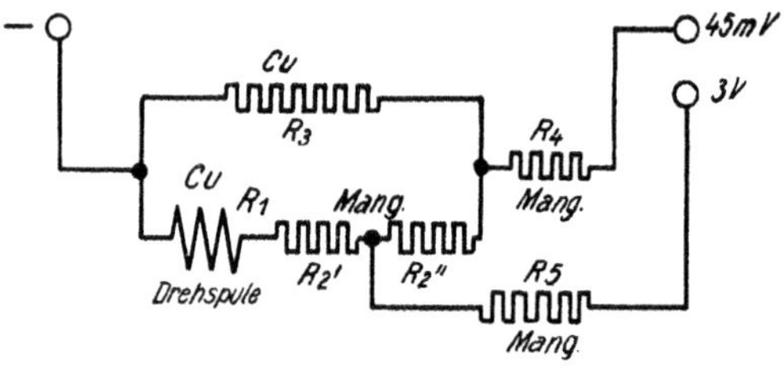

Bild 184.

auf diese beiden parallelen Stromzweige bei allen Temperaturen die gleiche und der Temperaturkoeffizient des Instruments wird lediglich durch das Verhältnis Kupfer zu Manganin bestimmt. Durch den für den Spannungsmeßbereich 3 Volt erforderlichen großen Manganinwiderstand R_5 wird der Temperaturkoeffizient schon für den Meßbereich 3 Volt vernachlässigbar klein, so klein, daß er durch die Vorschaltung weiterer Widerstände für die höheren Spannungsmeßbereiche nicht mehr wesentlich geändert wird.

b. Äußere Schaltung für Strommessungen.

Für Strommessungen wird ausschließlich der Meßbereich 45 Millivolt des Instruments in Verbindung mit äußeren Nebenwiderständen benutzt. Infolge des geringen Spannungsabfalls von 45 Millivolt werden die Nebenwiderstände sehr klein und leicht. Der hohe Eigenwiderstand des Instruments von 10 Ohm bietet hierbei noch den weiteren Vorteil, daß etwaige Übergangswiderstände keine Meßfehler verursachen.

Die Nebenwiderstände zum Zehnohm-Instrument werden meistens für mehrere Nennströme ausgeführt. Um besondere Meßleitungen zu ersparen, werden die kleineren Nebenwiderstände bis 150 Ampere zum Anstecken an die Instrumentklemmen eingerichtet, wie Bild 185 zeigt. Die auf dem Nebenschluß sichtbaren Klemmen sind für den Anschluß der Hauptstromleitungen bestimmt. Die eine Klemme A ist für alle Nennströme gemeinsam, während die anderen Klemmen den verschiedenen Nennströmen entsprechen. Die Wirkungsweise dieser Nebenwiderstände geht aus der in Bild 186 dargestellten Innenschaltung hervor.

Beim kleinsten Nennstrom, z. B. 1,5 Ampere, schließt man den Hauptstromkreis an die Klemmen A und 1,5 A an. Es liegen demnach bei diesem Nennstrom alle Nebenwiderstände in Reihe im Hauptstromkreis. Der für das Meßinstrument benötigte Spannungsabfall von 45 Millivolt tritt an den Enden der Reihenschal-

Bild 185.

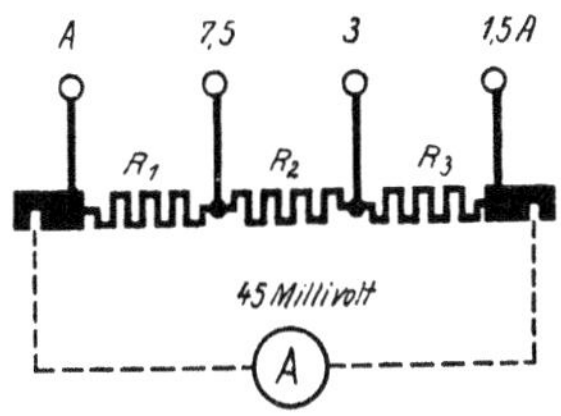

Bild 186.

tung $R_1 + R_2 + R_3$, also zwischen den Klemmen A und 1,5 A auf. Bei dem mittleren Nennstrom 3 Ampere wird der Hauptstromkreis an die Klemmen A und 3 A angeschlossen. Es liegen demnach hierbei nur noch die Nebenwiderstände $R_1 + R_2$ im Hauptstromkreis, während der Widerstand R_3 als Vorwiderstand vor das Instrument geschaltet ist. Damit das Meßinstrument jetzt wieder die erforderlichen 45 Millivolt erhält, müssen die Widerstände $R_1 + R_2$ so bemessen sein, daß ihr Spannungsabfall um den Spannungsabfall in R_3 größer ist als 45 Millivolt. Da aber jetzt der Widerstand R_3 nur von dem außerordentlich kleinen Instrumentstrom durchflossen wird, ist auch der in R_3 auftretende Spannungsabfall sehr klein. Der bei der Strommessung zwischen den Klemmen A und 3 A auftretende Gesamtspannungsabfall ist daher nur unwesentlich größer als 45 Millivolt. Bei dem höchsten Nennstrom 7,5 Ampere schließt man den Hauptstromkreis an die Klemmen A und 7,5 A an. Dann liegt nur noch der Widerstand R_1 im Hauptstromkreis, während die Widerstände $R_2 + R_3$ als Vorwiderstände vor das Instrument geschaltet sind. Der Spannungsabfall in R_1 muß daher um so viel größer als 45 Millivolt gewählt werden, daß der Spannungsabfall in den jetzt nur von dem kleinen Instrumentstrom durchflossenen Widerständen $R_2 + R_3$ gerade ausgeglichen wird. Aber auch hierbei ist der bei der Strommessung zwischen den Klemmen A und 7,5 A auftretende Gesamtspannungsabfall nur unwesentlich größer als

45 Millivolt. Die Mehrfach-Nebenwiderstände brauchen daher auch nur unwesentlich größer bemessen zu werden als die Einzelwiderstände für die gleichen Nennströme.

Um das Umlegen der Hauptstromleitungen beim Übergang auf einen anderen Nennstrom zu vermeiden, führt S. & H. noch

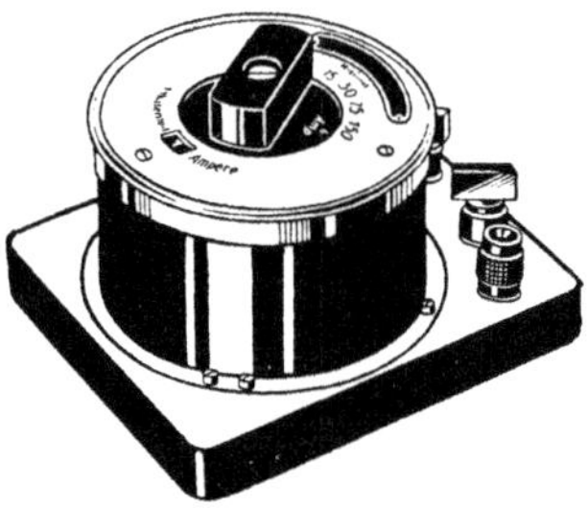

Bild 187.

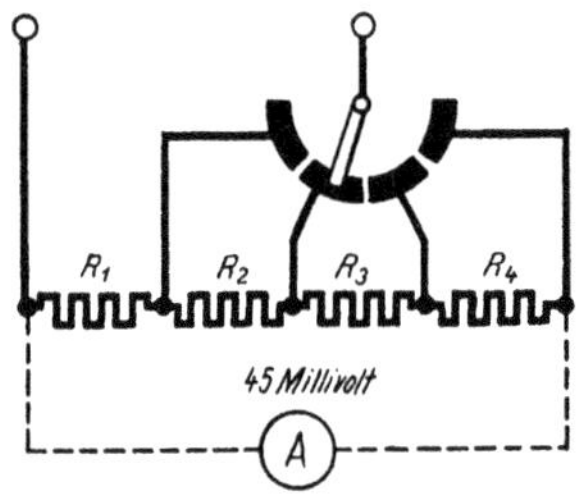

Bild 188.

einen Nebenwiderstand mit Kurbelumschalter nach F e u s s n e r aus. Dieser ist für 7 Nennströme von 1,5 bis 150 Ampere bemessen und wird im Gegensatz zu den vorher beschriebenen ansteckbaren Nebenwiderständen mit besonderen Meßleitungen an das Instrument angeschlossen. Die äußere Ansicht dieses Schalters ist in Bild 187 und die Innenschaltung in Bild 188 dargestellt. Durch den Kurbelschalter werden lediglich die Stromzuführungen für die einzelnen Nennströme umgeschaltet, während das Meßinstrument ebenso wie bei Bild 186 dauernd an den äußeren Enden der Nebenwiderstände liegt. Etwaige Übergangswiderstände im Schalter können daher keine Meßfehler verursachen. Da der Übergang von einem Nennstrom zum anderen ohne Stromunterbrechung erfolgt, kann die Umschaltung ohne weiteres während der Messung vorgenommen werden. Der eingestellte Nennstrom wird hierbei stets durch einen Zeiger angezeigt, während die zugehörige Meßkonstante hinter einem Gehäuseausschnitt erscheint.

Für Stromstärken von 300 bis 3000 Ampere werden die Nebenwiderstände nur noch für einen Nennstrom ausgeführt. Beim Anschließen der Starkstromleitungen an diese Nebenwiderstände ist besonders darauf zu achten, daß der Strom allen Starkstromklemmen gleichmäßig zugeführt wird. Es ist keinesfalls zulässig, etwa bei Verwendung stärkerer Kabel nur einen Teil der Anschluß-

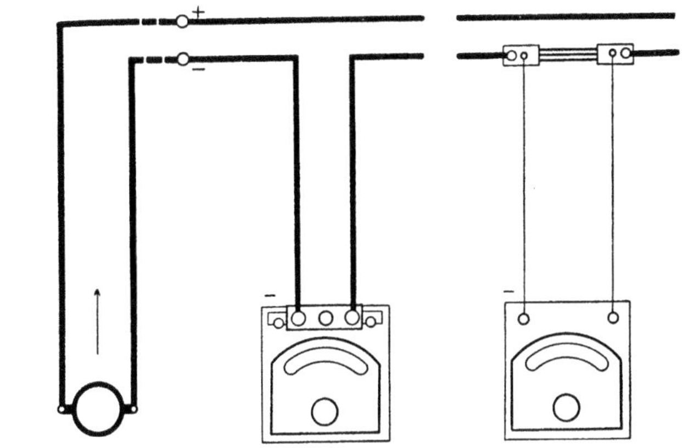

Bild 189. Schaltung des Zehnohm-Instruments als Strommesser. Hierbei wird stets die 45-Millivolt-Klemme benutzt. Links ist ein ansteckbarer Nebenwiderstand, rechts ein solcher mit besonderen Zuleitungen eingezeichnet.

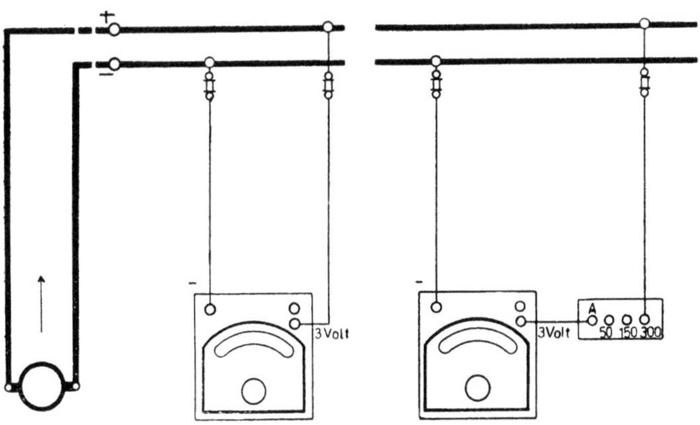

Bild 190. Schaltung als Spannungsmesser. Hierbei darf nur die 3-Volt-Klemme des Instruments benutzt werden. Links ist das Instrument allein, rechts mit äußerem Vorwiderstand eingeschaltet.

Tafel 40. Äußere Schaltung des Zehnohm-Instruments für Strom- und Spannungsmessungen.

muttern zu verwenden, da dann die Stromverteilung geändert und damit die Meßgenauigkeit des Nebenwiderstandes verringert würde. Die zur Verbindung dieser Nebenwiderstände mit dem Meßinstrument dienenden Meßleitungen besitzen einen Widerstand von etwa 0,015 Ohm. Bei dem verhältnismäßig hohen Eigenwiderstand des Meßinstruments sind jedoch kleine Abweichungen von dem angegebenen Widerstand ohne wesentliche Bedeutung. Sämtliche Nebenwiderstände sind vertauschbar.

c. Äußere Schaltung für Spannungsmessungen.

Für Spannungsmessungen mit äußeren Vorwiderständen darf nur der Meßbereich 3 Volt des Instruments benutzt werden (vgl. Bild 190 auf Tafel 40). Infolge der anderen Innenschaltung dieses Meßbereiches wird hierbei der Endausschlag des Zeigers schon bei 3 Milliampere erreicht. Der Widerstand des Spannungsmessers beträgt also für je 3 Volt des Meßbereichs genau 1000 Ohm. Die Vorwiderstände werden für Spannungen bis etwa 1500 Volt ausgeführt. Sie sind ebenso wie die Nebenwiderstände vertauschbar.

d. Äußere Schaltung für Isolationsmessungen.

Da das Zehnohm-Instrument als Spannungsmesser einen sehr hohen Widerstand hat, ist es auch für Isolationsmessungen gut geeignet.

Bei der **Isolationsmessung eines Leiters gegen Erde** ist zu beachten, daß der Isolationsstrom von Erde nach dem zu prüfenden Leiter hinfließen muß, da sonst das Meßresultat durch Polarisationserscheinungen gefälscht werden kann. Man muß daher stets den +Pol des Stromerzeugers an Erde legen (vgl. Verbandsvorschriften). Hieraus ergibt sich ohne weiteres die in Bild 191 auf Tafel 41 dargestellte Schaltung. Steht der Umschalter auf Stellung 1, so zeigt das Instrument die Spannung E_1 an. Bringt man den Umschalter auf Stellung 2, so liegt der Isolationswiderstand R_x in Reihenschaltung mit dem Spannungsmesser. Der Spannungsmesser zeigt hierbei einen kleineren Ausschlag E_2. Aus den beiden gemessenen Werten E_1 und E_2 läßt sich der Isolationswiderstand R_x berechnen, wenn der Widerstand R des Spannungsmessers bekannt ist. Der Isolationswiderstand beträgt:

$$R_x = \frac{R}{1000} \cdot \left(\frac{E_1}{E_2} - 1\right) \qquad \text{Kilo-Ohm.}$$

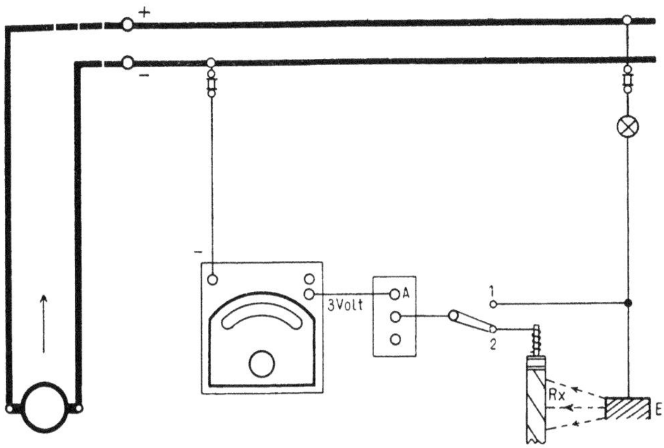

Bild 191. Isolationsmessung eines Leiters gegen Erde. Nach den Verbandsvorschriften ist hierbei stets der +Pol des Stromerzeugers an Erde zu legen. Bei Verwendung der Netzspannung hat die Erdung über eine Glühlampe zu erfolgen.

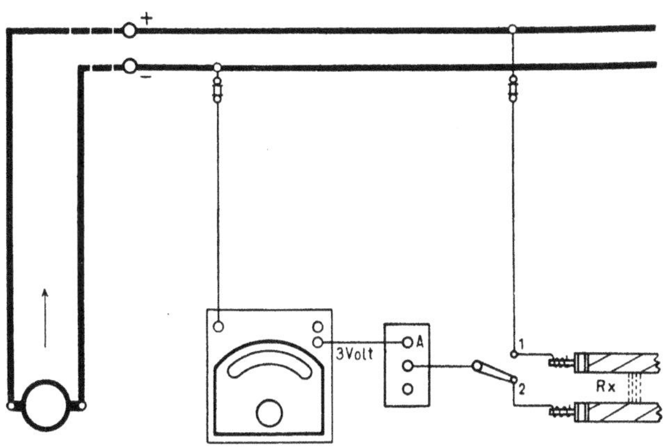

Bild 192. Isolationsmessung zweier Leiter gegeneinander. Die Messung gibt nur dann richtige Resultate, wenn beide Pole des Stromerzeugers erdschlußfrei sind.

Tafel 41. Äußere Schaltung des Zehnohm-Instruments für Isolationsmessungen.

Der Widerstand R ist in der obigen Formel für den Meßbereich 150 Volt mit 50 000 Ohm, für den Meßbereich 300 Volt mit 100 000 Ohm einzusetzen. Dann ergeben sich für die Normalspannungen $E_1 = 110$ bzw. 220 Volt die in der nachstehenden Tabelle angegebenen Werte.

Ausschlag E_2 Skalenteile	Isolationswiderstand R_x bei $E_1 = 110$ Volt Kilo-Ohm	$E_1 = 220$ Volt Kilo-Ohm
0,55	10000	20000
1,1	5000	10000
1,8	3000	6000
2,7	2000	4000
5,2	1000	2000
10	500	1000
12	400	800
16	300	600
18	250	500
22	200	400
28	150	300
34	**110**	**220**
37	100	200
39	90	180
42	80	160
46	70	140
50	60	120
55	50	100
58	45	90
61	40	80
65	35	70
69	30	60
73	25	50
79	20	40
85	15	30
92	10	20
100	5	10
110	0	0

Wird die Netzspannung zu der Messung verwendet, so ist die im Schaltbild angegebene Erdung nicht ohne weiteres möglich, da bei schlechter Isolation des Netzes so erhebliche Ströme durch die künstliche Erdleitung fließen könnten, daß hierdurch das Netz gefährdet würde. Man schaltet daher bei Verwendung der Netzspannung stets eine für die Netzspannung bemessene Glühlampe in die Erdleitung ein, um den Strom zu begrenzen. Bei schlechtem Isolationszustand des Netzes wird die Glühlampe in der Erdleitung leuchten, sie wird daher einen beträchtlichen Teil der Netzspannung verbrauchen. Die gemessene Spannung E_1 wird dann erheblich niedriger als die Netzspannung sein.

Bei der **Isolationsmessung zweier Leiter gegeneinander** wird die Schaltung nach Bild 192 auf Tafel 41 ausgeführt. Bedeutet wieder E_1 die bei Schalterstellung 1 und E_2 die bei Schalterstellung 2 gemessene Spannung, so ergibt sich der Isolationswiderstand in der gleichen Weise wie oben angegeben. Die Benutzung der Netzspannung ist für die Isolationsmessung zweier Leiter gegeneinander nur dann zulässig, wenn sich durch die vorhergehende Messung gegen Erde ergeben hat, daß keiner der beiden untersuchten Leiter Erdschluß hat, da sonst die Messung durch den fast stets vorhandenen Erdschluß des Netzes gestört würde. Bei genaueren Messungen wird man daher immer einen besonderen Stromerzeuger verwenden, dessen beide Pole gut isoliert sind.

Definitionen und Erläuterungen.

Meßgröße:

Die Meßgröße ist die Größe, zu deren Messung das Meßinstrument bestimmt ist, also bei Strommessern der Strom, bei Spannungsmessern die Spannung, bei Leistungsmessern die Leistung.

Anzeigebereich:

Der Anzeigebereich eines Meßinstrumentes ist der Bereich, in dessen Grenzen die Meßgröße ohne Rücksicht auf die Genauigkeit angezeigt wird.

Meßbereich:

Der Meßbereich eines Instrumentes ist der Teil des Anzeigebereiches, in dem die Bestimmungen über Genauigkeit eingehalten werden. Bei den in diesem Buch beschriebenen Instrumenten mit gleichmäßig oder annähernd gleichmäßig geteilter Skala umfaßt der Meßbereich den ganzen Anzeigebereich vom Anfang bis zum Ende der Skala. Bei Instrumenten mit besonders ungleichmäßiger Skalenteilung braucht der Meßbereich nur einen gekennzeichneten Teil des Anzeigebereiches zu umfassen.

Nennstrom:

Bei Leistungsmessern, Leistungsfaktormessern, Nebenwiderständen und Stromwandlern wird der auf dem Meßgerät angegebene Strom als Nennstrom bezeichnet. Die frühere Bezeichnung „Strommeßbereich“ wird bei diesen Meßgeräten nicht mehr angewandt. Einesteils messen die Leistungsmesser und Leistungsfaktormesser nicht den Strom, sondern die Leistung bzw. den Leistungsfaktor, andernteils aber sind die Nebenwiderstände und Stromwandler nur Hilfsmittel für die Strommessung, die erst durch das angeschlossene Meßinstrument erfolgt.

Nennspannung:

Bei Leistungsmessern, Leistungsfaktormessern, Vorwiderständen und Spannungswandlern wird die auf dem Meßgerät angegebene Spannung als Nennspannung bezeichnet. Die frühere Bezeichnung „Spannungsmeßbereich" wird bei diesen Meßgeräten nicht mehr angewandt. Einesteils messen die Leistungsmesser und Leistungsfaktormesser nicht die Spannung, sondern die Leistung bzw. den Leistungsfaktor, andernteils aber sind die Vorwiderstände und Spannungswandler nur Hilfsmittel für die Spannungsmessung, die erst durch das angeschlossene Meßinstrument erfolgt. Der Bereich zwischen der niedrigsten und der höchsten Spannung, bei der die vorgeschriebene Genauigkeit eingehalten wird, heißt der Nennspannungsbereich.

Nennfrequenz:

Als Nennfrequenz bezeichnet man bei Strom-, Spannungs- und Leistungsfaktormessern die auf dem Instrument angegebene Frequenz. Ist für ein Instrument ein Frequenzbereich zulässig, so bezeichnet man diesen analog als Nennfrequenzbereich.

Anzeigefehler:

Den durch die mechanische Unvollkommenheit des Meßgerätes und durch die Unvollkommenheit der Eichung verursachten Unterschied zwischen dem angezeigten und dem wahren Wert der Meßgröße bezeichnet man als Anzeigefehler. Vorausgesetzt ist hierbei, daß die Bezugstemperatur eingehalten wird und keine Beeinflussungen durch fremde Fehler vorliegen. Der Anzeigefehler wird in Prozenten des Endwertes des Meßbereichs angegeben.

Bezugstemperatur:

Unter Bezugstemperatur versteht man die Raumtemperatur, auf die sich die Meßgenauigkeitsangaben für ein Meßinstrument beziehen. Normalerweise wird die Bezugstemperatur zu 20° C angenommen.

Temperatureinfluß:

Der Temperatureinfluß ist bei Strom-, Spannungs-, Leistungs-, Leistungsfaktormessern und Frequenzmessern die Änderung der Anzeige, die lediglich dadurch verursacht wird, daß sich die Raumtemperatur um $\pm 10°$ von der Bezugstemperatur unterscheidet.

Fremdfeldeinfluß:

Fremdfeldeinfluß ist die Änderung der Anzeige, die durch ein fremdes Magnetfeld von 5 Gauß Feldstärke bei ungünstigster Phase des Fremdfeldes und ungünstigster gegenseitiger Lage verursacht wird. Der Fremdfeldeinfluß wird bei Strom- und Spannungsmessern bei vollem Zeigerausschlag, bei Leistungs- und Leistungsfaktormessern bei angelegter Nennspannung festgestellt.

Nennbürde:

Die Nennbürde eines Stromwandlers ist der Höchstwert des Scheinwiderstandes, den man an die Sekundärseite anschließen darf, ohne daß die Meßgenauigkeitsbestimmungen der betreffenden Klasse verletzt werden. Die Nennbürde wird demnach in Ohm gemessen. Der zulässige Wert ist stets auf dem Schild des Stromwandlers angegeben.

Grenzbürde:

Die Grenzbürde eines Stromwandlers ist der Höchstwert des Scheinwiderstandes, den man mit Rücksicht auf die Erwärmung des Stromwandlers noch anschließen darf. Irgendwelche Meßgenauigkeitsvorschriften brauchen bei der Grenzbürde nicht eingehalten werden. Der Wert der Grenzbürde wird ebenfalls in Ohm gemessen und auf dem Schild des Stromwandlers angegeben.

Nennleistung:

Die Nennleistung eines Spannungswandlers ist der Höchstwert der Scheinleistung, die der Wandler abgeben kann, ohne daß die Meßgenauigkeitsbestimmungen der betreffenden Klasse verletzt werden. Die Nennleistung wird in Voltampere gemessen. Ihr Wert ist auf dem Schild des Spannungswandlers angegeben.

Grenzleistung:

Die Grenzleistung eines Spannungswandlers ist der Höchstwert der Scheinleistung, die der Wandler abgeben kann, ohne unzulässig erwärmt zu werden. Die Meßgenauigkeitsvorschriften brauchen bei der Grenzleistung nicht eingehalten werden. Die Grenzleistung wird in Voltampere gemessen; ihr Wert ist auf dem Schild des Spannungswandlers angegeben.

Übersetzung:

Übersetzung ist bei Stromwandlern das Verhältnis des primären Nennstromes zum sekundären Nennstrom, bei Spannungswandlern das Verhältnis der primären zur sekundären Nennspannung. Die Übersetzung wird als ungekürzter gewöhnlicher Bruch angegeben.

Stromfehler:

Der Stromfehler des Stromwandlers ist die prozentische Abweichung der sekundären Stromstärke von ihrem Sollwert.

Spannungsfehler:

Der Spannungsfehler eines Spannungswandlers ist die prozentische Abweichung der sekundären Spannung von ihrem Sollwert.

Fehlwinkel:

Der Fehlwinkel ist bei Stromwandlern die Phasenverschiebung des Sekundärstromes gegenüber dem Primärstrom; bei Spannungswandlern die Phasenverschiebung der Sekundärspannung gegen die Primärspannung.

Verzeichnis der Tafeln.

Seite

Tafel 1. Eisenloses elektrodynamisches Meßwerk der Laboratoriumsinstrumente . . . 10
Tafel 2. Umschaltung der Feldspulen der Leistungsmesser für zwei Nennströme . . . 14
Tafel 3. Umschaltung der Feldspulen der Leistungsmesser für drei Nennströme . . . 16
Tafel 4. Äußere Schaltung der Laboratoriums-Leistungsmesser . . 28
Tafel 5. Innenschaltung der älteren elektrodynamischen Strommesser 30
Tafel 6. Innenschaltung der neuen elektrodynamischen Strommesser 32
Tafel 7. Innenschaltung der elektrodynamischen Spannungsmesser 36
Tafel 8. Meßkoffer mit Prüffeld-Instrumenten für Wechselstrom-Leistungsmessungen . . . 40
Tafel 9. Eisenloses elektrodynamisches Meßwerk der Prüffeld-Instrumente . . . 42
Tafel 10. Äußere Schaltung der Prüffeld-Leistungsmesser 46
Tafel 11. Eisengeschlossenes elektrodynamisches Meßwerk 52
Tafel 12. Äußere Schaltung der tragbaren Betriebs-Leistungsmesser. 58
Tafel 13. Schaltbügel für Drehstrom-Leistungsmesser 60
Tafel 14. Drehfeld-Meßwerk . . . 62
Tafel 15. Dreheisen-Meßwerk . . . 66
Tafel 16. Hitzdraht-Meßwerk . . . 71
Tafel 17. Äußere Schaltung der Nebenwiderstände für Hitzdraht-Strommesser . . . 74
Tafel 18. Eisengeschlossenes Kreuzspul-Meßwerk 78
Tafel 19. Äußere Schaltung der Leistungsfaktormesser mit eisengeschlossenem Kreuzspul-Meßwerk 82
Tafel 20. Meßwerk der Zungenfrequenzmesser 85
Tafel 21. Schaltungen des Drehfeld-Richtungsanzeigers 88
Tafel 22. Polung der Meßwandler . . . 98
Tafel 23. Innenschaltung der Präzisions-Stromwandler 102
Tafel 24. Innenschaltung der Präzisions-Spannungswandler 112
Tafel 25. Schalter für Leistungsmessungen 119
Tafel 26. Vektordiagramm der Zwei-Leistungsmesser-Methode . . . 144
Tafel 27. Schaulinien der Zwei-Leistungsmesser-Methode 146
Tafel 28. Bestimmung des Leistungsfaktors aus dem Verhältnis $\alpha_2 : \alpha_1$ 148
Tafel 29. Vektordiagramm der Schaltung zur direkten Bestimmung des Leistungsfaktors . . . 150
Tafel 30. Drehstrom-Leistungsmesser mit zwei Meßwerken 176

Seite

Tafel 31. Nullpunktwiderstand für Drehstrom gleicher Belastung . 185
Tafel 32. Astatischer Spezial-Leistungsmesser 198
Tafel 33. Innenschaltung des Regeltransformators für stufenlose Regelung 207
Tafel 34. Eichmaschine mit drehbarem Ständer 212
Tafel 35. Phasentransformator mit drehbarem Läufer 214
Tafel 36. Betriebsschaltung und Eichschaltung für Einphasenzähler 222
Tafel 37. Betriebsschaltung und Eichschaltung für Drehstrom-Vierleiter-Zähler 224
Tafel 38. Betriebsschaltung und Eichschaltung für Drehstrom-Dreileiter-Zähler 225
Tafel 39. Drehspul-Meßwerk mit Dauermagnet 228
Tafel 40. Äußere Schaltung des Zehnohm-Instruments für Strom- und Spannungsmessungen 237
Tafel 41. Äußere Schaltung des Zehnohm-Instruments für Isolationsmessungen 239

Verzeichnis der vollständigen Meßschaltungen.

Einphasenstrom-Leistungsmessungen.

Schaltbild 1. Normalschaltung für direkte Messungen 126
Schaltbild 2. Normalschaltung für halbindirekte Messungen 131
Schaltbild 3. Normalschaltung für indirekte Messungen 138

Zwei-Leistungsmesser-Methode für Drehstrom beliebiger Belastung.

Schaltbild 4. Direkte Messung 153
Schaltbild 5. Direkte Messung mit Stromumschalter 154
Schaltbild 6. Halbindirekte Messung 155
Schaltbild 7. Halbindirekte Messung mit Stromumschalter auf der Primärseite 156
Schaltbild 8. Halbindirekte Messung mit Stromumschalter auf der Sekundärseite 157
Schaltbild 9. Indirekte Messung 158
Schaltbild 10. Indirekte Messung mit Stromumschalter 159
Schaltbild 11. Messung des dritten Stromes und der dritten Spannung 162

Drei-Leistungsmesser-Methode.

Schaltbild 12. Direkte Messung 168
Schaltbild 13. Direkte Messung mit zwei Stromumschaltern 169
Schaltbild 14. Halbindirekte Messung 170
Schaltbild 15. Halbindirekte Messung mit zwei Stromumschaltern auf der Primärseite 171
Schaltbild 16. Halbindirekte Messung mit zwei Stromumschaltern auf der Sekundärseite 172

Seite
Schaltbild 17. Indirekte Messung 173
Schaltbild 18. Indirekte Messung mit zwei Stromumschaltern . . . 174

Drehstrom-Leistungsmesser.

Schaltbild 19. Direkte Schaltung 181
Schaltbild 20. Halbindirekte Schaltung. 182
Schaltbild 21. Indirekte Schaltung. 183

Ein-Leistungsmesser-Methoden für Drehstrom gleicher Belastung.

Schaltbild 22. Direkte Messung nach der Nullpunkt-Methode . . . 188
Schaltbild 23. Halbindirekte Messung nach der Nullpunkt-Methode . 189
Schaltbild 24. Indirekte Messung nach der Nullpunkt-Methode . . . 190
Schaltbild 25. Direkte Messung nach der Spannungsumschalter-Methode 193
Schaltbild 26. Halbindirekte Messung nach der Spannungsumschalter-Methode 194
Schaltbild 27. Indirekte Messung nach der Spannungsumschalter-Methode 195

Leistungsmessungen bei sehr großen Phasenverschiebungen.

Schaltbild 28. Verlustmessung an kurzen Kabelstücken 200
Schaltbild 29. Verlustmessung an bereits verlegten Kabelstrecken . 202

Wechselstrom-Eichschaltungen.

Schaltbild 30. Drehstrom-Eichschaltung mit dreiphasigem Eichstromkreis 216
Schaltbild 31. Drehstrom-Eichschaltung mit einphasigem Eichstromkreis 220

GPSR Compliance

The European Union's (EU) General Product Safety Regulation (GPSR) is a set of rules that requires consumer products to be safe and our obligations to ensure this.

If you have any concerns about our products, you can contact us on ProductSafety@springernature.com

In case Publisher is established outside the EU, the EU authorized representative is:

Springer Nature Customer Service Center GmbH
Europaplatz 3
69115 Heidelberg, Germany

Batch number: 10682427

Printed by Printforce, the Netherlands